A. 冬虫夏草
B. 虎掌菌
C. 桑　黄
D. 美味牛肝菌
E. 灰树花
F. 高大环柄菇
G. 黑木耳
H. 云　芝
I. 草　菇

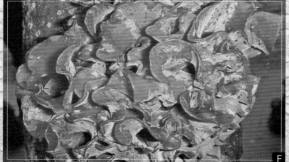

A.香　菇
B.金针菇
C.蛹虫草
D.黄裙竹荪
E.竹　荪
F.血　耳
G.网纹马勃
H.白灵侧耳

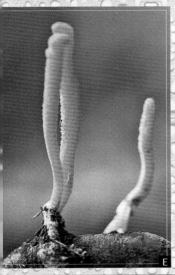

A. 彩色豆马勃　B. 姬松茸　C. 猴头菌　D. 羊肚菌　E. 蛹虫草　F. 银丝草菇　G. 大环柄菇

A. 金顶侧耳

B. 松　茸

C. 银　耳

D. 龟裂秃马勃

E. 纯黄白鬼伞

F. 粗壮松口蘑

G. 毛头鬼伞

H. 鸡枞菌

主编 陈惠

副主编 羌校君 吴伟杰

食用菌与健康

Edible Mushrooms and Health

上海科学普及出版社

序言

庚子八月半，金风飒飒，玉露泠泠，适逢双节同庆，在历经新冠疫情已见胜利曙光之时，举国欢庆，阖家团圆，家国情怀值得分外珍重！

看着案头摆放着挚友陈惠送来的《食用菌与健康》一书的初稿感慨良多！

健康——一直是人类生存在这个星球上的永恒话题，无论是战乱、灾荒、人祸、饥馑……抑或是和平年代，人们向往美好生活中的第一位就是健康！随着"银发浪潮"一浪高过一浪，特别是后疫情时代人们对健康的理解，对健康的需求更加深刻，更加迫切，也更为现实！健康的唯一性体现在健康是诸多事物的基础！人们常说的荣誉、地位、家庭、金钱、美女、知识、财富……只不过是 1 后面的若干个 0，可能是 10，或是 100、1 000、10 000，但没有了前面的 1，所有的都归于 0。

在人们注重健康，崇尚健康之时，中医养生更加突显了她独特的魅力！《黄帝内经》的金字塔图对人群健康的划分，可以视为东方医学的硬核！所谓"上工治未病"，不只是在中国、在日本、在韩国，而且在东亚、南亚同样也有亿万信众，这不仅是为医工设定的目标，更是对普罗大众在养生、调理、预防、治疗几个层次上最精到的解读。

传统的中药，大体包括植物药、动物药、矿物药等。而对现代生物分类体系中的菌物，虽作为药类，有些归为上药如灵芝等，但涉及不是太多，也依照老旧的生物分类归在植物中。当前，菌物作为生物世界真核生物中独立重要分支的观点，已被广泛接受，国际的植物命名法规都随之改为《植物、菌物、藻类命名法规》，中药划分体系中实无抱残守缺地将其仍留在植物中的必要。

其实在菌物中的食药用菌物蕴藏着极为丰富的药用物种和基因资源，不仅在生态系统中扮演着分解者的角色，也影响着人类健康乃至地球生态系统。全球菌物资源丰富，是全球农业经济中的重要载体，而其多样性是食药用菌物种质创新改良的重要基础。目前全世界菌物物种估算有 150 万种之多，我国现在记录的约有 1.7 万种。其中 800 多种被研究，主要为"肉眼可见，手可采摘"的大型真菌，多集中在子囊菌和担子菌中，尤以担子菌最为突出。另外，我国素有"食药同源""药膳同工"的说法，已知的药食兼用菌约有 220 多种，很多可人工栽培子实体或进行发酵培养。我国食药用菌物资源研究正处于发展阶段，还有很多未知领域需要探索。

食药用菌具有两高(高蛋白质、高质量)、四低(低盐、低糖、低脂、低热)、六富(富含药用物质、美味物质、香味物质、维生素、矿物质和纤维素)的特点,被国际营养学家推荐为"世界十大健康食品"之一。食药用菌还普遍含有多糖、苷类、生物碱、甾醇类、黄酮类及抗生素类等药用成分,具有增强人体免疫力、抗肿瘤、调节血脂、保肝解毒以及降血糖等多种功效。

目前,食药用菌物的应用还主要停留在民间的偏方、验方上,用于现代医药的种类占食药用菌物资源的比例很小,有不少尚未得到深入的开发。随着药物研究先进技术和手段的广泛应用,越来越多的食药用菌的有效成分将被发现,特别是其突出的抗癌作用和免疫增强作用,也将受到制药界科学家的广泛关注。目前,食药用菌对于抗肿瘤的降胆固醇作用,对于心血管系统、消化系统、泌尿生殖、增强免疫力、降血糖及镇痛作用等领域的药物正在被积极地开发研制。

陈惠先生是国际药用菌学会的执行主席,兼任中国食用菌协会副会长、国家食药用菌产业技术创新战略联盟理事长等多个组织的要职,尽管事务繁忙但仍专注科研,努力推动创新成果转化的初心不改。同时,他支持了多位科学家的著作出版,自己也笔耕不辍,已有多部著作问世,为中国食药用菌科研平添了几分亮丽光彩!在陈惠董事长的带领下,安惠生物一直致力于将这些食药用菌物转向市场,在市场销售方面成为业内的领军企业。

为了满足广大食用菌爱好者的需求,本书选取了28种食药用菌,对其成分和功效予以介绍,详解其药理作用机制,阐述其防病治病、保健养生等方面的知识,推荐其应用的经方验方和食谱,旨在让广大读者了解和掌握这些药食同源的食用菌知识,更好地加以利用。希望能够通过本书的出版发行,普及正确的识菌、食菌的知识和方法,使食药用菌助力大健康事业,为促进我国食药用菌的市场建设和产业发展贡献一份力量!

2020 年 10 月

李玉　中国工程院院士,俄罗斯科学院外籍院士。吉林农业大学教授、博士生导师。国际药用菌学会主席,《菌物研究》杂志主编。长期从事菌物学研究,成果丰硕,荣获中国2020"最美科技工作者"荣誉称号,2021年被中共中央、国务院授予"全国脱贫攻坚楷模"荣誉称号。

前言

食用菌是指一类子实体硕大、味鲜质嫩、可供食用的大型真菌,通称蕈菌或菌菇。作为一类特殊的高等真菌,食用菌蛋白质含量高,富含人体必需的各种氨基酸,几乎不含饱和脂肪酸,集各种营养于一体。科学研究证实,经常食用食用菌能预防高脂血症、冠心病、动脉粥样硬化等慢性非传染性疾病和功能退化性疾病,滋养人体,功效卓著。食用菌被视为现代文明社会的保健佳品,列为世界十大健康食品之一。世界卫生组织将 21 世纪称为真菌多糖养生时代,蕈菌食品在人类大健康生活中日益发挥出无限的魅力与作用!

食用菌品类庞大,已发现并研究的就有 850 多种。常见的诸如蘑菇、香菇、平菇、金针菇、灰树花、银耳、木耳、竹荪、牛肝菌等,多为民众所认知和利用,常用来制作菜肴。另外,近年来许多木栓质菇类也被认识,诸如灵芝、云芝等,其子实体虽不能做菜食用,但因其具有独特的药理作用,对人体有保健治病功效,且无毒无不良反应,可被制成多种药品及保健食品,被列入食用菌范畴。

深入研究发现,食用菌有效成分丰富,大多含有真菌多糖、三萜类物质、多肽、腺苷、牛磺酸、甾醇类、内脂等成分,对人体具有很好的保健、防病、治病功效。真菌多糖是一类具有三维立体结构的 β-型杂聚糖,是食用菌功效的灵魂。其药理活性广泛,能修复受伤的细胞膜,提高细胞生理功能和酶活性,双向调节机体免疫能力,具有抗氧化、延缓衰老、抗疲劳、抗应激反应、抗有害药物和放射线损害的作用。近年来国际上所倡导的生物反应修饰剂(BRM),实际上即为食用菌多糖之功。

随着人们对食用菌认识的提升,对食用菌的化学成分、药理药效和应用等的研究逐步深化,近年关于灵芝、猴头菇、香菇、云芝、茯苓、银耳、金针菇、平菇等食用菌的研究取得很大进展。与此相适应,食用菌的产业化发展迅猛,食用菌的应用成为大健康产业发展的崭新领域,是很多地方富民扶贫与乡村振兴的首选产业,也是产业结构调整的一个新的选择。把食用菌制成保健食品和药品,已经在防病治病和养生保健方面发挥着积极的作用。

关于食用菌的成分和功效的知识介绍,主要发表于专业性较强的各种学术期刊,一般读者较难全面了解其药理药效研究动态,食用菌的保健养生及疗效知识尚需充分科普。为满足广大食用菌爱好者的需求,我们特编写了这本书,选取了28 种食用菌,详解其药理作用机制,详析食用菌在防病治病、保健养生等方面的应用知识,推荐了一些食用菌应用的经验方和食谱,旨在让广大读者了解和掌握食用菌知识,更好地加以利用。

　　本书在编写过程中,引用借鉴了一些食用菌领域学者的研究成果,在此谨致以衷心的感谢。因编者水平有限,书中不足之处在所难免,恳望批评指正,以期更臻完善。

编　者

2021 年 6 月

目录

Coriolus versicolor

云芝，又名：彩绒革盖菌、彩纹云芝、变色云芝、杂色云芝、云芝栓孔菌等。

云芝属于担子菌门、伞菌纲、多孔菌目、多孔菌科真菌。云芝子实体为半圆形，无柄，丛生，有时平伏而反卷，常呈覆瓦状或花瓣状叠生于植物树枝或枯木之上；如生长在树枝树干或伐桩断面上，可左右相连，围成莲座状。菌盖革质肾形，很薄，有黄黑相间的环状色带，表面密生有长短不等的细绒毛，盖面上有明显色似云彩状环带，每条环带颜色不同、相间排列。菌肉半纤维质至近木栓质，子实层托呈管状。云芝的菌盖、环带、绒毛等的颜色厚薄形态随生长环境而变化，受营养条件、水分、光照影响。目前，云芝的利用以自然生长为主，通过液体发酵方法可获得云芝菌丝体。

云芝有很高的药用价值。《神农本草经》中记载的青芝，现被认为可能是云芝入药的最早描述。民间有用云芝治疗肿瘤的验方。现代研究证实，云芝含丰富的蛋白质、脂肪、多糖、多糖肽、葡聚糖、木质素、氨基酸和多种无机盐，其活性成分包括云芝多糖、云芝糖肽等免疫调节活性化合物，具有提高免疫功能、抑制肿瘤生长、抑制革兰氏阳性菌、抑制肝炎病毒生长、促进损伤肝组织修复之功效，还具有镇痛镇静、降脂降糖、抗氧化、延缓衰老的效果。现已开发出多种药品，如云芝多糖注射液、云芝干膏片、云芝胶囊、云芝颗粒冲剂、云芝肝泰等。

一、 云芝的药理作用

（一）提高免疫功能

1. 提高淋巴细胞 DNA 合成能力。研究表明，云芝能显著提高淋巴细胞 DNA 的合成能力。试验用小鼠每千克体重服用 50 毫克云芝多糖，连续 4 天，然后在无菌条件下取出脾脏，分离淋巴细胞，进行^{3}H-腺嘌呤脱氧核苷（^{3}H-TdR）的掺入试验。结果：服云芝组^{3}H-TdR 掺入量达 92%，大大高于不服云芝多糖的对照组的掺入量。试验结果表明，云芝能提高淋巴细胞 DNA 合成能力，也反映云芝能促进淋巴细胞的增殖。

2. 云芝多糖能提高巨噬细胞吞噬活力，防止巨噬细胞泡沫样病变，保护巨噬细胞生命活力和提高其他免疫细胞的活力。研究表明，巨噬细胞比较容易受体内氧化低密度脂蛋白的伤害，氧化低密度脂蛋白在被巨噬细胞吞噬后会导致泡沫细胞的形成，从而损害巨噬细胞的吞噬能力，最终会引起动脉粥样硬化。而云芝多糖能降低巨噬细胞过氧化脂质的含量，保护巨噬细胞线粒体膜免受氧化低密度脂蛋白的伤害。云芝多糖还能提高机体自然杀伤细胞(NK 细胞)活力和 T 细胞对病菌的杀伤能力。

云芝能提高腹腔巨噬细胞 H_2O_2 的释放能力，显著提高巨噬细胞杀伤力。试验用小鼠腹腔注射云芝多糖，连续 4 天。结果：1.2×10^7 个巨噬细胞释放 H_2O_2 的量为 27 毫摩尔，而对照组鼠为 6.1 毫摩尔，云芝多糖组比对照组 H_2O_2 的释放量增加了 3.32 倍。小鼠每千克体重腹腔注射云芝多糖 50 毫克，第 4 天在无菌条件下，分离出巨噬细胞并和肿瘤细胞混合培养 12 小时，然后放在扫描电镜下观察巨噬细胞对肿瘤细胞的杀伤作用。结果：肿瘤细胞全部被破坏杀死，而巨噬细胞形态更呈伸展状态；而不注射云芝多糖组的肿瘤细胞形态完整，巨噬细胞变形能力差。

3. 消除肿瘤对免疫的抑制作用。研究表明，试验用小鼠分别腹腔注射移植 S180 皮肤肉瘤和腹水癌细胞(每鼠注射 1×10^3 个)，24 小时后小鼠口服云芝多糖(每天 1 000 毫克/千克)。至第 10 天，分别测定耳厚。结果：耳厚增加率都接近正常鼠水平，表明云芝多糖可降低或消除肿瘤细胞对机体免疫的抑制作用。分别给小鼠口服云芝多糖和蒸馏水(对照)，再用绵羊红细胞作免疫原，测荷瘤小鼠的血凝集效价。结果：服用云芝多糖鼠的凝集效价比对照鼠高。

（二）提高抗辐射能力

研究表明，云芝多糖能提高动物的抗辐射能力，减轻辐射后动物的死亡率，延长生存时间。昆明种小鼠分成两组，分别给予腹腔注射云芝多糖(0.20 毫克/只)和蒸馏水。72 小时后给予 $C_{0-60} r$ 射线照射，照射剂量为 800 伦琴，观察 20 天内的存活率。结果：云芝多糖组鼠存活率为 60%，而对照鼠为 20%。

（三）提高抗有害化学物能力

有害化学物,如环磷酰胺、自力霉素、顺铂等对机体有极大的伤害,能提高机体自由基数量,提高体内脂质过氧化水平,损伤细胞膜、线粒体,降低酶活性,使肝、肾等内脏器官受损。云芝多糖能降低这些有害药物对机体的伤害作用,能降低注射有害化学药物后的自由基数量,降低细胞膜的脂质过氧化水平,减轻肾、肝的伤害。两组小鼠分别注射云芝多糖和生理盐水,然后注射四氯化碳或环磷酰胺,4 小时后解剖观察。结果:服云芝多糖组鼠行动略有迟缓,肝脏的色泽、健康状况与正常鼠基本相近;而未服云芝多糖的对照组,行动迟钝,毛竖,不思食,肝变黑、粘连,大片溃坏。

徐嘉红等探讨了云芝对内毒素毒性及生命活动的影响,并阐明了其机制。结果表明,云芝胞内多糖对内毒素所致小鼠、大鼠的休克死亡有明显的保护效果。对于大鼠肠系膜上动脉夹闭(SMAO)性休克,云芝多糖也有显著的保护效果,能降低正常或网状内皮系统(RES)封闭大鼠的死亡率,明显抑制拮抗肠系膜上动脉夹闭所致大鼠网状内皮系统吞噬活性。云芝多糖还可通过增强网状内皮系统对内毒素的清除而取得抗内毒素效果。

据赵新湖、包海鹰研究报道:以大黄水煎剂建立小鼠胃肠功能损害模型,探讨云芝提取物和其中的白桦脂酸对小鼠胃肠功能的影响以及白桦脂酸对小鼠在脂质过氧化方面的影响。研究结果表明,云芝提取物和白桦脂酸能够较为显著地提高胃蛋白酶活性,增加胃泌素和胃酸分泌量($P<0.01$);同时白桦脂酸高的剂量组能够明显降低小鼠血浆中丙二醛的含量,提高超氧化物歧化酶、谷胱甘肽过氧化物酶的活性以及肝脏匀浆中谷胱甘肽过氧化物的含量($P<0.01$)。说明云芝提取物和白桦脂酸能够有效地改善小鼠的胃肠功能,且抗脂质过氧化是云芝活性成分白桦脂酸治疗作用的机制之一。

（四）抑制肿瘤生长

1. 抑制肿瘤细胞 DNA、RNA 的合成。研究表明,取接种第 7 天的小鼠腹水癌细胞,分别加入蒸馏水和云芝多糖,再加入用 ^3H 标记的胸腺嘧啶脱氧核苷,放入 37℃下培养,然后分离瘤细胞,用闪烁射线测定仪测定腹水癌细胞放射性强度,计算腹水癌细胞吸收胸腺嘧啶脱氧核苷的量,以计算腹水癌细胞 DNA、RNA 的合成速率。结果:用云芝多糖培养的癌细胞,胸腺嘧啶脱氧核苷进入肿瘤细胞 DNA 和 RNA 的量仅为 12.3% 和 32.9%,胸腺嘧啶脱氧核苷渗入肿瘤细胞 DNA、RNA 的量比对照组明显降低。结果表明,云芝多糖显著抑制了肿瘤细胞的生长。用 P388 白血病细胞进行试验时,也得到相同结果,P388 白血病细胞用云芝多糖培养 72 小时后,其生长速率比对照低 96.3%。

据陆培新等研究证实:用黄曲霉饲喂大鼠,2 年内肝癌发生率为 61.14%,如果同时给予服用云芝多糖,肝癌的发生率可降至 34%。据吴凯南研究报道:云芝多糖能抑制乳腺癌增生组织血管的生成。据日本学者研究:云芝多糖可增强结肠癌细胞表面肿瘤抗原的表达,通过增强抗原性可促进免疫细胞、抗体对肿瘤的识别和杀伤作用。据潘小翠、杨明俊研究:云芝子实体氯仿提取物具有体外抑制人肝癌细胞的活性,抑制机制与诱导肿瘤细胞凋亡有关。

2. 抑制肿瘤细胞端粒酶活性。据上海第一、第九人民医院口腔科研究,用致癌剂二甲基苯丙蒽(0.5%)丙酮溶液处理金地鼠,使鼠产生颊囊白斑癌变,同时分别给予口服云芝糖肽(PSP)12 周,取颊囊病变明显的部位检测。结果:端粒酶阳性率 A 组(空白对照组)为 0,B 组(模型对照组)端粒酶阳性率为 52.27%,C 组(先服云芝糖肽组)端粒酶阳性率为 8.7%,D 组(后服云芝糖肽)端粒酶阳性率为 26.92%。结果:B 组与 C、D 组之间端粒酶阳性率有显著差异,表明云芝糖肽有降低癌变组织端粒酶活性作用,即有抑制癌肿块生长发展的作用。

3. 直接抑制肿瘤细胞生长的作用。有实验证实,小鼠用 S180 皮肤肉瘤细胞皮下接种,次日注射云芝提取液,剂量 50 毫克/千克体重,对照鼠服蒸馏水。连续 10 天,停药 3 天后测量瘤重。结果:对照鼠的瘤重平均为 1.2 克,注射云芝提取物鼠的平均瘤重为 0.65 克,注射云芝小鼠的肿瘤生长抑制率为 45%。

(五)保护肝脏

据王康乐、陆震鸣等研究:云芝多糖(400 毫克/千克)对酒精性肝损伤小鼠有保肝活性,能显著降低血清中丙氨酸、血清丙氨酸氨基转移酶(ALT)、天冬氨酸氨基转移酶(AST)、三酰甘油(TG)、总胆固醇(TC)、低密度脂蛋白固醇(LDL-C)及组织中微量脂质过氧化物丙二醛(MDA)和游离脂肪酸(NEFA)的水平,同时,提升高密度脂蛋白胆固醇(HDL-C)的水平。

有实验证实,云芝多糖(从云芝子实体中提取)有保护肝脏作用,能使四氯化碳引起肝损伤小鼠的血清丙氨酸氨基转移酶、天冬氨酸氨基转移酶值下降,超氧化物歧化酶(SOD)、还原型谷胱甘肽(GSH)值上升。云芝多糖可降低小鼠大脑皮质组织和干细胞受 H_2O_2 攻击而引起的脂质过氧化反应,云芝多糖可诱导小鼠腹腔巨噬细胞活性增高。此外,云芝多糖还有清除自由基作用,有超氧化物歧化酶样作用。

据雷鹏程、洪纯等研究,云芝多糖可改善四氯化碳引起的肝损伤,降低血清丙氨酸氨基转移酶,延长肝癌小鼠的存活期。

(六) 提高学习记忆能力

据雷鹏程、洪纯等研究:用避暗法、穿梭法、Y 形迷宫法试验,连续 6 天给小鼠和大鼠喂食云芝多糖 500 毫克/千克体重。结果:小鼠、大鼠的学习与记忆能力有明显提高。在用东莨菪碱造成小鼠学习记忆能力障碍时,同时给予服用云芝多糖,小鼠记忆障碍明显减轻。小鼠在 Morriss 水迷宫实验时给予服用云芝多糖,平均训练潜伏期明显缩短,表明云芝有明显改善记忆障碍的作用。

(七) 镇痛镇静

据雷鹏程等研究:小鼠皮下注射醋酸致痛会引起小鼠扭体,若在注射醋酸前先腔腹注射云芝多糖,扭体次数可明显减少。小鼠腹腔注射云芝多糖,小鼠自发性活动次数也明显减少。小鼠连续 6 天腹腔注射云芝糖肽,可提高大鼠电刺激引起的嘶叫阈值,云芝糖肽引起的镇痛作用可以被白细胞介素-2(IL-2)抗血清逆转。结果表明:云芝提取物有镇痛、镇静作用。

据刘远嵘等研究结果表明:云芝糖肽的镇痛作用是非中枢性的,是云芝糖肽通过提高白细胞介素-2 的分泌,通过白细胞介素-2 与白细胞介素-2 受体结合或与阿片受体结合而产生镇痛作用。

张玉英等以健康成年小鼠建立内脏扭体模型和局部二甲苯致炎模型,探讨云芝糖肽对小鼠的急性内脏性疼痛的镇痛作用。结果提示,云芝糖肽对急性炎症性内脏疼痛有明显镇痛作用,其机制可能是云芝糖肽激活包括下丘脑在内的内源性疼痛系统而发挥镇痛作用。是否还有其他机制的参与,有待进一步研究证实。

二、 云芝的疗效作用

(一) 云芝多糖对肿瘤病的疗效

据江苏省启东市肝癌研究所等单位研究,用云芝多糖治疗晚期肿瘤患者,结果:生存期半年的为 45%,1 年生存期为 16.3%,而仅用常规药物治疗的对照组患者,半年生存期为 11.4%,1 年生存期为零。此外,患者服用云芝多糖后,精神状态比对照组患者好,体重也有所增加。

日本名古屋大学医学部龟井秀雄等用云芝多糖治疗 72 例肿瘤患者。结果:大部分患者反映,服用云芝多糖后自觉症状改善,食量增加,疼痛减轻,体重也增加,肿瘤缩小,腹腔积液减少。

(二) 云芝多糖对肝炎的疗效

云芝治疗肝炎有很好的效果,能改善症状,改善精神,增进食欲,改善睡眠,提高肝功能。少数乙肝患者乙型肝炎病毒表面抗原(HBsAg)、核心抗原(HBeAg)转阴。研究病例 135 例,其中男 121 例,女 24 例,病程 0.5～11 年,血清丙氨酸氨基转移酶值均超过 200 单位,其中乙型肝炎病毒表面抗原阳性 69 例。全部患者服用云芝热水提取物,每人每天服量为 30 克的生药量,连服 4～9 周。结果:基本控制(血清丙氨酸氨基转移酶恢复正常或接近正常)54 例,占 40%;显效(血清丙氨酸氨基转移酶值下降 50%以上)13 例,显效率为 9.6%;有效(血清丙氨酸氨基转移酶值下降 25%～50%)23 例,有效率为 17.0%,总有效率达 66.7%。

据陈广梅、吴超等研究发现:健康人和乙型肝炎患者的周围血单核细胞

(PBMC)在和云芝多糖一起培养时,上清液中的干扰素 γ(IFN-γ)分泌量比对照组明显升高,同时产生的白细胞介素-12(IL-12)水平也明显提高。白细胞介素-12可诱导 Th1 细胞的分化并增强细胞毒性,增强淋巴细胞和自然杀伤细胞的杀伤力。白细胞介素-12 主要由单核细胞和 β 淋巴细胞分泌,分泌水平的升高反映了机体抗原细胞功能与免疫水平的提高。慢性乙型肝炎病毒(HBV)患者在慢性乙肝期,Th1/Th2 细胞平衡失衡,Th2 超过 Th1,从而抑制了 Th1 细胞分化和干扰素 γ 产生,导致乙型肝炎病毒反复发作。云芝可改善乙型肝炎病毒患者 Th1/Th2 平衡状态,可以提高乙型肝炎病毒患者免疫功能,对治疗乙型肝炎病毒感染具有一定作用。

(三) 保护肝脏,促进慢性肝病的康复

据刘福文、李建阳等研究:急性黄疸性肝炎 44 例,急性无黄疸肝炎 11 例,轻度慢性肝炎 13 例,重度慢性肝炎合并肝癌 1 例,慢性重型肝炎 3 例,随机分为试验组(云芝糖肽组 33 例)和对照组(42 例)。试验组症状有纳呆、恶心、腹胀、厌油者 26 例;乏力、神萎、皮肤黄染者 29 例;双下肢水肿 1 例;血清丙氨酸氨基转移酶(ALT)>40 单位每升(U/L)者 33 例。对照组 42 例,症状和试验组相同。治疗方法:对照组单用无环鸟苷抗病毒药治疗,试验组用无环鸟苷抗病毒药加云芝糖肽治疗,云芝糖肽每天 3 次,每次服 1.02 克。分别在服用 15、30、60 天后复检。检查血常规、尿常规、血尿素氮和肌酐。试验组治疗 15 天,症状消失 2 例,减轻 24 例,总有效率为 78.8%。治疗 30 天,症状消失 28 例,症状减轻 2 例,总有效率为 90.9%,乙肝病毒标志物无变化。治疗 60 天,症状体征消失 28 例,减轻 3 例,总有效率为 93.9%。对照组治疗 60 天,症状体征消失 3 例,减轻 6 例,总有效率为 90.5%。

(四) 保护肾脏、促进慢性肾病康复

据吴日蓉、谭晓军等研究:慢性肾病、慢性肾功能不全患者,包括慢性肾小球肾炎、慢性肾盂肾炎、肾病综合征、原发性高血压、多囊肾病、糖尿病肾病等,血肌酐为 135~310 纳摩/升,所有病例均采用低蛋白质、低磷饮食。上述 60 病例分为

对照组和试验组。对照组用血管紧张素转换酶抑制剂(ACE1)疏甲丙辅酸(CAP),试验组在疏甲丙辅酸基础上再加入云芝糖肽(3次/天),连续治疗 6 个月。治疗结果:试验组脂质过氧化物(LPO)下降 21.2%,超氧化物歧化酶上升 20.6%。血清肌酐(Scr)、尿蛋白排泄量(Upro)、三酰甘油、血尿酸(UA)降低($P<0.05$)。实验结果表明:云芝糖肽能清除活性氧,提高机体抗氧化能力和延缓肾衰进展。

三、 云芝经验方

(一) 云灰茸固饮

[组方] 云芝多糖、灰树花多糖、姬松茸多糖各适量。

[制作] 由有资质的企业加工复配而成。

[用法] 每日 3 次,每次一袋,饭后服用,宜长期服用。

[功效] 能增强、提高机体免疫力,适宜肝癌、肺癌、淋巴癌患者服用。

(二) 云芝蜀葵方

[组方] 云芝多糖、蜀葵花多糖各适量。

[制作] 由有资质的企业加工复配而成。

[用法] 每日 3 次,每次一袋,饭后服用,长期服用。

[功效] 提高患者机体免疫力,适宜肺肿瘤、肝肿瘤患者服用。

(三) 云芝白桦茸方

[组方] 云芝多糖粉、白桦茸多糖粉各适量。

[制作] 由有资质的企业加工成复合多糖产品。

[用法] 每日 3 次,每次 5 克,饭后服用。

[功效] 提高患者机体免疫力,适宜乳腺癌、淋巴癌患者服用。

（四）云芝灵芝猴头菇方

［组方］ 云芝多糖、灵芝多糖、猴头菇多糖各适量。

［制作］ 由有资质的企业生产加工成复合多糖产品。

［用法］ 每日3次，每次5克，饭前服用。

［功效］ 提高患者机体免疫力，适宜食管癌、胃癌患者服用。

牛樟芝

Taiwanofungus camphoratus

牛樟芝,又名:樟芝、牛樟菇、樟菰、樟内菇、红樟芝、红樟菰、血灵芝、牛樟心材褐腐病等。

牛樟芝属于担子菌门、伞菌纲、多孔菌目真菌,科的地位未确定。牛樟芝为多年生蕈菌类,原生长于台湾山区海拔 450～2 000 米的牛樟树的中空腐朽心材内壁,或枯死倒伏的牛樟树表面,生长极其缓慢,外形多变,有板状、钟状、马蹄状或塔状。牛樟芝一年生,无柄,木栓质至木质,紧贴着生长于木材表面。表面褐色至黑褐色,具不明显的皱纹,有光泽,边缘平而钝。菌肉两层,上层木材色,下层象牙色,厚 1～1.5 厘米。表面孔状,微细绵密,每毫米有 4 或 5 个孔,管口小;初生时呈深红色,渐变为乳白色、淡褐色或淡黄褐色。子实体呈橙黄色到橙褐色不等,周边常呈放射反卷,并向四周扩展生长,呈半圆形或不规则形。

牛樟芝含有多种生理活性成分,如萜类化合物、多糖、核苷类、固醇类化合物、泛醌类化合物、超氧化物歧化酶、苯环类化合物等。野生牛樟芝含有许多复杂的成分,精油、多糖体(其主要化学成分为葡聚糖)、三萜类化合物(如樟菇酸 A、樟菇酸 B、樟菇酸 C、樟菇酸 K 等)、超氧化物歧化酶、核酸类(腺苷等物质)、麦角固醇、蛋白质(含免疫蛋白)、维生素、氨基酸、凝聚素及一些微量元素等。其中,三萜类化合物、活性多糖、泛醌类化合物为牛樟芝最重要的活性成分,这些活性成分中以三萜类化合物最丰富最为特别,高达 200 种以上,含量可达 10%～45%。因牛樟芝萜类含量极为丰富,子实体具有强烈的樟树香气,故品尝时有辛苦味,干品久含于口中舌尖会有辛、麻、苦之感。

牛樟芝在民间应用历史已有 200 多年,台湾原住民认为牛樟芝具有解酒、解食物中毒、止腹泻和止吐作用,可以治疗肝脏病变以及缓解体力透支等症状。由于牛樟芝功效显著、产量小且价格昂贵,被誉为“森林中的红宝石”。

一、 牛樟芝的药理作用

现代药理研究证实,牛樟芝具有抗肿瘤、保肝、抗炎、调节免疫、降血压、抗病毒、抗氧化等作用。

（一）抗肿瘤

牛樟芝的抗癌活性是当下的一大研究热点，其子实体和菌丝体来源的很多成分均被发现具有抗癌功效，对不同癌细胞的作用效果及机制也不尽相同。从液态发酵牛樟芝菌丝体中获取得到一种小分子多糖对人源和鼠源的几种癌细胞均有显著性抑制作用，它的主要作用机制是调控 DNA 修复的 TOP1 通路，从该株菌的固态发酵菌丝体中提取得到的三萜类化合物也具有一定的抗癌功效。

据 Chen 等研究发现，从牛樟芝子实体中提取得到的倍半萜安卓幸可通过抑制 PI3K/AKT 和 MAPK 通路抑制前列腺癌细胞。而另一些学者发现从子实体中得到的安卓幸可通过下调 beta-catenin/Notch1/Akt 通路对前列腺癌细胞产生抑制作用。从牛樟芝菌丝体中提取得到的 4-乙酰安吉奎诺尔则可通过增强树突细胞的免疫功能发挥抗癌功效。

据台湾马偕纪念医院研究，通过提取得到的牛樟芝抗癌有效成分——牛樟芝萃取物"马偕二号"，在对癌细胞的测试中，对白血病的有效率达到 99% 以上，对肝癌以及胰腺癌的有效率达到 80%～90%，对食管癌以及宫颈癌的有效率也有 60%～70%。

据杨璐研究报道：通过单剂量经口给予小鼠牛樟芝提取物 5 克/千克动物体重，给药后小鼠禁食 4～6 小时，观察 14 天后小鼠的急性毒性反应；体外实验以人正常肝细胞 L-02 细胞和人肝癌细胞株 HepG2 为研究对象，分别加入不同浓度的牛樟芝提取物培养 3 天，应用 MTT 法检测其对两种细胞的增殖情况；体内通过建立昆明雌小鼠的 H22 腹腔积液模型以及 C57 雄小鼠的腋下实体瘤模型，来观察牛樟芝提取物对 H22 肝癌细胞的抑制作用；采用碳粒廓清实验和血清溶血素实验，观察牛樟芝提取物对正常昆明小鼠的非特异性免疫的影响以及对体液免疫的影响；通过四氯化碳（CCl_4）造成的肝损伤模型，观察牛樟芝提取物对小鼠肝损伤保护作用。经过 14 天的小鼠急毒性反应观察，受试小鼠除给药当天个别小鼠精神萎靡，未出现死亡；体外实验在对正常肝细胞 L-02 无明显抑制的情况下，对 HepG2 肝癌细胞具有较强的抑制作用，并且呈现剂量依赖性；体内通过成功建立小鼠 H22 实体瘤和腹水瘤模型，发现牛樟芝提取物各给药组对 H22 腹水瘤及

H22 腋下实体瘤都有一定程度的抑制作用；牛樟芝提取物高剂量能够提高血清溶血素水平，高中剂量可增强正常 KM 小鼠单核巨噬细胞的吞噬能力；通过小鼠肝损伤模型的建立，检测小鼠血清中的血清丙氨酸氨基转移酶（ALT）、天冬氨酸氨基转移酶（AST），发现模型组小鼠肝功能明显异常，肝组织变性坏死严重，各剂量组均能明显改善四氯化碳引起的小鼠肝损伤。表明牛樟芝提取物具有一定的抑制肝肿瘤和增强小鼠免疫功能的作用。

据洪华炜等研究，采用皮下接种肝癌 H22 实体瘤模型观察牛樟芝微囊（三萜类载药量 51 毫克/克）体内的抑瘤作用。荷瘤小鼠随机分成 5 组，即模型对照组（生理盐水组），阳性对照组（环磷酰胺 30 毫克/千克），牛樟芝微囊高、中、低 3 个剂量组，剂量分别为 0.4 克/千克、0.2 克/千克、0.1 克/千克。研究表明，牛樟芝微囊能明显抑制肝癌 H22 实体瘤小鼠的肿瘤生长，高、中剂量组抑制率分别为 45.24%（$P < 0.01$）和 33.10%（$P < 0.05$）。与模型对照组相比均有显著差异。

据台湾大学研究报道：牛樟芝对癌细胞有直接的细胞毒作用。研究者将从牛樟芝中分离的 4-acetylantroquinonol B 作用于肝癌细胞 HepG2，发现该化合物的细胞毒作用呈现量效相关性。从牛樟芝中分离到 8 个麦角甾烷型三萜和 2 个羊毛甾烷三萜及 lanosta-8, 24-dien-3β, 15α-21-triol 具有细胞毒性，半抑制浓度（IC_{50}）值为 16.44～77.04 毫克/毫升。

（二）保肝

牛樟芝最早就是因为其对肝脏的保护作用显著而出名，长期服用可明显改善酒精性肝病。研究表明，牛樟芝可通过多种成分多种机制全方面保护肝脏。酒精代谢失调所导致的氧化应激以及炎症反应是造成酒精性肝病的重要原因，而牛樟芝可以显著提高急性酒精肝脏损伤小鼠模型血清中超氧化物歧化酶、过氧化氢酶（CAT）和谷胱甘肽过氧化物酶活性，增强机体的抗氧化能力，从而减少脂质过氧化物丙二醛（MDA）的产生，减轻肝脏氧化损伤程度；其三萜类化合物 Antcin A 可结合糖皮质激素反应元件（GRE），提高机体的抗炎能力；Zhankuic acid A 可通过抑制 JAK2 通路磷酸化，抑制伴刀豆蛋白 A 诱导的肝细胞炎症反应；牛樟芝多糖还可以促进肝细胞 DNA 损伤修复。此外，其另一种活性成分马来酸及琥珀酸衍生物对丙型肝炎病毒(HCV)蛋白酶具有很强的抑制能力,表现出一定的抗丙型肝炎病毒感染的作用。

据张远腾研究:牛樟芝中的马来酸及琥珀酸衍生物 antrodin A-E 有很强的抑制 C 型肝炎病毒蛋白酶能力。从牛樟芝菌丝体中分离的 antroquinonol、4-acetylantroquinonol B 有抗酒精性肝损伤作用。牛樟芝中的糖蛋白及 antrodan 能降低脂多糖(LPS)引起的肝细胞氧化损伤、增强肝细胞活性、修复肝细胞 DNA 损伤。

李俊鹏、金毅等利用四氯化碳诱导小鼠肝脏损伤,通过喂食牛樟芝胶囊观察牛樟芝的保肝作用。试验结果表明,牛樟芝中的活性成分可有效降低血清丙氨酸氨基转移酶、天冬氨酸氨基转移酶和乳酸脱氢酶(LDH)的含量,从而达到保肝护肝的目的。

据陆震鸣等研究:用乙醇对大鼠的肝脏进行诱导,使其肝脏受到急性的损伤,然后给大鼠喂食牛樟芝的菌粉,结果表明大鼠的肝损伤的指标在一定程度上出现了明显的降低,表明牛樟芝中的某一些活性物质可能对参与实验动物的肝脏在一定的程度上有保护的作用。一些研究发现牛樟芝的发酵产物中含有一些多糖类的活性物质,对肝脏也起到一定的保护作用。

(三) 降血脂

糖脂代谢多在肝脏中进行,而牛樟芝保肝护肝的功效早为人所知。因此牛樟芝降血糖和降血脂的功效也多有报道。用牛樟芝子实体的水提物灌胃在高脂饮食诱导下的仓鼠,发现各剂量组仓鼠的血清总胆固醇(TC)和高密度脂蛋白胆固醇(HDL-C)含量相对模型组无明显变化,但高剂量组仓鼠的血清三酰甘油(TG)和低密度脂蛋白胆固醇(LDL-C)浓度显著性降低。

Suk 等分别从牛樟芝野生子实体和固态发酵菌丝体中获取水提物,灌胃高胆固醇饮食的大鼠,结果发现两者均能降低大鼠血清总胆固醇和三酰甘油含量,大鼠体内 PPARγ 基因信使核糖核酸(mRNA)表达水平显著性提升。但人工固态发酵菌丝体的降脂作用略低于野生子实体。段木培养得到的菌丝体经乙醇提取后,灌胃高脂饮食的小鼠。10 周后发现各剂量组小鼠体重、血脂均低于模型组,经成分分析得到其乙醇提取物主要成分为三萜类化合物,表明该培养条件下菌丝体三萜类化合物具有降血脂作用。

据王琢等研究：利用热水浸提法由固态发酵的牛樟芝菌丝体中得到水提物（WEAC），经检测，其成分主要包括总糖 30.66%、三萜 2.22%、蛋白质 62.91%、其他组分 4.21%。将 HFrD 建模小鼠分为 Model、Simvastatin、WEAC-L 和 WEAC-H 组，并分别用水、辛伐他汀和低（每天 300 毫克/千克）、高（每天 600 毫克/千克）剂量的牛樟芝菌丝体水提物进行为期 4 周的灌胃，检测小鼠血清学指标总胆固醇、三酰甘油、低密度脂蛋白胆固醇和高密度脂蛋白胆固醇。结果表明：与模型对照组相比，低高两个剂量牛樟芝菌丝水提物均可降低总胆固醇和低密度脂蛋白胆固醇浓度，提升高密度脂蛋白胆固醇浓度，具有极显著性（$P < 0.01$），且他们对低密度脂蛋白胆固醇和高密度脂蛋白胆固醇的作用优于阳性药物辛伐他汀，且具有剂量效应。

（四）免疫调节

牛樟芝与大多数食药用真菌一样，具有良好的免疫调节功效。据 Lin 等研究报道，液态深层发酵牛樟芝多糖可改善 Nrf2/HO-1 信号转导途径产生的免疫抑制。由固态发酵菌丝体做成的保健品胶囊可显著促进小鼠脾淋巴细胞的增殖，表现出良好的免疫调节作用。最新研究表明，固态发酵牛樟芝菌丝体对小鼠的特异性免疫与非特异性免疫均有显著调节作用。

台北医学大学研究人员在樟芝多糖对小鼠免疫功能影响的研究中发现：高剂量（1 600 毫克/千克）樟芝胞内多糖以及高、中剂量的胞外多糖对小鼠脏器/身体质量比值、淋巴细胞增殖能力以及小鼠迟发型变态反应水平都有着显著的影响；高、中剂量的樟芝胞内、外多糖均可显著增强小鼠抗体细胞的增殖能力以及小鼠血清溶血素水平；两种多糖都可显著增强白细胞介素-2（IL-2）的影响作用。

杨毅等研究了樟芝多糖对于环磷酰胺构建的免疫抑制小鼠模型的免疫功能的调节作用，结果显示：樟芝多糖可以增强相关免疫性细胞因子的表达，表明樟芝多糖对体液免疫有较好的增强作用。

据张伟鑫等研究：樟芝多糖可通过提高巨噬细胞的吞噬能力，增强人体的非特异性免疫能力。小鼠在喂食樟芝提取物后，脾脏细胞的增生速度加快，同时可刺激脾脏细胞产生 Th1 型细胞激素白细胞介素-2,抑制 Th2 型细胞激素白细胞介素-4 的产生。应用于人体时,樟芝多糖可刺激人体淋巴细胞产生细胞介素,杀死淋巴癌细胞。

据杨璐研究:采用碳粒廓清实验和血清溶血素实验观察牛樟芝提取物对正常昆明小鼠的非特异性免疫的影响以及对正常昆明小鼠体液免疫的影响,结果表明:牛樟芝提取物高剂量能够提高血清溶血素水平,高、中剂量可增强正常昆明小鼠单核巨噬细胞的吞噬能力。

(五) 抗氧化

抗氧化性作用也是牛樟芝重要活性之一。据 Wu 等研究,从牛樟芝中分离到抗氧化物质 5-Methyl-benzo[1,3]-dioxole-4,7-diol,简称 MBDD,该物质具有清除自由基活性及过氧化物酶抑制作用,其半最大效应浓度(EC_{50})值分别为 34.24 微摩/升和 310.00 微摩/升。

Hseu 等研究了牛樟芝液体发酵液(FCBA)及菌丝体水提物(AEMA)对因自由基诱导引起内皮细胞损伤的抗氧化活性作用。牛樟芝发酵液浓度在 25~100 微克/毫升和菌丝体水提物在 50~200 微克/毫升范围内,可有效地使内皮细胞在 15 毫摩/升的自由基引发剂(AAPH)暴露下保存 16 小时而不受损。当增加前列环素(Prostacyclin/PG I2)时,分别与自由基引发剂呈现正相关性,而与内皮细胞损伤和牛樟芝液体发酵液/菌丝体水提物呈现负相关,牛樟芝液体发酵液或菌丝体水提物均能显著地通过减少 DNA 断裂、细胞色素 C 释放、Caspase-3 的激活、调节异常 Bcl-2 和 Bax 蛋白等,来抑制自由基引发剂引起内皮细胞凋亡。

汪雯翰等研究证明牛樟芝子实体氯仿、正丁醇萃取物和固体发酵菌丝体氯仿萃取物具有超氧阴离子清除能力,清除超氧阴离子的半抑制浓度(IC_{50})值分别为 5.94 毫克/毫升、1.32 毫克/毫升和 1.97 毫克/毫升;樟芝子实体石油醚、氯仿和正丁醇萃取物具有过氧化氢的清除能力,清除过氧化氢的半抑制浓度值分别为 0.13 毫克/毫升、0.11 毫克/毫升和 0.18 毫克/毫升。

(六) 缓解体力疲劳

据王瑾等研究,牛樟芝具有缓解体力疲劳的作用。小鼠随机分成空白组和牛樟芝低、中、高剂量组,进行负重游泳实验、血清尿素氮测定、肝糖元测定和全血乳酸测定。研究结果证明牛樟芝具有缓解体力疲劳作用。牛樟芝中、高剂量组能明显延长小鼠负重游泳时间,并降低小鼠运动后血清尿素氮含量,提高给药后小鼠肝糖原储备,减少小鼠运动后乳酸的产生。

二、 牛樟芝经验方

（一）牛樟芝方

[组方] 牛樟芝9克,冰糖适量。

[制作] 将牛樟芝洗净切片,放入砂锅,加水用文火煎煮30分钟,滤取头煎液,加水再煎取二煎液,合并两次煎液,加入冰糖拌匀即可。

[用法] 每日1剂,早晚各1次服用。长期服用。

[功效] 具有保护肝脏、提升免疫功能、增强抗氧化能力、抑制肿瘤细胞生长等功效。

（二）牛樟芝护肝胶囊方

[组方] 牛樟芝400克。

[制作] 将牛樟芝洗净烘干研成粉,装入胶囊,每粒0.5克,瓶储。

[用法] 每日早晚各服1次,每次4粒服用。

[功效] 具有抗癌防癌、保肝等功效;解宿醉,减轻酒精对肝脏的伤害。

（三）牛樟芝保肝强身酒方

[组方] 牛樟芝20克,白酒500毫升。

[制作] 将牛樟芝洗净加白酒500毫升浸泡15天后开启服用。

[用法] 每日2次,每次50毫升服用。

[功效] 具有保肝护肝、提高免疫力、增强体质、解毒等功效。

平　菇

Pleurotus ostreatus

平菇，又名：糙皮侧耳、侧耳、蚝菇、冻菌、天花菌、天花蕈等。

平菇属于担子菌门、伞菌纲、伞菌亚纲、伞菌目、侧耳科、侧耳属真菌，有数十种之多。平菇属各个品种都有一个共同的特征，都为肉质，柄侧生，菌盖肾形或贝壳形，菌褶衍生。采收平菇需在菌盖未完全展开、边缘内卷、菌盖直径不超过 3～4 厘米时进行。若菌盖全部展开、边缘上挠、孢子大量散发后采收，或采收后浸泡在水中，则味差肉老。

平菇肉嫩味鲜，营养丰富，含有 17 种氨基酸，包括人体必需的 8 种氨基酸，蛋白质含量高达 15%～29%，脂肪含量为 2%～2.2%，糖类含量为 51%～62%，还含有 B 族维生素、维生素 E、烟酸、泛酸等成分。平菇富含真菌多糖，是其对人体起保健作用的最有效成分之一。

平菇对人体有多种药理作用。中医认为平菇性温、味甘，具有追风散寒、舒筋活络的功效，可用于治疗腰腿疼痛、手足麻木、筋络不通等病症。平菇中的蛋白多糖体还对癌细胞有很强的抑制作用，能够有效增强机体免疫功能。现代药理学认为，平菇有抗肿瘤、抗氧化、提高免疫力之效，能降血脂、抗血凝，具有提高红细胞变形能力，抗血栓形成，促进单核细胞分裂繁殖，提高免疫器官之胸腺、脾脏的重量，促进溶血素形成等作用。

一、 平菇的药理作用

（一）抗肿瘤

平菇有一定的抗肿瘤作用。试验将小鼠先服用平菇多糖，再移植 S180 肉瘤细胞，随后再服用平菇多糖，结果肿瘤生长抑制率达到 60%。解剖和血液检测发现，服用平菇的小鼠的肿瘤细胞坏死率和淋巴细胞浸润明显高于对照组，免疫细胞中淋巴因子激活的杀伤细胞（LAK 细胞）、自然杀伤细胞（NK 细胞）活性增强，在肿瘤块外缘形成一层较厚、能阻止肿瘤生长的纤维包膜。根据解剖和血检分析，平菇对肿瘤的抑制作用可能是通过提高淋巴因子激活的杀伤细胞和自然杀伤细胞等免疫细胞对肿瘤的杀伤作用,促进肿瘤外缘纤维化、抑制肿瘤生长而实现的。

据 Sun 等研究证实,平菇多糖可增强脂多糖(LPS)和 ConA 诱导免疫淋巴细胞增殖,具有一定的抗病原体、抗恶性肿瘤以及免疫调节作用。据孔繁利等研究:通过碱提法获取平菇水溶性多糖,该多糖可通过增强巨噬细胞的吞噬能力、活化巨噬细胞分泌 NO 和肿瘤坏死因子来抑制肿瘤的发生和恶化。

李华等研究发现平菇多糖及糖肽对 S180 肉瘤有显著的抑制功效。针对此现象,姜自彬等进一步研究,观察到在平菇多糖的作用下,S180 腹水瘤细胞逐渐膨胀并在 60 分钟内全部胀破死亡,而该平菇多糖对脾、肝、胃等正常细胞均未产生破坏效应。

(二)提高免疫功能

平菇多糖有良好的提高免疫功能之效。实验用 50 微克/毫升、100 微克/毫升、200 微克/毫升 3 种浓度的平菇多糖分别加入已分离的人外周血单核细胞的培养液中,单核细胞的密度为 1×10^6/毫升。结果显示,单核细胞的增殖比例比对照组明显提高。试验用小鼠腹腔注射平菇多糖,连续 7 天,再注射鸡红细胞悬液,4 小时后取血测定。结果:平菇组巨噬细胞吞噬率达到 64.17%,吞噬指数达到 1.32 ± 0.45;对照组为 52.12% 和 0.84,平菇组显著高于对照组的吞噬百分率和吞噬指数;免疫器官胸腺、脾脏也明显增重。小鼠服平菇提取液后,免疫细胞淋巴因子激活的杀伤细胞活性、红细胞花环形成率显著提高。上述各项试验表明,平菇有提高机体免疫功能的作用。

平菇还能促进溶血素生成并使胸腺、脾脏增重。平菇多糖还有抑制病毒生长的作用,其作用强弱和多糖的空间状态有关。平菇多糖经酸水解、硫酸化程序处理后,多糖链可由无规则的绕围状扩展为伸展状态,这时对病毒复制的抑制作用大大提高。

据张晓研究:动物试验结果表明平菇多糖(POP)的预防型干预能提高免疫低下小鼠的免疫力及抗氧化能力。具体表现为:①平菇多糖的预防型干预能够缓解由于环磷酰胺引起的 IgM、IgG、IgA、白细胞介素-2(IL-2)、肿瘤坏死因子 α、

干扰素 γ 含量下降,可以通过提高机体中和毒素、激活补体的能力,促进机体激活巨噬细胞、抑制病毒复制,进而提高机体的免疫力;②平菇多糖的预防型干预可以显著提高脾脏 T 细胞的增殖率,进而调节机体的免疫能力,同时还能帮助机体清除过多的活性氧、保护细胞膜结构的完整性、保护肝脏并降低异常升高的脂质过氧化物丙二醛(MDA)含量、帮助机体清除自由基,进而恢复机体自由基的动态平衡。

(三) 抗氧化

据体外试验,血浆中加入平菇多糖,其所含低密度脂蛋白氧化程度明显降低。抗低密度脂蛋白的氧化能力表明,平菇有延缓衰老、防止心血管疾病之功效。据沈侃等人研究报道,在体外反应产生超氧阴离子自由基($\cdot O_2^-$)体系中,加入不同浓度的平菇多糖。平菇多糖在较低浓度时(<200 毫克/升)具有清除超氧阴离子自由基作用,而在较高浓度(>200 毫克/升)时,作用不明显。同时,用荧光法研究平菇多糖对小鼠红细胞脂质过氧化的影响,结果表明平菇多糖能够抑制小鼠红细胞的脂质过氧化。

据王金玺等研究:考察了平菇水提粗多糖、碱提粗多糖两个粗多糖组分与 POP-I-1、POP-II-1 两个纯多糖组分对 DPPH 自由基、羟基自由基、超氧阴离子自由基的清除效果和还原力的测定,发现四组分对 DPPH 自由基的最大清除效果依次为 47.70%、41.9%、14.29% 和 11.22%;对羟自由基的最大清除率依次为 100%、73.31%、8.41% 和 23.63%;对超氧阴离子自由基的最大清除率依次为 20.21%、31.00%、17.23% 和 22.91%;同时平菇水提粗多糖对猪油和芝麻油的氧化也有着较好的抑制作用。

(四) 降胆固醇

平菇能提高血脂代谢速率,因而有降低低密度血脂含量功效。实验家兔两组,均服用加胆固醇和猪油的饲料,然后在两组家兔的饲料中分别添加 2.5 克/千克、5 克/千克平菇料和常规饲料,之后在第 10 天、20 天、40 天取血,测定血清总胆固醇。10 天时检测血清胆固醇,对照组 318.57 ± 54.49 毫克每分升(mg/dl),

2.5 克/千克组 253.13±28.11 毫克每分升,5 克/千克组 265.57±38.64 毫克每分升;20 天时检测血清胆固醇,对照组 344.00±60.97 毫克每分升,2.5 克/千克组 230.13±34.14 毫克每分升,5 克/千克组175.29±10.97 毫克每分升;40 天时检测血清胆固醇,对照组 595.57±175.29 毫克每分升,2.5 克/千克组 193.12±29.54 毫克每分升,5 克/千克组 128.57±43.01 毫克每分升。结果:服平菇家兔的胆固醇比对照兔明显降低。

(五)保肝解毒

实验大鼠连续 4 天腹腔注射四氯化碳各 2 毫升/千克,结果发现天冬氨酸氨基转移酶(AST)、血清丙氨酸氨基转移酶(ALT)、丙二醛显著增高,表明肝脏已严重伤害,同时还原型谷胱甘肽(GSH)、超氧化物歧化酶(SOD)显著降低。然后注射平菇提取物,AST、ALT、丙二醛明显回低,谷胱甘肽、过氧化物歧化酶升高,表明平菇提取物有明显保肝解毒的功效。

二、 平菇经验方

(一)平菇穿心莲方

[组方] 平菇、穿心莲、青藤香各 15 克。
[制作] 将全部原料烘干,一起碾为细末拌匀。
[用法] 每次服用 3 克,用温开水送下。
[功效] 健脾燥湿,清热止痛。适宜慢性胃炎及十二指肠溃疡者服用。

(二)平菇桃仁方

[组方] 平菇、桃仁(去尖)、蜂蜜各 30 克。
[制作] 将平菇、桃仁烘干,碾为细末拌匀。
[用法] 每次服用 3 克,加入蜂蜜,拌匀即可服用。

［功效］ 疏经活络、活血,适宜肢体麻木者服用。孕妇忌服。

(三) 平菇木通祛湿方

［组方］ 平菇、木通、石南藤各 30 克。

［制作］ 将平菇、木通、石南藤放入砂锅内,加水用文火煎煮 2 次各 45 分钟,滤取合并两次煎液即可。

［用法］ 每日 1 剂,早晚各 1 次服用。

［功效］ 散寒祛湿,适宜风湿疼痛者服用。

(四) 平菇木瓜祛痹方

［组方］ 平菇 150 克,木瓜、吴茱萸各 60 克,白酒 1 000 毫升。

［制作］ 将全部原料浸入白酒内,密封,15 天后启用。

［用法］ 每日饮服 50 毫升,炖热饮用。

［功效］ 适宜四肢关节痹痛、肢体麻木者服用。

(五) 平菇豆腐降血方

［组方］ 鲜平菇 200 克,豆腐 300 克,调味品各适量。

［制作］ 平菇洗净,与豆腐放入砂锅,用文火煨至熟,调味即可。

［用法］ 经常食用。

［功效］ 适宜高血压、高血脂、动脉硬化症者食用。

(六) 平菇云芝多糖方

［组方］ 平菇多糖、云芝多糖粉各 200 克。

［制作］ 由有资质的企业加工复配而成。

［服法］ 每日 3 次,每次 5 克,饭前服用。

［功效］ 能增强和提高机体免疫力,适宜肺癌症者服用。

白灵菇

Pleurotus nebrodensis

白灵菇,又名：天山神菇、翅鲍菇、白灵芝菇、克什米尔神菇、阿魏蘑、白灵侧耳等。

白灵侧耳属于担子菌门、伞菌纲、伞菌亚纲、伞菌目、侧耳科真菌。白灵菇是白灵侧耳的商品名称,因其形状近似灵芝,全身纯白色,故称白灵菇。白灵菇最初发现于新疆北疆,为新疆特有的一种珍稀食用菌阿魏侧耳的变种,在自然界中常生长在伞形科阿魏植物根茎上,有"天山神菇"之美誉。

白灵菇形状美观,子实体洁白如雪,肉质细腻,口感脆滑,香味浓郁,味道鲜美,风味独特。据研究,白灵菇营养丰富,富含 18 种氨基酸,其中人体必需 8 种氨基酸占氨基酸总量的比例为 35%；蛋白质含量为 14.7%,糖类为 43.2%,脂肪4.31%,纤维素 15.4%；还含有大量的磷、铁、钙等矿物元素,是近几年深受市场欢迎的一种珍贵的食药两用菌。

白灵菇药用价值很高。白灵菇多糖能够极显著地提高巨噬细胞的吞噬能力,提高血清中溶血红素含量并增强淋巴细胞增殖能力,具有增强人体免疫力、调节人体生理平衡的作用,在抑制肿瘤,降低血脂等方面有着显著功效。白灵菇中提取的一种溶血蛋白具有很强的细胞毒性,可抑制肿瘤细胞增殖,对肝癌、胃癌、宫颈癌、乳腺癌等有很好的抑制作用。白灵菇中的麦角固醇等生物组分可减少胸腺和脾脏细胞的凋亡,具有很好的抗辐射作用。白灵菇的蛋白质、热水提取物和多糖成分可明显降低血浆总胆固醇和收缩压水平,具有降血脂和抗高血压的功效。

一、 白灵菇的药理作用

白灵菇具有抗氧化、免疫调节、抗肿瘤、抗辐射、降血脂等方面的保健功能。

（一）免疫调节

据甘勇、吕作舟首次对阿魏蘑多糖的免疫活性研究,阿魏蘑多糖能够极显著地提高小鼠腹腔巨噬细胞的吞噬能力。甘勇等做了子实体粗多糖 A、菌丝体粗多糖 B 的巨噬细胞吞噬作用试验、迟发型变态反应试验、白细胞介素-2(IL-2)的诱生与检测试验,均有显著效果。

据赵祁等报道,阿魏菇子实体能有效地增强小鼠的体液免疫功能,维护小鼠机体环境的稳定,保持正常的生理活动。当剂量为 25 毫克/千克时,溶血素含量提高了 55%;剂量为 1 250 毫克/千克时,提高了 67%;剂量为 2 500 毫克/千克时,提高了约 120%,成梯度上升趋势。当剂量为 1 250 毫克/千克时,相对于其他剂量小鼠的红细胞 C3BR 花环率明显提高,IC 花环率有所下降,说明阿魏菇对红细胞免疫功能刺激的最佳剂量为 1 250 毫克/千克。但阿魏菇对非特异性免疫功能、细胞免疫功能无明显影响。

邓春生等采用碳粒廓清试验、淋巴细胞转化试验以及肿瘤坏死因子(TNF)的诱生及其活性检测试验,观察阿魏侧耳子实体和菌丝体水溶性多糖的免疫活性。结果表明,阿魏侧耳子实体多糖(剂量为 20 毫克/千克)PFWP1 具有非特异性免疫功能和特异性细胞免疫功能。

(二) 抗氧化

白灵菇菌丝体多糖(PNMP)对羟基自由基清除效果比较显著,具有较强的抗氧化作用。据郑琳等研究,阿魏侧耳人工栽培子实体在不同条件下提取的不同组分,对于 Fenton 反应生成的羟基自由基均具有一定的清除作用,说明阿魏侧耳体内可能存在着天然抗氧化剂的新资源。从阿魏侧耳水溶性粗多糖的抗氧化效果来看,热水提多糖对羟基自由基和超氧阴离子自由基均能有效清除。

据李永泉等报道:阿魏菇菌丝体多糖对亚铁离子和双氧水体系产生的羟基自由基清除效果比较显著,抑制羟基自由基所致的过氧化的发生,保护膜系统免受羟基自由基损伤,防止膜脂质过氧化的发生,维持膜的流动性,减轻线粒体肿胀和红细胞溶血的发生,维持正常的生理功能。白灵菇菌丝体多糖还对连苯三酚自氧化速率有明显的抑制作用,说明白灵菇菌丝体多糖具有较强的抗氧化作用。

据王耀辉等报道:在基础培养基中添加 0.50% 白灵菇多糖能显著增加果蝇的逆重力爬行能力和体重,果蝇的平均寿命、半数死亡时间、最高寿命均提高;经 0.50% 白灵菇多糖剂量组喂养 30 天的雌性和雄性果蝇,其体内的超氧化物歧化酶、过氧化氢酶活性均升高,丙二醛含量下降。表明白灵菇多糖可提高机体抗氧化酶活性,减少脂质过氧化作用,从而延缓衰老,延长寿命。

陈晋明等在对白灵菇多糖研究中认为,随着白灵菇多糖浓度的增加,其还原能力和DPPH、超氧阴离子自由基、羟基自由基的清除率以及抑制蛋黄脂质过氧化能力均有所提高,表明其具有较强的抗氧化活性。

(三) 抗肿瘤

宋旭红等报道了新疆阿魏蘑菇的不同剂量水提取物对肿瘤细胞生长及蛋白合成会产生不同程度的影响。当水提物使用剂量为0.1克/毫升时对各类型肿瘤细胞株的生长及蛋白质合成均有明显抑制作用($P<0.05$, $P<0.01$)。研究结果还显示:不同剂量组阿魏蘑菇醇提物对各类型肿瘤细胞的生长及活体细胞蛋白合成也有不同程度的抑制作用($P<0.05$, $P<0.01$),尤其以人胃癌细胞株(MGC-803)、小鼠肺腺瘤细胞(SP-A-1)及人肝癌细胞株(Q3)最为明显,0.1克/毫升为最佳作用剂量。值得一提的是,醇提物对正常肝细胞的存活量未见影响,且能促进正常肝细胞蛋白质的合成。

宋旭红等又进一步研究了新疆阿魏菇提取物对肿瘤细胞p53蛋白表达的影响,从细胞凋亡角度研究其抗肿瘤机制。阿魏蘑菇醇提物及水提物作用于人宫颈癌Hela细胞、人胃腺癌C-803细胞、人肝癌Q3细胞后,可出现明显的p53蛋白表达水平上调,尤以醇提物的作用明显。当新疆阿魏蘑菇水提物及醇提物的剂量为0.1克/毫升,对瘤细胞的杀伤作用最明显;当不同剂量的水提物及醇提物分别作用12及24小时后,均观察到4种类型肿瘤细胞核固缩,DNA浓缩并向核膜靠拢,形成浓染致密颗粒,并有典型凋亡小体出现,凋亡细胞百分比均明显高于阴性对照组。阿魏蘑菇提取物对人肺腺癌SPC-A-1细胞p53蛋白的表达没有影响。阿魏蘑菇提取物中的各组分可协同作用诱导肿瘤细胞促凋亡基因的表达,从而达到抗肿瘤的目的。同时,研究中还发现,不同肿瘤细胞株、不同作用时间可致p53蛋白表达出现不同程度的改变,即存在细胞株和作用时间的差异。

辛晓林等将提取的白灵菇子实体多糖分别用0.2克/千克、0.4克/千克、0.8克/千克3个剂量组对荷S180实体瘤的昆明小鼠进行灌胃,结果对肿瘤的抑制率分别达65.4%、68.7%和50.1%,同时能明显提高荷瘤小鼠的胸腺指数和脾指数,表明其是一种具有开发前途的抗肿瘤活性多糖。孙艳萍对白灵菇多糖提取纯化得到了 PNA-2 组分,对 HepG-2 肝癌细胞进行实验的结果,PNA-2 能够诱导 HepG-2 细胞凋亡,抑制癌细胞生长,表明其有抗肿瘤作用。

（四）抗辐射

据常存等报道:白灵菇中麦角固醇里的维生素 D_2 等生物组分可促进辐射细胞 B 细胞瘤-2(BcL-2)蛋白的表达,抑制 Bax 蛋白的表达,从而减少胸腺和脾脏细胞凋亡,具有很好的抗辐射作用。

（五）降血脂

常存等报道了白灵菇蛋白质热水提取物和多糖成分可明显降低血浆总胆固醇、三酰甘油、低密度脂蛋白(LDL)、总脂质、磷脂及低密度脂蛋白/高密度脂蛋白(HDL)比率,降低收缩压水平,具有抗高血压的功效。

二、 白灵菇经验方

（一）鲍汁白灵菇

[组方]　白灵菇 350 克,西兰花 200 克,鲍汁、蚝油、食用油、盐适量。

[制作]　鲍汁、蚝油、开水按 3∶1∶2 调汁;白灵菇切片泡汁,入锅蒸 10 分钟,再炒 2 分钟出锅;西兰花焯水摆盘,放入炒好的白灵菇。

[用法]　每日 1 剂,佐餐服食。

[功效]　抗氧化,延缓衰老,增强免疫力。

（二）白灵菇鸡肉强身方

[组方]　白灵菇 200 克,彩椒 60 克,鸡胸肉 230 克,盐、料酒、食用油、姜片、

蒜末、葱段各少许。

[制作] 彩椒、白灵菇、鸡胸肉洗净切丁,加盐、油腌渍入味;锅中注水放盐和食用油,白灵菇煮至熟软,放入彩椒断生后捞出;锅中注油烧热,倒入鸡肉丁,滑油至变色后捞出,加姜片、蒜末、葱花爆香,放彩椒、白灵菇和鸡肉丁,加料酒、盐炒匀调味即可。

[用法] 每日1剂,佐餐服食。

[功效] 强壮身体、提高免疫力。

(三) 白灵菇清炖排骨

[组方] 白灵菇250克,猪排骨200克,鲜香菇30克,盐2克,酱油3克。

[制作] 猪排骨洗净后切成小块,沸水烫煮,撇去浮沫,白灵菇、香菇切片;将白灵菇、香菇片、猪排骨一起放入锅中,加水适量,用大火煮30分钟后加入盐、酱油即可。

[用法] 每日1剂,佐餐服食。

[功效] 滋养脏腑,补益虚损。

冬虫夏草

Cordyceps sinensis

冬虫夏草,又名:细虫草、戴氏虫草、虫草、冬虫草、夏草冬虫等。

冬虫夏草为麦角菌科真菌冬虫夏草菌寄生在鳞翅目蝙蝠蛾科昆虫蝙蝠蛾幼虫上的子座及幼虫尸体的复合体,是一种菌虫合一体的产物,地下部分是虫(虫草蝙蝠蛾的幼虫),地上部分是菌(虫草菌)。开始时虫草菌孢子散落在虫草蝙蝠蛾幼虫上,感染后孢子就会在虫体内萌发、繁殖,以后虫子潜伏到土中,土中虫草菌丝在虫体内继续生长,在感染孢子第 2～3 年后,充满菌丝的虫体会长出子座,这时虫体死亡,虫体上的子座称之为"草"。虫体到天冷时潜伏到土中,子座在 6 月份冰雪融化时出土,所以谓之冬虫夏草。

冬虫夏草是一种著名传统药用真菌,被誉为"中华医药瑰宝"。主要产于我国四川、青海、西藏、云南的高山草地上,有特定的生长区域,海拔高度都在 3 000～4 500 米。该品既可作保健之用,又有治病之效。《本草纲目拾遗》记载:"冬虫夏草甘平,益肺肾、补精髓、止血、化痰、滋补强壮、止劳咳、治脑症,皆良","专补命门、治诸虚百损",又说冬虫夏草是房中之品。民间常以冬虫夏草和老鸭或肉类共煮食用,以提高人体抗病、抗寒能力,活跃精神。1917 年,Brewster.J.E 和 Alsberg 研究报道:冬虫夏草有中枢镇静、抗惊厥、降体温、减缓心率、增加心血输出量、扩张支气管,祛痰、平喘、降低胆固醇及降血液脂蛋白、提高雄激素等作用。《中华人民共和国药典》自 1963 年版直到目前的 2020 年版先后九版都收录了冬虫夏草。

冬虫夏草极难人工培养,野生虫草又很有限,所以目前大多用虫草菌丝体人工发酵,以获得虫草菌丝体替代冬虫夏草,应用于保健或临床治疗。药物化学试验证明,天然冬虫夏草和虫草菌丝体都含有虫草多糖、腺嘌呤、脱氧腺苷、尿嘧啶、甘露醇等有效成分。近年来对冬虫夏草的药理作用及临床疗效的研究较为系统,研究结果和古医书对冬虫夏草功效的记载基本一致。

一、 冬虫夏草的药理作用

(一) 补气功效

中医学所谓的"补气",实际上是提高机体的能量代谢,从而达到提高机体生命活力、消除虚弱症状的效果。腺苷三磷酸(ATP)是一种生物能荷最高的生命物质,是机体生命活动所需热量最主要的供应者,而磷酸腺苷(AMP)则是能量较低的生命物质。虫草菌能显著提高细胞反应体系中腺苷三磷酸的生成量,即能显著提高细胞的能荷水平。

据陈顺志研究:以肝匀浆细胞为试验材料,以腺苷二磷酸(ADP)为底物,浓度为 2 毫摩/毫升,肝匀浆细胞浓度为18.39毫克/毫升,然后分别加 100 毫克和500 毫克虫草菌提取液。对照组加生理盐水,在 37℃ 下培养 10 分钟,然后进行离心、中和、测定。结果:加 100 毫克和 500 毫克虫草菌提取液的试验组,其腺苷三磷酸的生成量分别比对照组提高了22.4% 和 62.4%。磷酸腺苷的量比对照组分别降低了37.66% 和 13.43%。

据山西省教育厅高等学校教学改革创新项目研究:虫草多糖可以增加运动员机体内血清免疫球蛋白的数量,增加补体系统组分含量,逆转因高强度体能训练导致的补体活性降低的现象,提升运动员运动能力和水平。

冬虫夏草能恢复气血衰竭动物的生命力。据蔺小平等研究报道:用80%～100%的致泻中药番泻叶水浸剂连续给大鼠灌胃 10 天,每天 1 次,每次灌 3 毫升。使大鼠出现纳呆、懒动、四肢无力、消瘦、食欲减退、毛枯槁等明显脾虚型症状,符合中医清阳不升症。到第 11 天时,体重由原来的 297.5 克降至 170.25 克。这时对照组仍按正常方法饲养;试验组开始口服虫草菌,每天服 0.2 克,连续 60 天。结果:试验组大鼠全部存活,第 60 天时处死并解剖观察,发现脾重增加、充盈、红润;而对照组则全部陆续死亡,尸体解剖检验时腹部有明显胀气现象。

(二) 补肺益肾

冬虫夏草自古被认为具有"保肺益肾、止血化痰"之效,近几十年来的现代药理学研究也证实了这一点。吸烟、粉尘、化学物质的吸入、空气污染、呼吸道感染等会导致一系列的肺部疾病,例如慢阻肺、哮喘、肺部感染甚至肺癌等。现代药理学研究表明,冬虫夏草可以增强巨噬细胞的吞噬功能,促进 PM2.5 超细颗粒从肠道排出,从而减少 PM2.5 引起的患病风险。

慢性阻塞性肺疾病,简称慢阻肺,是一种以气流受限为特征的慢性气道炎症性疾病,致残率和病死率很高,是全球第四大慢性疾病,40岁以上的人群中发病率为13.7%,中国约有1亿患者,严重影响患者的劳动能力和生活质量。临床研究表明,冬虫夏草对慢阻肺及相关呼吸系统疾病具有较好的治疗作用,主要通过增强免疫功能、抑制炎症反应、减轻氧化应激反应、改善血管内皮功能等方式减轻慢阻肺患者症状,改善心肺功能,提高生存质量,延缓疾病后期的呼吸衰竭。冬虫夏草对慢阻肺稳定期的多个环节皆有干预作用,而且疗效确切。

冬虫夏草及其水提液均能扩张支气管,松弛支气管平滑肌,增强肾上腺素的作用,明显后延哮喘发作时间,对老年慢性哮喘、肺气肿、肺心病均能减轻症状,延缓复发时间,起到止咳平喘作用。支气管哮喘是全球范围内最常见的慢性呼吸道疾病,它是由多种细胞(如嗜酸性粒细胞、肥大细胞、T细胞、中性粒细胞、气道上皮细胞等)和细胞组分参与的气道慢性炎症性疾病。临床上以反复发作的喘息、气急、胸闷或咳嗽为主要表现,常在夜间或清晨发作、加剧,多数可自行缓解或经治疗缓解。近年来随着气候、环境等因素的改变,该病的发病率呈逐年上升趋势。目前西医临床上多采用扩张支气管药物(如 β_2 受体激动剂、茶碱类、抗胆碱能药)、抗炎药物(糖皮质激素、白三烯调节剂、色甘酸钠、抗组胺药)及免疫治疗等综合疗法控制该病发展,但由于长期应用会产生药物敏感性下降及多种不良反应,存在一定的局限性。为弥补西医治疗的不足,我国学者在西医常规疗法的基础上辅以发酵虫草菌粉制剂治疗,不但可有效缓解患者病情,还能提高其肺功能和免疫力。其治疗机制可能与该药可上调干扰素-γ(IFN-γ)活性、下调白细胞介素(interleukin,IL-4、IL-6、IL-8、IL-17)、CD34+祖细胞、嗜酸性细胞激活趋化因子(Eotaxin)及其受体(CCR3)、基质金属蛋白酶-1(MMP-1)、基质金属蛋白酶组织抑制因子-1(TIMP-1)表达水平、阻止气道炎症反应及气道重塑有关。

特发性肺纤维化是一种原因不明的、进行性的、局限于肺部的以纤维化伴蜂窝状改变为特征的疾病。近年来该病发病率及病死率逐年增高,患者平均生存期仅2.8年,因该病的发病机制尚未完全阐明,临床上仍缺乏有效的手段控制其进展,因此寻找有效的治疗药物就成为当今研究的热点。我国学者在中医药治疗该病方面也做了有益的探索。据许慧娟研究报道:人工发酵冬虫夏草对博莱霉素所致大鼠肺纤维化有干预作用,其作用机制可能是通过肺泡炎阶段下调炎症介质及过氧化物表达,抑制炎症及氧化损伤对肺纤维阶段转化生长因子(TGF-β1)的活化,下调结缔组织生长因子(CTGF)的表达,减少组织生长因子与转化生长因子结合,达到抑制细胞外基质(ECM)合成、减轻肺纤维化的作用。人工冬虫夏草联合糖皮质激素强的松对博莱霉素所致大鼠肺纤维化有协同治疗作用,大剂量强的松与常规剂量强的松联合人工冬虫夏草对肺纤维化的治疗作用相同。

虫草菌有促进肾功能衰竭机体的蛋白质合成、纠正氨基酸代谢紊乱、改善患者营养状况的作用,还能改善患者的免疫状况,提高 T 细胞数量,提高 CD4(有表面标志的 T4 细胞、提高 T 细胞杀伤作用)/CD8(有表面标志的 T8 细胞、主抑制作用)比值,降低尿素氮、内生肌酐的含量;对肾病综合征患者,有降低胆固醇和三酰甘油的含量、升高高密度脂蛋白含量之效。据有关文献报道,研究选取肾功能衰竭者 30 例,治疗前肌酐 48.9 毫克/升,内生肌酐消除率每分钟 20.55 毫升/1.73 米、尿素氮 405.5 毫克/升、血红蛋白 81.6 克/升、红细胞 299 万/立方毫米,多数患者存在着不同程度的酸中毒及电解质紊乱,伴有头晕、乏力、肢麻、抽搐、水肿、心悸、气短等症。服用虫草菌后各种症状均有明显改善,肌酐、尿素氮下降了 4.5 毫克/升和 77.7 毫克/升,内生肌酐清除率每分钟提高 8.14 毫升/1.73 米,红细胞均值提高至 322 万/立方毫米。CD3、CD4、CD4/CD8 数值上升,血清蛋白质含量提高。

据郭秀芝研究:冬虫夏草治疗慢性肾小球肾炎 27 例,完全缓解 14 例,基本缓解 5 例,部分缓解 4 例,疗效高于对照组。慢性肾炎 20 例,用 6 克冬虫夏草汤和 40 毫克(泼尼松)同时服用。完全缓解 18 例,基本缓解 5 例,总有效率达 85.2%。尿毒症患者服用虫草菌后,可促进尿毒性物质的排泄,减少尿蛋白的排泄。多种试验结果表明,虫草菌有提高肾功能效果。

(三) 补气助阳,提高性腺功能

虫草菌无论对正常小鼠或去势小鼠均能提高睾丸、精囊腺、包皮腺、肾上腺的质量,提高精子数量和精子活力,降低死亡精子的比例;也能促进幼鼠的性腺发育,对雌性小鼠的子宫发育也有促进作用;可使肾阳虚小鼠的体重、肾上腺及胸腺重量不致于减轻。

林清等报道了动物实验的结果:将小鼠分成 2 组。前 10 天,每组小鼠皮下注射氢化可的松,以引起肾阳虚症并使之性腺萎缩。注射氢化可的松第 3 天起给予口服虫草提取液(3 克/千克),对照组服生理盐水,连续 15 天。结果:服虫草菌提取液小鼠与对照组相比,胸腺、睾丸、肾上腺、体重分别提高了 7.5 毫克、26.6 毫克、5 毫克和 2.0 克,精子数提高了77.7%,精子优良率提高了84%。

有三组试验证实冬虫夏草对性腺功能的影响。实验一:雄性幼鼠 22 只,分成两组,一组服生理盐水,另一组服虫草菌 2.0 克/千克,连续服用 6 天。第 7 天将小鼠处死,称重。结果:虫草菌组小鼠精囊腺、包皮腺、睾丸、肾上腺质量分别比对照组小鼠重 6.1 毫克、3.2 毫克、14 毫克和 0.6 毫克。实验二:雄性鼠 40 只,分成两组,麻醉后在无菌条件下切开阴囊,摘去双侧睾丸后再缝合。手术后第 3 天,小鼠分别用 2.0 克/千克虫草菌提取液和生理盐水腹腔注射给药,第 7 天将小鼠电处死,摘取精囊腺、包皮腺称重。结果:虫草菌组鼠的精囊腺和包皮腺质量比对照鼠分别提高了 97.4% 和 93.3%。实验三:雌性幼鼠 26 只,分成两组:一组服生理盐水;另一组口服虫草菌 2.0 克/千克。第 7 天将小鼠处死,称子宫、肾上腺、体重。结果:虫草组小鼠的子宫、肾上腺、体重比对照组分别提高了 93.1%、18.3% 和 24.3%。

性功能低下大多与大脑皮质功能紊乱、肾上腺皮质激素分泌量减少及性中枢功能紊乱有关。据文献报道,选取被中医认定的肾阳不足、性功能障碍病 50 例,服用虫草菌制剂 1 个月后,总有效率达 64%,其中对阳痿有效率为 27.5%,17-酮升高者为 68.75%(其中升高显著者为 56.20%),血浆性激素(睾酮、雌二醇、皮质醇等)水平提高者为 73.4%。

虫草菌的促性腺作用和性激素的作用机制不同,虫草菌的促性腺作用是通过补肾作用达到的。所以,服虫草菌后不会产生长期服性激素那样的肾亏、体瘦、免疫功能下降等情况,反而能提高体重、提高肾上腺质量。肾上腺质量增加,就不会产生和阳虚有关的各种症状。

（四）增强免疫功能

虫草菌可以显著提高机体免疫功能,提高免疫器官胸腺、脾脏质量,提高巨噬细胞的酸性磷酸酶活性,提高巨噬细胞的吞噬率和吞噬指数,提高白细胞介素-1

(IL-1)、干扰素(IFN)和肿瘤坏死因子(TNF)的生成量,抑制肿瘤,消除免疫抑制剂的不良反应等。冬虫夏草含有的虫草多糖、麦角甾醇、D-甘露醇、腺嘌呤等对单核巨噬细胞、T 细胞、B 细胞和自然杀伤细胞都有刺激活化作用。据安康、巫文政等研究报道:虫草发酵产物具有明显延缓衰老作用,并能提高小鼠的免疫力和抗疲劳能力。

据沈敏等研究:虫草菌多糖能使胸腺中不成熟的 CD4、CD8 双阳性细胞发育为成熟的单阳性细胞,使脾脏中的 CD4 细胞非常显著地升高。发生该作用的最重要成分是虫草多糖。虫草多糖是通过改变细胞表面分子来影响机体免疫功能的。

虫草菌能降低药物对胸腺的抑制作用。试验取 C57BL/6 纯系小鼠,雌雄兼有,分成 3 组。第 1 组服生理盐水(作对照),第 2 组服免疫抑制剂硫唑嘌呤(Al),第 3 组服虫草菌提取液加硫唑嘌呤,连服 7 天。结果:第 1 组(对照组)的胸腺重为(87.64±5.44)毫克,第 3 组的胸腺为(87.64±6.52)毫克,而第 2 组的胸腺只有(7.79±2.83)毫克。第 3 组鼠的胸腺质量几乎和正常对照组胸腺质量相一致,表明虫草菌大大降低了硫唑嘌呤对胸腺的抑制作用。

虫草菌能提高巨噬细胞的吞噬指数。试验小鼠分成 2 组:一组服蒸馏水(作对照);另一组服虫草菌提取液,连续 7 天,然后测定。结果:对照组鼠的巨噬细胞吞噬百分率和吞噬指数为 26.44%和 0.71,而虫草菌组的吞噬百分率和吞噬指数为 46.44%和 1.64。虫草菌组的巨噬细胞吞噬百分率和吞噬指数比对照组分别提高了 75.6%和 130.9%。

虫草菌可增加免疫细胞分子含量。细胞分子是一群低相对分子量的可溶性蛋白质,传递生物信息,调节固有免疫和适应性免疫应答,促进造血,刺激细胞活化、增殖和分化等功能,主要有白细胞介素、肿瘤坏死因子、干扰素等。试验将库普弗细胞制成悬液,用虫草菌提取液培养 24 小时,对照组加未发酵的虫草菌培养液,也培养 24 小时,然后离心,除去上清液,测定库普弗细胞产生白细胞介素、干扰素和肿瘤坏死因子的量。结果:对照组库普弗细胞产生的白细胞介素-1、干扰素、肿瘤坏死因子的量分别为(388±78)单位/毫升、(0.30±0.50)单位/毫升和 0;而虫草菌组分别为(1 045±170)单位/毫升、(13.30±7.5)单位/毫升、(0.15±0.16)单位/毫升。虫草菌组比对照组分别提高了 2.69 倍、43.33 倍和0.15倍。

据刘平研究：虫草菌对库普弗细胞产生细胞因子的量呈明显的量效关系。在一定范围内,虫草菌服用量越高,细胞因子分泌量越多。对照组白细胞介素-1(cpm)388,干扰素0.30微克/毫升。虫草菌丝五组：2.5毫克/毫升组,白细胞介素-1(cpm)576,干扰素4.70微克/毫升,三硝基甲苯0.13微克/毫升;5毫克/毫升组,白细胞介素-1(cpm)703,干扰素6.7微克/毫升,三硝基甲苯0.15微克/毫升;10毫克/毫升组,白细胞介素-1(cpm)820,干扰素10.70微克/毫升,三硝基甲苯0.21微克/毫升;20毫克/毫升组,白细胞介素-1(cpm)1 045,干扰素13.3微克/毫升,三硝基甲苯0.15微克/毫升;40毫克/毫升组,白细胞介素-1(cpm)825,干扰素6.0微克/毫升,三硝基甲苯0.05微克/毫升。显示虫草菌对细胞因子分泌量有积极的作用(cpm是同位素标记物所产生的射线强度,cpm值高,表明该物质含量也相应高)。

虫草菌影响细胞活性。试验用小鼠连续7天分别注射虫草菌提取液和生理盐水,然后分别测定其吞噬鸡红细胞的能力和决定巨噬细胞吞噬能力强弱的细胞酸性磷酸酶活性。结果：虫草菌组的酸性磷酸酶活性和吞噬指数分别为(0.73±0.07)单位/升和(1.42±0.20)单位/升,而对照组为(0.41±0.6)单位/升和(0.64±0.15)单位/升。虫草菌组比对照组分别提高了78%和121.8%。

（五）保护肝脏,抗肝纤维化

虫草菌能显著保护肝脏、降低化学药物对肝脏的损害。试验小鼠腹腔注射有毒化学物四氯化碳橄榄油,然后分成两组,分别腹腔注射虫草菌提取液和生理盐水(作对照),连续4天,第5天解剖观察。结果：对照组鼠肝发生凝固性坏死,反映肝细胞坏死、伤害程度的血清丙氨酸氨基转移酶(ALT,旧称谷氨酸丙酮酸转移酶)值为501.3±206单位/毫升,而注射虫草菌组的肝脏正常,血清丙氨酸氨基转移酶值为28.0±75.30单位/毫升,同时脂肪变性、炎性细胞浸润减轻。血吸虫病肝纤维化模型家兔服用虫草菌后,肝细胞胶原酶活性显著提高,肝纤维化特征消退,表明虫草菌可防止肝硬化。

据吴桐研究：用0.1%四氯化碳橄榄油10克/千克腹腔注射,连续4天,造成小鼠肝损伤,然后一半小鼠用冬虫夏草多糖脂质体治疗,对照组小鼠服蒸馏水。

结果：冬虫夏草组小鼠体重增加 1.9 克/只,肝重下降 0.01 克/10 克,肝组织结构接近正常,达到与正常鼠状态,血清丙氨酸氨基转移酶值由 306 单位/100 毫升降至 221 单位/100 毫升;而对照组鼠体重降低 1.2 克/只,血清丙氨酸氨基转移酶值未见下降,肝脏检查,肝小叶中央带出现凝固性坏死,边缘带、中央带有弥漫性水样变性。

据杨槐俊、郭素萍等报道:冬虫夏草菌丝提取物高剂量组能明显降低四氯化碳急性肝损伤小鼠的血清丙氨酸氨基转移酶值,减轻肝细胞坏死程度,对肝损伤有辅助保护功能。

据朱家璇研究:人工虫草菌能减轻肝脏的炎性细胞浸润和肝细胞坏死,抑制总胶原和肝脏 II 型胶原在肝内沉积,使形成的胶原重新溶解吸收,使肝脏炎性浸润细胞减少,库普弗细胞功能显著增强,免疫复合物 IgG-IC 在肝内的沉积减少,表明虫草菌有抗肝纤维化的作用。

虫草菌能提高肝炎患者超氧化物歧化酶(SOD)的数量,降低脂质过氧化物(LPO)和黄嘌呤氧化酶(XOD)的数量,有显著抗氧化、保护肝脏的作用。虫草菌还能提高乙型肝炎病毒表面抗原(HBsAg)、核心抗原(HBeAg)、抗-HBe、抗-HBs的转阴率,有改善肝炎病症状等功效。

据刘成研究:肝硬化患者 85 例,服用桃仁提取物加冬虫夏草菌菌丝体提取液后,血清蛋白、白蛋白比例和免疫功能得到纠正,肝脾静脉管径缩小。对患者在治疗前后进行了比较观察,结果:患者服虫草菌后肝脏硬度、色泽、表面纤维间隙、镰状带水肿好转,网膜与肠系膜血管曲张减轻,肝细胞变性改善,炎症细胞浸润减少,肝细胞超微结构改善。

据徐刘明研究:肝硬化患者 6 例,服用虫草菌后,3 例肝硬度减轻,色泽转红或暗红,肝镰状带水肿消失,网膜血管曲张度下降,腹腔积液消退,肝细胞活性增强,自然杀伤细胞功能增强,进入体内的抗原和免疫复合物被清除,抑制免疫反应引起的肝细胞坏死和炎症反应,并减少胶原分泌,增加胶原酶活性,使胶原溶解或再吸收。

据周媚研究:冬虫夏草菌丝粉可治疗慢性肝炎和肝炎后肝硬化疾病。慢性肝炎和肝硬化患者用虫草菌治疗后,肝功能改善,血清丙氨酸氨基转移酶值降低,血清白蛋白含量提高,γ球蛋白升高状况被抑制,部分患者乙型肝炎病毒表面抗原转阴。

据邱德明研究：用冬虫夏草多糖脂质体治疗乙型肝炎患者 30 例、肝硬化 28 例，连服 3 个月。结果：患者免疫功能提高，CD4/CD8 比值上升、自然杀伤细胞活性提高、植物凝集素-A、白细胞介素-2 受体（MIL-2R）表达、白细胞介素-2 和干扰素生成上升，肝功能改善（血清白蛋白增加、凝血酶原时间缩短），肝细胞变性好转，5 例肝细胞之间的纤维连接蛋白减少。

据有关文献报道：研究 30 例肝炎患者，乙型肝炎病毒表面抗原、核心抗原阳性，血清丙氨酸氨基转移酶 129 单位。服冬虫夏草菌一个疗程（3 个月）后，乙肝症状明显好转，乙型肝炎病毒表面抗原转阴 16/30，核心抗原转阴 14/30，肝功能全部恢复正常（30/30）。继服 3 个月后，乙型肝炎病毒表面抗原、核心抗原均未有阳性反跳。据加藤一彦研究报道：1 例肝炎患者服冬虫夏草菌 1 个月，与服虫草前后对比，天冬氨酸氨基转移酶由 248 单位降至 180 单位，血清丙氨酸氨基转移酶由 201 单位降至 148 单位。

（六）抑制肿瘤

虫草多糖通过抑制磷酸化信号转导和转录激活子3（p-STAT3）的磷酸化，或作用于细胞膜受体 TRL4，促进核因子-κB（NF-κB）抑制剂的降解，促进骨癌细胞凋亡。虫草蛋白可能通过抑制肺癌细胞 S 期 DNA 的合成，干扰癌细胞的细胞周期，提高癌细胞肿瘤坏死因子-α 信使核糖核酸（mRNA）的表达以促进肺癌细胞的凋亡。相比冬虫夏草的其他成分，虫草素的抗癌作用及机制受到了更多的关注。研究表明，虫草素可通过抑制肿瘤坏死因子-α 介导的癌细胞转移和增生从而抑制膀胱癌细胞的生长；通过线粒体介导的细胞凋亡途径发挥抑癌作用；通过线粒体介导的内源性途径诱导前列腺癌细胞凋亡；通过阻断二磷酸腺苷诱导的体内血小板聚集抑制小鼠黑色素瘤细胞 B16-F1 造血转移作用；能抑制前列腺癌细胞基质金属蛋白酶的表达及活化，使磷酸肌醇激酶失活，从而降低前列腺癌细胞的侵染和转移能力。还有一些研究发现，冬虫夏草能提高自然杀伤细胞与肿瘤细胞的结合率，从而增强自然杀伤细胞对肿瘤细胞的杀伤活性。

据有关文献报道：在小鼠右侧后掌皮下接种劳卫（Lewis）肺癌细胞，然后分别腹腔注射生理盐水和虫草提取液。第4天停药，并截去右掌，第10天处死小鼠，取肺脏在放大镜下计算病灶。结果：肺癌转移范围，对照组为2～6个，虫草菌组为0～3个；病灶数虫草菌组为0.11±0.33，对照组为6.33±5.00。虫草菌组无论在肿瘤转移范围和病灶数量上均比对照有显著降低。另一试验，将劳卫(Lewis)肺癌细胞腹腔接种于小鼠右腋下，次日把鼠分成两组，分别腹腔注射虫草菌提取液和生理盐水，第9天处死，取瘤块称重。结果：对照组瘤块重为3.20±0.96克，虫草菌组为(1.06±0.48)克，虫草菌表现出明显的抑瘤效果。

据刘宽博、王芬等研究：从虫草菌丝体中得到的第一个生物来源的钙离子拮抗剂——N-6-(2-羟乙基)腺苷，具有抑制癌细胞生长、降低炎症反应、保护肾脏、镇静、镇痛和抗惊厥等多种功效。据叶星、索菲娅等研究报道：新疆细虫草及菌丝体提取物对人胃癌细胞的增殖有抑制作用，且具有浓度依赖性。

据尹敏、赵迎春等研究报道：冬虫夏草菌丝体中提取的粗多酚对3种癌细胞都有一定的抑制作用，当菌丝体粗多酚的浓度为100微克/毫升时，结肠癌细胞抑制率为72.12%，肝癌细胞抑制率为83.67%，乳腺癌细胞抑制率58.78%。

（七）改善心血管功能

据高笑范研究：虫草菌能降低健康人的血管紧张度，增加血流量，提高主动脉顺应性，减轻心脏负荷，这有益于心脏功能对组织器官的血流灌注。对阿霉素性心肌损伤具有明显的保护作用，能改善冠心病，高血压性心脏病患者左心室舒张功能。

试验小鼠经腹腔注射虫草菌后，在无氧缸中的生存时间比对照组延长87.2%，心肌86Rb(同位素铷)的吸收量提高21.8%～29.7%。86Rb吸收量的提高，表明心肌营养状况好转，心肌微循环血液流速增加，心脏供血供养能力改善。大鼠皮下注射虫草菌提取液，心肌86Rb摄取量增加21.5%。虫草菌还能提高红细胞膜的流动性，所以有降低血管阻力的作用。

人工虫草菌丝体醇提物和发酵液对甲状腺素加去肾上腺素所引起的大鼠应激性心肌梗塞也有一定的保护作用；连续给小鼠口服虫草粉或虫草菌粉，或皮下注射虫草菌醇提取物，均可明显降低血清胆固醇含量及血浆β-脂蛋白；虫草菌醇

提液静脉注射,可明显延长乌头碱所诱发的大鼠心律失常的潜伏期,缩短心律失常的持续时间,并减少心律失常的程度。

(八) 降胆固醇

中国医学科学院董炳琨、王振纲等 88 位专家对全国首创由人工发酵培养制成的"发酵虫草菌粉(CS-4)"进行了技术评审,认为其对高脂血症、性功能低下、慢性支气管炎等有显著疗效。

据有关文献报道:358 例肺肾不足、痰湿浊阻的高血脂患者,服用虫草菌后,胆固醇下降者达 68.6%,三酰甘油下降者为 57.4%,高密度脂蛋白升高者为76.2%(高密度脂蛋白升高有利于低密度血脂消除),对头晕目眩、肢麻乏力、胸脘痞闷、咳嗽痰多的有效率分别为 68.5%、73.3%、76.5%、66.7%。

(九) 抗氧化

虫草菌能减轻缺氧后再给氧时细胞内脂质过氧化。通过实验证实冬虫夏草脂质体口服液对组织中过氧化物脂质的生成有明显的对抗作用,具有良好的抗氧化作用。冬虫夏草水提液抗脂质过氧化损伤的实验研究显示,该水提液对心肌细胞缺氧再给氧时细胞内的丙二醛含量,超氧化物歧化酶活性及细胞膜脂质流动性均有影响,其作用机制可能为缺氧再给氧时,心肌细胞的丙二醛含量增加,超氧化物歧化酶活性降低,细胞膜脂质流动性下降。实验表明,缺氧再给氧时细胞内脂质的过氧化作用增强;而冬虫夏草明显减轻缺氧再给氧时细胞内脂质的过氧化作用,且呈良好的量—效关系。

虫草菌可抑制脂质过氧化物的产生,因而能保护机体组织、细胞免受伤害。据孔祥环报道,用 1 毫升/千克菌丝体营养液对肝细胞做体外试验。结果:肝匀浆脂质过氧化物由8.07单位/毫摩降至 4.8 单位/毫摩,肝脏脂质过氧化物由21.17单位/毫摩降至 16.89 单位/毫摩,超氧化物歧化酶由 4 192.35 单位升至 6 394.59 单位。

(十) 降血糖

Ashry 等发现,冬虫夏草可通过降低胰岛素的耐受性进而达到治疗糖尿病的作用。有研究证实,糖尿病肾病患者把虫草菌和磺脲类降糖药一起服用有增效。结果:空腹血糖下降 1.89 毫摩/升,餐后 2 小时血糖下降 1.42 毫摩/升,血浆胰岛素上升 411.2 单位/毫升,血清肌酐下降 1.5 毫摩/升,尿素氮下降 1.72 毫摩/升。也有研究发现,冬虫夏草对糖尿病肾病大鼠的肾小管上皮细胞转分化具有调节作用,能延缓糖尿病肾病肾小球系膜细胞的增殖。

(十一) 防治甲状腺功能减退

据有关文献报道:选取多种原因引起的甲状腺功能减退的患者 30 例,症状有面色苍黄、水肿腰酸、记忆减退、食欲减退、嗜睡畏冷、头晕目眩、表情淡漠等。实验室检查有碘摄取率降低,三碘甲腺原氨酸、四碘甲腺原氨酸低下等症。用虫草菌治疗,每天 3 次,每次服 3 克,连服 4 个月。结果:上述各症状明显好转,碘摄取率提高,三碘甲状腺原氨酸、四碘甲状腺原氨酸提高,总有效率为 93.4%。

二、 虫草经验方

(一) 虫草菌灵芝方

[组方] 虫草菌粉 120 克,破壁灵芝孢子粉 240 克,混合备用。

[用法] 每日 2 次,每次 3 克,用温开水送下,常服。

[功效] 抑制肿瘤生长,提高机体抗放疗化疗副反应的能力,改善肿瘤患者的症状,提高生存质量。

(二) 虫草灵芝多糖方

[组方] 虫草多糖粉、灵芝多糖粉各 100 克。

[制作] 由有资质的企业加工复配而成。

[服法] 每日 3 次,每次 10 克,饭后服用。

[功效] 增强机体免疫力,适宜肝癌者服用。

（三）虫草人参疗再障方

[组方]　虫草、人参各 6 克，淫羊藿、当归各 10 克，枸杞子、女贞子、鸡血藤各 12 克，白芍药 15 克，黄芪、何首乌各 30 克。

[制作]　全部原料放入砂锅，加水文火煎煮 2 次各 1 小时，滤取合并煎液服用。

[用法]　每日 1 剂，早晚各 1 次，空腹服用。

[功效]　适宜再生障碍性贫血病症者服用。

（四）虫草益肾方

[组方]　虫草 9 克，九香虫 9 克，虾 30 克。

[制作]　原料放入砂锅，加水文火煎煮 2 次各 40 分钟，滤取合并煎液服用。

[用法]　每日 1 剂，早晚 1 次服用。

[功效]　适宜肾虚阳痿、神疲乏力、腰膝酸痛等症者服食。

（五）虫草菌益肾壮阳方

[组方]　虫草 10 克，天冬 6 克，鹿茸 15 克，白酒 500 毫升。

[制作]　将虫草、天冬、鹿茸浸于白酒中，密封 15 天后启用。

[用法]　每日早晚各服 1 次，每次饮服 20～25 毫升。

[功效]　补肾壮阳、益肺填精；适宜阳痿、腰膝酸软、咳嗽不止、病后体虚等症者饮服。

灰树花

Polyporus frondosus

灰树花,又名:贝叶多孔菌、云蕈、栗子蘑、栗蘑、千佛菌、莲花菌、甜瓜板、奇果菌、叶奇果菌、舞茸等。

灰树花属于担子菌门、伞菌纲、多孔菌目、节毛菌科真菌。为生长于阔叶树木上的腐生菌。灰树花子实体肉质、有柄、多分枝,分枝末端为扇形或匙形菌盖。子实体成丛生长,像灰色花朵,故名"灰树花"。一丛灰树花最宽直径可达 50～60 厘米,单个菌盖直径 1.8～2.5 厘米,灰色至灰褐色。幼时表面有纤毛,成熟后光滑,边缘薄,内卷,菌肉白色,厚 1～3 毫米,菌管在菌柄处衍生,孔面浅灰黄色,管口多角形,孢子无色,卵圆形。

灰树花是一种著名的食药两用真菌,我国学者邓叔群最早提出"灰树花"这个中文名字,见于我国权威专著《中国的真菌》。灰树花在我国有着悠久的采摘和食用历史,有关灰树花的史料记载也很多。宋朝科学家陈仁玉在其《菌谱》中记述灰树花"味甘、平、无毒,可治痔",为食用菌类。日本《温故斋菌谱》为最早记述灰树花的典籍,本坂浩然则在 1834 年的《菌谱》中最早以学术的角度记载了其药用作用"润肺保肝,扶正固本"。

灰树花具有广泛的食用价值,在产地属珍贵野蔬,其鲜品清香独特、滋味鲜美,干品芳香浓郁、肉质嫩脆,食之味如鸡丝、脆似玉兰。灰树花营养丰富,成分组成合理,测定蛋白质和氨基酸含量高出香菇 1 倍,铁、磷、硒、锌、钙含量较高。灰树花的药用价值更为可观。药理试验表明,灰树花所含多糖能抑制肿瘤生长,具有促机体产生干扰素、抑制病毒生长、提高免疫功能等功效。国内已有灰树花多糖产品,日本有多种灰树花制成的保健食品和药品。

一、 灰树花的药理作用

灰树花的有效成分是一种 β-1,3 结构的葡聚糖,是一类生物大分子物质,有分支,分支处的糖苷键结构为 β-1,6 连接。分支较多,分支度为 33%,分支度决定了其有较强的药理活性。灰树花中也有 α-1,4 构型的葡聚糖,分子结构和淀粉类似,这种多糖没有药理活性,反而会抑制 β-1,3 葡聚糖的抗肿瘤活性。所以,在提取灰树花多糖时最好把 α-1,4 构型葡聚糖降解消除。

灰树花多糖是一种理想的生物反应调节剂,最突出的功效是提高免疫力、抑制肿瘤、抗病毒、降血糖、降血压、抗氧化。灰树花多糖口服效果也十分良好,可抑制肥胖、改善慢性肝炎、降低血糖和延缓衰老,临床应用广泛。

（一）抗病毒

灰树花多糖有良好的抗病毒作用,能抑制感冒病毒和单纯疱疹病毒的复制与繁殖,可降低病毒感染动物的死亡率。据项哨、董凤芹研究报道:体重18～20克的NIH小鼠在用流行性感冒病毒感染前,分别按每千克体重灌服2 000、1 000、500毫克灰树花多糖混悬液,每日1次,连续7天;另一组用蒸馏水灌胃以作对照。7天后,小鼠用乙醚麻醉,每只鼠鼻腔接种A/PR株流行性感冒病毒液,然后按原来剂量继续灌服灰树花多糖混悬液或蒸馏水。到对照组鼠全部死亡时结束试验,计算各组鼠的死亡率。结果:灌服灰树花多糖混合液500、1 000、2 000毫克/千克的,其死亡率为70%、40%和30%;症状也较对照组出现迟、轻。项哨、董凤芹等又试验:小鼠品种、体重、给药方式同前,在小鼠服灰树花多糖混悬液7天后,每只小鼠腹腔接种0.3毫升单纯疱疹病毒,再继续给服灰树花多糖混悬液、蒸馏水(对照)。至对照组鼠全部死亡时,停止试验,进行观察统计。结果:服灰树花多糖混悬液500、1 000、2 000毫克/千克的鼠,死亡率分别为30%、80%、90%;疲乏、步态不稳、行动困难、食欲减退等症状比对照组出现较慢,症状较轻。两次试验表明:灰树花多糖预防流行性感冒病毒感染时,2 000毫升/千克大剂量效果较500、1 000毫克/千克较小剂量效果要好;预防单纯疱疹病毒时,500毫升/千克较小剂量效果为好。

灰树花多糖能促进干扰素产生。试验用NIH小鼠口服灰树花多糖,每日服500、1 000、2 000毫克/千克;连续7天,然后腹腔注射新城鸡瘟病毒0.5毫升。6小时后放血分离血清,检测鼠干扰素。结果:口服灰树花多糖小鼠干扰素量比对照鼠分别提高2.7倍、2.75倍和1.41倍。根据灰树花有明显提高机体干扰素分泌量作用推测,灰树花多糖对病毒的抑制作用可能是通过诱生干扰素而实现的。

乙型肝炎病毒(HBV)感染是导致急慢性肝炎、肝硬化及肝癌的主要病因。世界卫生组织报道全世界范围内有20亿患者感染乙肝病毒,其中超过350万为慢性乙肝患者。以 HepG2.2.15 细胞为模型,抗病毒药物拉米夫定为阳性对照研究灰树花多糖对乙型肝炎病毒复制和表达的影响。结果显示,体外实验中灰树花多糖对 HepG2.2.15 细胞增殖影响较小,而对 HBVe 抗原的分泌和 HBV DNA 的复制有较强的抑制作用,在 2 毫克/毫升的浓度处理细胞 6 天后对 HBVeAg 的分泌抑制率均超过阳性对照药物拉米夫定,而此质量浓度作用细胞 9 天后,对 HBV DNA 抑制效应也与拉米夫定相近。灰树花多糖对 HBVeAg 分泌和 HBV DNA 合成的治疗指数均＞2。以上结果提示灰树花多糖可作为一种抗乙肝病毒潜在药物,为 HBV 感染的辅助治疗提供了思路。

(二) 抑制肿瘤

灰树花多糖有一定的抑瘤作用,对 S180 皮肤肉瘤的抑制率可达 99% 以上。对其他肿瘤,如艾氏腹水癌、纤维瘤、IMC 实体瘤也都有一定的抑制作用;与化疗药物联合使用时效果更好,并可降低化疗药物的不良反应,但这要在移植肿瘤细胞前服用。肿瘤细胞移植后再服用,只能减缓其生长,但不能全部抑制。经研究发现,灰树花多糖的抗肿瘤机制是由于诱发腹膜渗出物细胞(PEC)、腹膜黏附细胞(PAC)和激活巨噬细胞系统、提高巨噬细胞系统的修饰作用以及提高胸腺免疫系统来实现的。

据刘佳、包海鹰研究：灰树花子实体粗粉与灰树花子实体超微粉各剂量组均具有抑制肿瘤生长作用,其中,灰树花超微粉高剂量组抑瘤效果最佳。

Nanba 等的研究结果表明,灰树花多糖是所有研究过的真菌多糖中抗肿瘤活性最强的。经与其他真菌多糖的对比实验发现,灰树花多糖对肿瘤的抑制率为 86.3%,而相同剂量下香菇多糖、双孢蘑菇多糖、金针菇多糖、糙皮侧耳多糖的抑制率分别为 77.0%、71.3%、61.7% 和 62.7%;他们还发现脲、胍等变性剂会破坏一些真菌多糖的立体构象,导致生物活性的变化,如香菇多糖经变性剂处理后 β-三股螺旋结构消失,不具有抗肿瘤活性,灰树花多糖与裂褶菌多糖经变性剂处理前后活性无明显改变,这大大拓宽了灰树花多糖的应用领域。

(三) 增强免疫功能

灰树花多糖能提高动物多种免疫功能。可提高免疫器官肝、脾质量,增加脾细胞和腹腔渗出细胞数量,提高抗体反应和巨噬细胞吞噬功能,提高迟发性超敏反应,促进产生更多 T 细胞,促进 B 细胞的有丝分裂,提高自然杀伤细胞活性,增加巨噬细胞 C_3 补体的释放量,从而显著地提高机体免疫功能。

灰树花多糖是一种有效的免疫调节剂,能同时提高机体的非特异性免疫和特异性免疫,从而增强机体抵抗病原体和抗癌能力。Kodama 等研究灰树花 D-组分如何增强 C3H/HeJ 小鼠机体免疫力时,发现灰树花多糖能同时提高机体的非特异性免疫和特异性免疫。在给药 4 小时后,小鼠体内 CD69 和 CD86 表达都增强,提示 D-组分对巨噬细胞和树突状细胞等有活化作用。而在特异性免疫调节中,D-组分对正常小鼠和荷瘤小鼠作用有很大区别,主要表现在不同小鼠体内某些免疫分子浓度的不同。在正常小鼠中 D-组分以增强体液免疫为主,而在荷瘤小鼠中以增强细胞免疫为主,从而增强 T 细胞对肿瘤细胞的细胞毒作用。

灰树花多糖对抗体的免疫系统只需很低的剂量就能起作用。有试验结果表明,以每千克体重注射 0.1～20 毫克均有效,其有效剂量大大低于其他真菌多糖,而且口服也有效。

(四) 调节血糖血脂

高血脂、高血糖已成为危害现代人健康隐患之一。多种体内试验表明,灰树花具有明显的调节血脂、血糖的活性。从灰树花子实体中提取的 α-葡聚糖可有效降低 2 型糖尿病小鼠的血糖和血清脂质水平,促进胰岛素的分泌和改善,保护胰腺 β 细胞。研究表明,灰树花菌丝体多糖能够降低糖尿病小鼠的血糖、总胆固醇、三酰甘油以及低密度脂蛋白胆固醇,且存在剂量效应关系。

雷红等研究灰树花子实体多糖 MT-α-glucan 的降血糖活性,对自发性 2 型糖尿病小鼠进行单次、多次和连续给药,结果表明 MT-α-glucan 能够有效降低患病小鼠的血糖水平,同时增强小鼠对葡萄糖的耐受性;经初步探究 MT-α-glucan 的降血糖机制,认为 MT-α-glucan 对 α-葡萄糖苷酶活性具有抑制作用,从而延缓葡萄糖在肠道内的吸收。

葛健康等对灰树花子实体多糖提取物采用灌胃给药的方法,对雌性 Kkay 2 型糖尿病小鼠进行了治疗研究。结果表明,随着给药剂量的增加,降血糖作用逐渐增强,表明灰树花多糖具有一定的调节血糖作用。杨庆伟等通过小鼠降血脂实验表明,灰树花菌丝体多糖对小鼠的血脂具有明显调节作用,高血脂症模型小鼠在实验条件下给药剂量为每天 50 毫克/千克时可治愈。

(五)抗氧化

灰树花多糖具有抗氧化活性。孙欣怡分离出灰树花胞外多糖(GEPS)和胞内锌多糖(GIZPS)并测定其体外抗氧化活性。灰树花胞外多糖浓度为 500 毫克/升时,其对羟基自由基(·OH)清除率达到了 54.89%,还原力为 0.56;浓度为 1 000 毫克/升时,对 DPPH 自由基的清除率为 35.70%。通过测定衰老小鼠肝脏中的总抗氧化能力、肾脏中的丙二醛含量与血液中的超氧化物歧化酶含量,比较了 3 种多糖对小鼠体内延缓衰老能力的影响。结果表明,灰树花胞外多糖、灰树花胞内多糖与胞内锌多糖能有效提高小鼠总抗氧化能力与超氧化物歧化酶含量,降低脂质过氧化物丙二醛含量,具有提高机体抗活性氧损伤的能力,且胞内锌多糖具有补锌和增强体内延缓衰老两种潜力。

顾华杰等通过测定灰树花粗多糖对超氧阴离子自由基(O_2^-·)和羟基自由基的清除能力来评价其抗氧化性,结果表明,灰树花粗多糖对羟基自由基的清除率远高于超氧阴离子自由基。Chen GT 等采用超声波提取灰树花多糖,分离提纯得到 3 种多糖 GFP-1、GFP-2 和 GFP-3,在抗氧化能力测定试验中,GFP-2 表现的抗氧化活性最强;同时将 3 种多糖作用于小鼠肝匀浆,发现能够有效延缓小鼠肝匀浆中不饱和脂质的氧化反应。

(六)抗疲劳和促进肠运动

沈玲、郑一凡等对灰树花抗疲劳作用做了多项试验和研究,证实灰树花提取物具有抗疲劳作用,提高肠收缩运动能力。

试验一:小鼠 40 只,雌雄各半,每天分别用灰树花提取液灌胃,灌胃量分别为 2 000 毫克、1 000 毫克、500 毫克;对照鼠用蒸馏水灌胃。连续灌服 8 天,然后做游泳时间试验:水池深 30 厘米,水温 25℃,小鼠尾巴上挂一体重 10% 的铅块,观察小鼠无力游泳沉入水底的时间,测定灰树花的抗疲劳作用。结果为:2 000

毫克组游泳时间,雌性 52 分钟,雄性 33 分钟;1 000 毫克组游泳时间,雌性 29 分钟,雄性 19 分钟;500 毫克组游泳时间,雌性、雄性 9 分钟;对照组游泳时间,雌性 9 分钟,雄性 12 分钟。证明灰树花有显著提高动物抗疲劳的能力。

试验二:小鼠 49 只,分别灌服不同剂量的灰树花提取物和蒸馏水,灌服剂量、方法同上。连续 8 天,第 9 天时,全部小鼠用 50%墨汁灌胃,30 天后颈椎脱臼处死、剖腹,量小肠全长及墨汁肠溶物推进距离,计算小肠肠溶物推进率。墨汁肠容物推进率结果为:2 000 毫克组 88.65% ± 9.89%,1 000 毫克组 77.70% ± 7.62%,500 毫克组 75.87% ± 9.47%,对照组66.90% ± 10.58%。显示灌服灰树花提取物组肠溶物推进距离长,表明肠运动能力强,也表明机体生命力强,通便良好。

据黄家福、黄轶群研究报道:灰树花多糖可以促进人胃黏膜细胞增殖,促进其向创伤区域迁移,可以完全覆盖创伤区域,达到修复胃黏膜的作用。

二、 灰树花经验方

(一)灰树花利水方

[组方] 灰树花、赤豆、白茅根各 30 克。
[制作] 将原料放入砂锅内,用文火煮沸 30 分钟。
[用法] 拣去白茅根,煎液连渣一起服用。
[功效] 适宜水肿症者饮服。

(二)灰树花夏枯草降压方

[组方] 灰树花、夏枯草各 15 克。
[制作] 将原料放入砂锅内,用文火煎煮 30 分钟,滤取煎液。
[用法] 每日 1 剂,早晚各 1 次服用。
[功效] 适宜高血压症者饮服。

(三)灰树花蚕蛹降压方

[组方] 灰树花 100 克,蚕蛹 30 克,调味品各适量。

[制作] 将灰树花、蚕蛹洗净,入油锅煸炒至熟,加入调味品即可。

[用法] 日佐餐食用。

[功效] 适宜高血压症者食用。

(四)灰树花利尿方

[组方] 灰树花 30 克,荔枝皮 15 克(炒黄)。

[制作] 将灰树花烘干,与荔枝皮一起碾为细末,拌匀即可。

[用法] 每次服用 15 克,以黄酒为引。

[功效] 适宜小便不利症者冲服。

(五)灰树花灵芝多糖方

[组方] 灰树花多糖、灵芝多糖各 200 克。

[制作] 由有资质的企业生产加工成复合多糖产品。

[用法] 每天 3 次,每次 5 克,饭后服用。

[功效] 增强机体免疫力,适宜乳腺癌症者服用。

竹 荪

Dictyophora indusiata

竹荪,又名:竹参、竹萼、竹花、竹松、网纱菌、仙人笼、鬼打伞、竹笙、僧笠蕈等。

竹荪属于担子菌门、伞菌纲、鬼笔亚纲、鬼笔目、鬼笔科真菌。竹荪多见于我国长江以南山坡和谷地竹林中,是寄生在枯竹根部的一种隐花菌类,形状略似网状干白蛇皮,有深绿色菌帽,雪白色圆柱状菌柄,粉红色蛋形菌托,在菌柄顶端有一围细致洁白的网状裙从菌盖向下铺开,形似素裙,故有雪裙仙子、山珍之花、真菌之花、菌中皇后等诸多美称。竹荪同物异名及品类较多,有长裙竹荪、短裙竹荪、红托竹荪、棘托竹荪、黄裙竹荪、朱红竹荪、皱盖竹荪等,常见并可供食用的有4种:长裙竹荪、短裙竹荪、棘托竹荪和红托竹荪。

竹荪是一种优质的蛋白质和营养来源,含有21种氨基酸,其中8种为人体必需氨基酸,占氨基酸总含量的1/3,而其谷氨酸含量则高达1.76%;富含多种维生素,如维生素 B_1、维生素 B_2、维生素 B_6 及维生素 A、维生素 D、维生素 E、维生素 K等,其中维生素 B_2 的含量较高;还含有多种矿物质元素,其锌、硫、铜、锰含量较其他食用菌高。

我国古代典籍中对竹荪多有记载,始见于唐朝《食疗本草》和《酉阳杂俎》,后于南宋陈仁玉《菌谱》、明朝潘之恒《广菌谱》、清朝《素食说略》中均有述及。竹荪性凉,味甘微苦,归肺、胃经。《本草纲目》等医著记载其有宁神健体、益气补脑、润肺养阴、消炎止痛、清热利湿等功效,可治肺虚、热咳、咽喉炎、风湿、痢疾等症。现代研究证明,竹荪含有多种有效多糖和氨基酸成分,具有调节免疫、保肝、抗肿瘤、抗氧化、抗菌、降血脂、稳态维持人体正常生理等作用。

一、 竹荪的药理作用

(一)保肝

据叶建方等研究:以雄性小白鼠为研究对象,用四氯化碳诱导的小鼠肝损伤模型,测定红托竹荪对小鼠血清丙氨酸氨基转移酶、天冬氨酸氨基转移酶和碱性磷酸酶水平的影响,对小鼠肝组织进行病理学检查。结果表明:与模型组相比,红托竹荪组小鼠血清中丙氨酸氨基转移酶、天冬氨酸氨基转移酶和碱性磷酸酶含量降低,组织病变程度减轻,表明红托竹荪菌柄水提液对四氯化碳诱导的小鼠肝损伤具有保护作用。

据胡婷等研究:竹荪多糖能够抑制亚砷酸钠造成的小鼠体重下降和肝组织损伤,并能降低肝内砷含量和提高血砷及尿砷水平。值得注意的是,在小鼠砷中毒前给予竹荪多糖处理的护肝作用优于砷造模后再干预,表明竹荪多糖能够通过增强正常肝脏的功能来抵抗外源胁迫。

(二)抗肿瘤

据杜昱光等研究:竹荪深层发酵菌丝体提取液可明显提高小鼠腹腔巨噬细胞的吞噬功能,并能显著增加免疫器官的质量;对小鼠 S180 肿瘤的抑瘤率为40.63%。林玉满研究发现,从短裙竹荪子实体中提取的 Dd-S3P 多糖对小鼠 S180肿瘤的抑制率高达 31.3%。

据赵凯等研究:使用热水浸提法得到的红托竹荪菌托粗多糖,经 DEAE 纤维素柱和 Sephadex G-75 分离纯化,得到 DRVP1 与 DRVP2 两种组分,并测定两种组分的抗肿瘤活性。结果表明:红托竹荪菌托多糖的组分 DRVP1 对小鼠 S180肉瘤有一定的抑制作用,当浓度达到 1 000 微克/毫升时,抑制率可接近 70%。

据佟可心等研究:竹荪和灵芝醇提物对 MCF-7、Hela 和 A375 细胞均有较强的抑制作用,其中,800 微克/毫升的竹荪醇提物对 MCF-7、HeLa 和 A375 的抑制率分别为 53.46%、49.19%和 61.58%($P<0.01$)。800 微克/毫升竹荪醇提物与12.8 毫克/毫升竹荪灰分联用后,其对 MCF-7、HeLa 和 A375 细胞的抑制作用明显增强,对 3 种肿瘤细胞的抑制率分别为 75.65%、69.65%和 80.53%。

(三)免疫调节

据 Hua 等研究:分别采用酸提法和碱提法从长裙竹荪中提取出 DIP I 和DIP II 两种多糖成分,前者可以增加正常小鼠胸腺的质量和单核细胞的吞噬依赖性,后者可以提高小鼠脾脏和胸腺质量、脾细胞的增殖能力、自然杀伤细胞的活

性,还能恢复对二硝基氟苯的迟发型超敏反应。

据郭渝南等研究:以长裙竹荪的菌托和菌盖为原料,采用稀乙醇浸出法和水浸法相结合的制备工艺提取活性成分,喂养有辐射损伤的大鼠。结果表明:竹荪托盖液具有修复辐射损伤最敏感的免疫活性 T 细胞的功能,提高 T 细胞生长因子指数,明显使 T 细胞的数量增长,显著激活免疫调节细胞。其明显增强细胞免疫的作用,可能是微量元素和多糖的双重效应结果。

据 Deng 等研究发现,长裙竹荪多糖 DIP 能诱导小鼠腹腔巨噬细胞RAW264.7 中氧化亚氮的产生,促进白介素-1、白介素-6、肿瘤坏死因子和核因子 κ 等基因的表达,而抗 Toll 样受体 4 和抗模式识别受体 Dectin-1 的单克隆抗体都可以显著抑制 DIP 与靶细胞的特异性结合以及对巨噬细胞的激活。

据杜昱光等研究:竹荪深层发酵菌丝体提取液可明显提高小鼠腹腔巨噬细胞的吞噬功能,明显增加小鼠免疫器官胸腺、脾脏的质量,说明发酵竹荪菌粉提取液可增强小鼠免疫力。

(四) 抑菌抗炎

韩慧等用长裙竹荪浸提液进行针对细菌、真菌以及酵母菌的抑菌试验,结果表明:长裙竹荪中的抑菌成分对细菌有显著抑制作用,而对真菌及酵母的抑菌作用不明显,抑菌成分在高温高压条件下表现稳定。

胡准等以正己烷为溶剂,提取了长裙竹荪中的脂溶性成分,获得该提取物的抑菌圈,证明其对各供试菌均具有明显的抑制作用。而谭敬军等则对长裙竹荪的乙酸乙酯提取物进行了抑菌效果研究。结果发现其具有较广的抑菌谱,且长裙竹荪不会因环境条件的改变而丧失其原本的抑菌活性。

曹奕应用超临界 CO_2 萃取技术提取棘托竹荪中的抑菌物质,并根据抑菌率的测定结果,优化了提取工艺参数。获得其抑菌物质提取的最佳工艺参数为:萃取压力 20 MPa,萃取温度 35℃,萃取时间 120 分钟。该条件下提取的物质在稀释到 15 毫克/毫升时,对单增李斯特菌、副溶血性弧菌在处理后 24 小时的抑菌率分别为 85.7% 和 98.2%。

檀东飞等通过蒸馏水、乙醇、丙酮、石油醚、乙酸乙酯、正己烷等溶剂对竹荪子实体进行了浸提,同时还通过水蒸气蒸馏法提取棘托竹荪挥发油,用牛津杯法测定其抑菌活性,并对多种提取物的化学成分进行了分析。结果显示:各类提取方法所得物质均对供试菌株有抑制作用,但对不同菌种的抑制效果不尽相同;各溶剂浸提液的抑菌效果则是随着溶剂极性的升高而下降。挥发油对细菌、酵母菌、真菌均有抑制作用,且其效果要强于石油醚提取液。据 GC-MS 分析,所有供试组里抑菌效果最好的挥发油其主要成分为醇、酮、有机酸、芳香烃、萜类等。

据 Ukai 等研究,采用卡拉胶注射法和烫伤法诱导大鼠后肢产生炎症,然后以长裙竹荪多糖 T-5-N 饲喂大鼠,发现该多糖能够缓解卡拉胶引起的水肿和烫伤性水肿的痛觉过敏,具有退热止痛的抗炎作用。

(五)抗氧化清除自由基

据韩乐等研究:棘托竹荪菌丝体的 20%、60%乙醇提取物,液态深层发酵液的 20%、60%和95%乙醇提取物均具有较好的抗氧化能力,其清除 DPPH 自由基的能力强于对照品芦丁,其中棘托竹荪发酵菌丝体的 20%醇提物抗氧化活性最强,清除 DPPH 自由基的半抑制浓度(IC_{50})值为 0.012 毫克/毫升。研究者运用中药材系统预实验方法,对棘托竹荪发酵菌丝体、发酵液的水提物、不同浓度乙醇提取物所含化学成分类型进行了进一步鉴定。结果表明:棘托竹荪发酵菌丝体和发酵液的水提物及不同浓度乙醇提取物中均含有糖类、氨基酸和蛋白质、有机酸等物质,而黄酮体、生物碱、蒽醌和甾体等类物质在不同浓度乙醇提取物中的含量有所差异。进而推测棘托竹荪提取物清除 DPPH 自由基作用可能与棘托竹荪发酵菌丝体和发酵液中糖类、蒽醌类以及黄酮类化合物的存在有关。

据杨海龙等研究:短裙竹荪多糖抽提液在较低浓度下(<200 毫克/升)能明显清除超氧阴离子自由基,其平均抑制率可达到 32%～62%。而在较高浓度下(>200 毫克/升)下则不明显,荧光法测定短裙竹荪多糖对人红细胞膜脂质过氧化有抑制作用。

据吕瑞等研究:采用回流提取法对竹荪中的水溶性成分进行提取,分别测定提取物的总还原能力及对羟基自由基、DPPH 自由基的清除作用。结果表明:在一定浓度范围内,竹荪水提物的总还原能力及对 DPPH 自由基的清除能力较强,

说明竹荪水提物具有一定的抗氧化能力,由于竹荪的食用部位多为其水溶性成分,因而可推断食用竹荪可起到抗氧化、延缓衰老等作用。

(六) 降血脂、降血压

竹荪在降血压、血脂及抗氧化等养生保健方面有明显作用,对以竹荪为原料的深加工产品已有相关研究。林海红等选用60只成年雄性SD大鼠,分设5组,包括基础饲料对照组(CK1)、基础饲料处理组(每天按每千克基础饲料添加0.40克长裙竹荪粉)、高脂饲料对照组(CK2)、2个高脂饲料处理组(t1、t2),每天按每千克高脂饲料分别添加0.30和0.50克长裙竹荪粉。实验期6周。结果表明:长裙竹荪对正常血脂大鼠无显著影响;添加长裙竹荪粉能使实验性高脂血症大鼠的总胆固醇(TC)、低密度脂蛋白胆固醇(LDL-C)上升值显著降低,高密度脂蛋白胆固醇(HDL-C)、HDL-C/TC下降值显著降低,其中t2组效果更为显著;t1组的三酰甘油(TG)值与CK2的差别不显著,而t2组的三酰甘油上升值显著低于CK2组。说明大鼠摄入一定剂量的长裙竹荪后有预防总胆固醇、三酰甘油、低密度脂蛋白胆固醇值升高和预防高密度脂蛋白胆固醇值下降的作用。

据杜昱光等研究:采用竹荪发酵菌丝体进行小鼠降血脂实验,将20只小鼠按每天0.5克/千克给予胆固醇混悬液灌胃,随机分组每组10只。给药组同时按每千克体重6克(12毫升水提液)给竹荪菌粉抽提液,连续10天,于停药次日取血样,用硫磷铁法测定血清总胆固醇浓度,结果表明:竹荪深层发酵菌丝体对小鼠血清中总胆固醇浓度有明显的降低作用($P < 0.05$)。

据刘虎成等研究:采用竹荪为原料,经提取、挤压、过滤、杀菌制得竹荪饮料,以30只大鼠为实验对象,研究竹荪的降血压作用。结果表明:与空白组相比,实验对照组和实验观察组的大鼠血压均比刺激前升高4千帕以上,观察组饮用竹荪饮料后,血压明显降至近空白组水平,说明竹荪具有一定的降血压作用。

杨金梅对竹荪冲剂治疗妊娠高血压的疗效进行了系统观察。治疗组30例,年龄20～35岁,孕周26～39周;对照组20例,年龄22～32岁,孕周26～38周。治疗组给予口服"竹荪冲剂",每天3次,每次10克,连服7天为1个疗程;对照组单纯应用一般降压药:罗布麻、利血平、桂利嗪(脑益嗪)等,1个疗程7天。结果:

治疗组 30 例,有效率达 93.3%,显效率为 6.7%;对照组 20 例,有效率达 50.0%,显效率为 40.0%,无效率为 10.0%。

二、 竹荪经验方

(一) 竹荪控糖方

[组方] 竹荪 30 克,豌豆苗 110 克,调味品各适量。

[制作] 将竹荪洗净切段,豌豆苗择洗干净。锅内入高汤烧沸,放入竹荪稍煮片刻,放入调味品调味,加豌豆苗煮沸后盛入汤碗,淋入香油即可。

[用法] 每日 1 剂,佐餐服食,连服 7 天为 1 个疗程。

[功效] 汤色清新美味,适宜高血糖或糖尿病患者服用。

(二) 竹荪疗肝法

[组方] 竹荪 250 克,猪肉 250 克,调味品各适量。

[制作] 竹荪洗净切段;猪肉洗净切片。猪肉入油锅爆炒至熟,放入竹荪,倒入清汤,煨煮片刻,调味勾芡,淋香油即可。

[用法] 隔日服 1 次,佐餐服用。

[功效] 色美味香,具有保肝护肝功效,适宜肝脏疾病患者服用。

(三) 竹荪减肥方

[组方] 竹荪 60 克,胡萝卜 60 克,白萝卜 100 克,姜片、调味品各适量。

[制作] 竹荪洗净切段;胡萝卜、白萝卜洗净切片,油锅煸炒片刻,放入竹荪、姜片,倒入高汤,煨炖至萝卜熟透,调味勾芡,淋香油即可。

[用法] 每日 1 剂,佐餐服食。

[功效] 色泽艳丽,味美清香,适宜肥胖者服用。

（四）竹荪疗疾方

[组方] 竹荪 100 克，黑木耳 60 克，调味品各适量。

[制作] 竹荪洗净切段，黑木耳泡发洗净。同时放入锅内，倒入高汤，文火煨炖，调味淋香油即可。

[用法] 每日 1 剂，佐餐服食，常食有效。

[功效] 汤清味美，适宜高血压、高血脂、冠心病、动脉硬化等人群服用。

（五）竹荪香汤方

[组方] 水发竹荪、香菇、白蘑菇各 60 克，绿叶菜、西红柿各 50 克。

[制作] 竹荪洗净切长方块；香菇、白蘑菇洗净切片；西红柿烫皮切片；绿叶菜洗净。起锅烧油，加入竹荪、香菇、白蘑菇、西红柿炒片刻，倒入高汤煮沸，加入绿叶菜，调味淋香油，起锅盛入汤碗。

[用法] 佐餐服用。

[功效] 营养丰富，清鲜爽口，适宜高血压、冠心病、高胆固醇、肿瘤等症者经常服用。

（六）竹荪猪肚方

[组方] 竹荪 80 克，猪肚 400 克，各种调味品各适量。

[制作] 猪肚洗净焯水切片；竹荪泡发洗净；放猪肚入油锅爆炒，烹料酒，加入竹荪，放入葱姜，倒入高汤煨煮至熟烂，调味即可。

[用法] 佐餐服食。

[功效] 益胃神中，清脆爽口，适宜气虚阴亏症者服食。

羊肚菌

Morchella esculenta

羊肚菌，又名：羊蘑、羊肚子、阳雀菌、蜂窝蘑、羊肚菜、羊肚蘑、编笠菌、草笠竹等。

羊肚菌属于子囊菌门、盘菌纲、盘菌亚纲、盘菌目、羊肚菌科真菌，是羊肚菌科羊肚菌属所有种类的总称，以其菌盖表面生有许多小凹坑，外观极似羊肚而得名。羊肚菌是子囊菌中有名的食药用真菌，也是一种世界公认的野生稀有名贵食(药)用菌，既是佳蔬，亦为良药，风味独特，肉质脆嫩可口，其珍稀程度仅次于松露。在我国许多省份都有分布，常见品种有小顶羊肚菌、尖顶羊肚菌、粗柄羊肚菌、黑脉羊肚菌、小羊肚菌、离盖羊肚菌等。

羊肚菌营养丰富，含有多糖、酶类、氨基酸、吡喃酮抗生素、脂肪酸类等。羊肚菌含有丰富的氨基酸，总氨基酸含量远高于一般食用菌，特别是人体必需氨基酸含量占氨基酸总量的49%，且每种必需氨基酸基本接近FAO/WHO推荐的模式，是优质的蛋白质来源。此外，羊肚菌还含有几种稀有氨基酸，如C-3-氨基-L-脯氨酸、氨基异丁酸和2,4-二氨基异丁酸，这是羊肚菌风味独特、奇鲜的主要原因。羊肚菌除含有丰富的多糖、蛋白质和脂肪酸外，还含有钙、钾、锌、铁等多种矿物元素以及维生素 B_1、维生素 B_2 等多种维生素。

我国食用羊肚菌历史较早，明人潘之恒《广菌谱》、清人袁枚《随园食单》和薛宝辰《素食说略》中均有记载。民间常用羊肚菌治疗消化不良、痰多气短及其他呼吸道疾病，疗效显著。中医认为，羊肚菌性平，味甘性寒，无毒，具有裨益肠胃、消化助食、化痰理气、补肾壮阳、补脑提神之功能，主治脾虚滑泻、气虚多痰、消化不良、体质虚弱等症。现代医学研究发现，羊肚菌有降血脂、调节免疫、抗疲劳、抗辐射、抗肿瘤的作用，能减轻放化疗对癌症患者的毒副反应。

一、 羊肚菌的药理作用

（一）抗氧化延缓衰老

采用化学分析方法、生物细胞模型体外检测方法、动物体内抗氧化活性检测方法等进行研究,显示羊肚菌多糖具有抗氧化和延缓衰老活性,且多糖浓度与其抗氧化活性呈现正相关。研究发现,羊肚菌含有硒和锌的多糖,使得其对自由基的清除能力增强,是天然抗氧化剂和延缓衰老物质的潜在来源。

据江洁等研究:对羊肚菌菌丝体体外抗氧化性的研究发现,羊肚菌菌丝体多糖能有效清除羟自由基、超氧阴离子自由基和DPPH自由基。羊肚菌菌丝体多糖能够显著提高D-半乳糖致衰老小鼠的肝脏、肾脏和血清中的超氧化物歧化酶(SOD)和过氧化氢酶(CAT)活力,降低脂质过氧化产物丙二醛(MDA)的含量($P<0.05$)。

Mau Jeng-Leun 等研究发现:用甲醇提取羊肚菌菌丝体得到的粗提物具有抗氧化的特性,羊肚菌菌丝体的甲醇提取物在 25 克/升时表现为高抗氧化特性(85.4%～94.7%),还原力为 0.97～1.02,10 克/升对铁离子的螯合力为 90.3%～94.4%,半最大效应浓度(EC_{50})值为 10 克/升。

鲍敏等利用粗柄羊肚菌菌丝体进行液体发酵培养,提取胞外多糖,并对胞外多糖的体外抗氧化作用进行初步研究,结果表明:粗柄羊肚菌在 1 毫克/毫升时对 DPPH 自由基、羟自由基、超氧阴离子自由基的清除率分别达到 61.10%,32.80% 和 71.60%。结果表明,粗柄羊肚菌胞外多糖具有明显的抗氧化能力,具有开发为抗氧化类食品或药品的潜力。

杨小斌等研究了羊肚菌水提物对秀丽隐杆线虫寿命、产卵量、体内脂褐素含量、超氧化物歧化酶和过氧化氢酶活力的影响。结果表明:不同浓度的羊肚菌水提物能够促使秀丽隐杆线虫平均寿命分别延长 4.15%、34.11%、33.21%;线虫产卵量随着羊肚菌水提物浓度的增加而增加;羊肚菌水提物能够显著降低线虫体内脂褐素含量的积累量($P<0.05$);另外,羊肚菌水提物能显著提高秀丽隐杆线虫体内超氧化物歧化酶、过氧化氢酶的活力。说明羊肚菌水提物能够显著延长秀丽隐杆线虫寿命,有效延缓衰老,提高产卵量,改善机体的抗氧化能力。

据马利等研究:用不同浓度的尖顶羊肚菌胞外多糖提取物作用人皮肤成纤维细胞(HSF),探究尖顶羊肚菌胞外多糖提取物对人皮肤成纤维细胞的增殖和衰老的影响。结果表明:适宜浓度的尖顶羊肚菌胞外多糖提取物具有促进人皮肤成纤维细胞增殖、胶原蛋白合成,延缓细胞衰老的作用。

据兰瑛、潘志福等研究:尖顶羊肚菌胞外多糖提取物可明显延长果蝇的寿

命,且存在性别差异,对雄性果蝇的延寿效果优于雌性果蝇。

(二)抗肿瘤

据贾建会等研究:羊肚菌发酵液能抑制小鼠肉瘤 S180 的生长,可直接刺激小鼠脾淋巴细胞增殖,同时又可协同刀豆蛋白 A 增强小鼠 T 细胞转化,具有抗肿瘤、增强免疫力等作用。

刘超等采用高压脉冲电场法获得羊肚菌多糖,并探究其对人结肠癌 TH-29 细胞生长的抑制活性,研究结果表明,羊肚菌多糖具有显著抑制人结肠癌 TH-29 细胞生长的作用,且多糖的量越大抑制效果越明显。

李书红等用羊肚菌与豆渣发酵获得羊肚菌粗多糖,经 DEAE-Sephadex A-50 柱层析和 SephadexG-100 纯化后获得多糖组分 MP-1、MP-3 和 MP-4,并检测其对巨噬细胞(RAW267.4)、人肝癌细胞(HepG-2)、人宫颈癌细胞(HeLa 细胞)的活性影响。结果表明,MP-3 能增强巨噬细胞 RAW264.7 细胞的免疫活性,MP-1 能有效抑制人肝癌细胞(HepG-2)的增长,当浓度为 50 微克/毫升时,抑制率为68.01%。MP-1、MP-3 和 MP-4 能诱导人肝癌细胞和宫颈癌细胞的凋亡。

据李谣等研究:以黑脉羊肚菌多糖为原料,研究羊肚菌多糖对人乳腺癌细胞MDA-MB-231 增殖和凋亡的影响。结果表明:在无细胞毒性范围内,羊肚菌多糖能显著抑制人乳腺癌细胞脂质过氧化产物丙二醛的增高,半数有效浓度0.10毫克/毫升,同时人乳腺癌细胞表现出多种细胞凋亡的形态学变化。

据薛莉研究报道:羊肚菌胞外粗多糖对 S180 肉瘤生长有抑制作用,其机制可能与抑制肿瘤组织血管内皮生长因子的表达有关。

(三)免疫调节

研究发现羊肚菌多糖可以调节机体免疫系统活性。通过研究干扰素活性与调节免疫相关的酶含量以及增加免疫细胞含量等,观察羊肚菌免疫调节活性。李蔚从羊肚菌菌丝体胞外粗多糖分离纯化得到单一多糖组分 MEP3A,经 MTT 法检测表明,该多糖组分可促进小鼠脾淋巴细胞增殖,具有潜在的免疫调节活性。

Huang M 等发现羊肚菌胞外和胞内多糖可以有效下调诱导型一氧化氮合酶

表达和核因子-κB与DNA结合的活性,并且可以上调血红素加氧酶1的表达,且胞外多糖还可抑制丝裂原活化蛋白激酶。因此,羊肚菌多糖可通过调节一系列信号途径来抑制脂多糖诱导巨噬细胞中氧化亚氮的产生,这表明羊肚菌多糖在免疫调节和治疗相关疾病中起潜在作用。

孟凡云等研究结果表明,羊肚菌胞外多糖可以增强D-半乳糖诱导小鼠的巨噬细胞和脾细胞增殖,从而显著增强机体的免疫。

据余群力研究发现:羊肚菌发酵液对小鼠的非特异性免疫(巨噬细胞的吞噬功能)、细胞免疫(迟发性变态反应)、体液免疫(溶血素含量)及胸腺脾脏的增重均有显著的增强作用。

据孙晓明研究报道:通过二硝基氟(DNFB)诱导小鼠迟发性变态反应,血清溶血素测定(血凝法),小鼠腹腔巨噬细胞吞噬红细胞试验,结果表明:羊肚菌可以促进小鼠体内抗体产生,提高体液免疫功能。

(四)保护胃黏膜

胃黏膜损伤是导致胃溃疡及急慢性胃炎的主要病理生理学环节,目前认为其损伤的产生与胃黏膜自身保护作用的减弱或相对减弱密切相关。《本草纲目》记载:羊肚菌能"益肠胃,化痰理气"。

据魏巍等采用简单重复序列区间分子标记技术对羊肚菌进行了遗传差异性分析,发现16株羊肚菌菌株中M1、M2、M3具有胃黏膜保护作用。

罗霞等研究了尖顶羊肚菌菌丝体水提液对酒精引起的大鼠急性胃黏膜损伤的保护作用。结果发现:羊肚菌能明显降低胃黏膜损伤指数,增加胃蛋白酶与胃黏液的分泌,推测羊肚菌的保护胃黏膜的作用是通过增加胃黏液分泌与提高机体抗氧化能力而实现的。

高明燕等用尖顶羊肚菌菌丝体水提液对4种试验型胃溃疡模型的治疗作用进行了研究。结果表明:尖顶羊肚菌菌丝体水提液可以不同程度地抑制胃酸的分泌,降低胃液量,减少溃疡面积,促进溃疡面积的愈合。

据吴映明等研究报道:羊肚菌提取液既能加强正常小鼠的胃肠蠕动,有类似胃肠促动药的作用,又能抑制小鼠因药物新斯的明负荷引起的胃肠功能亢进。

（五）抗疲劳

段巍鹤等用水提法获得羊肚菌胞外多糖、胞内多糖,对小鼠应急性一次灌胃处理后进行负重游泳实验,胞外和胞内多糖组小鼠游泳时间与对照组比较均显著延长,说明羊肚菌胞外多糖、胞内多糖应急摄入后均具有明显的抗疲劳作用。

据孙晓明等研究:在小鼠负重游泳试验中测定给药组小鼠负重游泳时间,血清尿素氮、肝糖原和血乳酸等生理指标,结果表明:羊肚菌子实体粉能够延长动物负重游泳的时间,降低血乳酸水平和血清尿素氮水平,增加肝糖原量,表现出较好的抗疲劳活性。

据雷艳等研究:用粗柄羊肚菌新鲜发酵液和菌丝体悬浮液为受试药,通过小鼠自由游泳实验及抗疲劳相关生化指标的测定,研究粗柄羊肚菌的抗疲劳功能。结果:在自由游泳实验中,发酵液和菌丝体可以明显降低血清乳酸 LD($P<0.01$)和血清尿素氮 BUN 浓度,增加心肌糖原($P<0.01$)、股四头肌糖原和肝糖原的含量($P<0.01$),说明粗柄羊肚菌具有良好抗疲劳功能。

李海滨针对羊肚菌对运动员骨骼肌自由基的代谢影响问题进行了研究。实验选取成年男性运动员 18 名,体重在 65~75 千克,将其平均分为 3 组。即安静对照组、运动对照组、运动加药组各 6 人。运动加药组按每天 400 毫克/千克体重的剂量服用羊肚菌功能饮料。结果表明:羊肚菌能迅速清除运动产生的体内自由基,明显延长其运动至力竭的时间。运动加药组运动员运动至力竭的时间和运动对照组对比,延长了 19.45%。羊肚菌能够很好地提升运动员的骨骼肌自由基代谢能力,提升其运动能力。

（六）降血脂

羊肚菌多糖有降血脂、预防潜在高脂血症发生和降低胆固醇活性的功效。姚珩等利用豆渣为培养基对羊肚菌进行半固体发酵,对产物中的羊肚菌多糖(CMP)结合胆酸盐能力进行检测。结果表明:羊肚菌多糖对 3 种胆酸盐(无水胆酸盐、脱氧胆酸盐、牛磺胆酸盐)均有结合效果,且对脱氧胆酸钠的结合量最高,证明了羊肚菌多糖具有潜在的降血脂功能。

明建等对羊肚菌子实体多糖 PMEP-1 的降血脂作用进行动物试验,结果发现 PMEP-1 显著降低了高脂大鼠的血清三酰甘油水平、血清低密度脂蛋白胆固醇和动脉粥样硬化指数,说明 PMEP-1 具有降血脂作用,同时对冠心病及动脉粥样硬化也有一定的预防作用。

(七) 抗菌抑菌

龙正海等对羊肚菌子实体多糖(APS)、菌丝体胞内多糖(IPS)、胞外多糖(EPS)进行了体外抗菌活性实验,研究表明羊肚菌多糖对大肠埃希菌、枯草芽孢杆菌、金黄色葡萄球菌以及放线菌的抗菌活性都比较强,而对真菌和酵母菌抗菌作用不明显。

雷艳研究了粗柄羊肚菌的体外抑菌作用。以新鲜发酵液为受试药,分别研究粗柄羊肚菌发酵液对 6 种供试菌种的抑菌效果,其中对大肠埃希菌、金黄色葡萄球菌、八叠球菌和枯草芽孢杆菌的抑菌效果较为明显。研究结果表明,粗柄羊肚菌发酵液对供试菌具有不同程度的抑制作用,对引起皮肤黏膜、多种组织器官化脓性炎症的金黄色葡萄球菌有显著的抑制作用,且抑菌浓度低。

Ahmad N 等研究了羊肚菌对一些革兰阳性和阴性细菌的抗菌活性。结果显示:与其他 4 种平菇相比,羊肚菌除伤寒沙门菌外具有最大的抑菌活性。

二、 羊肚菌经验方

(一) 羊肚菌消痰方

[组方] 羊肚菌 25 克,银耳 25 克,冰糖适量。

[制作] 羊肚菌洗净切片,银耳洗净瓣碎,入砂锅浸泡 30 分钟,文火烧炖至汤浓稠,加入冰糖搅拌即可。

[用法] 每日 1 剂,早晚各 1 次服用,喝汤吃羊肚菌与银耳。

[功效] 健胃润肺,止咳化痰,适宜体质虚弱、痰多咳嗽、感冒者服用。

（二）羊肚菌蒸蛋方

［组方］ 羊肚菌 4 个，鸡蛋 2 个，生抽、盐、香油适量。

［制作］ 羊肚菌洗净切片，鸡蛋打散放盐加温水调匀，蛋液蒸 3 分钟后加入切片羊肚菌，续蒸 8 分钟，出锅后淋香油和生抽即可食用。

［用法］ 每日 1 剂，随餐服用。

［功效］ 易消化吸收，提高免疫力，适宜体质虚弱的老人和儿童服用。

（三）羊肚菌老鸡汤

［组方］ 羊肚菌适量，老鸡 1 只，葱、生姜、盐适量。

［制作］ 羊肚菌泡发洗净；老鸡斩成两片，余水后捞入汤煲中，放入羊肚菌及滤过的泡羊肚菌水，加入适量清水、葱段、姜片，大火烧开，小火炖 3 个小时，调味即可。

［用法］ 每日 1 剂，随餐服用。

［功效］ 强身健体，补中益气，增强体质，提升免疫力。

安络小皮伞

Marasmius androsaceus

安络小皮伞，又名：盾盖小皮伞、点地梅皮伞、茶褐小皮伞、鬼毛针、树头发。

安络小皮伞属于担子菌门、伞菌纲、伞菌亚纲、伞菌目、小皮伞科真菌。安络小皮伞是一种生长在密林中的腐生菌，因其有黑色密生的针状菌索，故又称"鬼毛针"。安络小皮伞子实体小，群生或散生，长在基物上或根状菌索上，可长出白色菌丝，不久变成褐色。分布在我国吉林、广东、湖南、福建、云南、台湾等地及北美和欧洲。

安络小皮伞主要含有多糖、氨基酸、腺苷、甘露醇、胆固醇醋酸酯、倍半萜内酯、对羟基肉桂酸、异香豆素、三十碳酸、2,3,5,6-四氯-1,4-二甲氧基苯、β-谷甾醇棕榈酸酯、β-谷甾醇、棕榈酸酯、5,8-过氧麦角固醇、3,3,5,5-四甲基-4-哌啶酮、β-谷固醇、麦角甾醇、总生物碱等成分。有镇痛作用的成分为三十碳酸，腺苷、2,3,5,6-四氯-1,4-二甲氧基、倍半萜内酯、麦角固醇。

安络小皮伞为我国传统药用真菌，始载于《新华本草纲要》，性温、微苦，归肝经，具有消炎、止痛的功能。南方民间常用安络小皮伞治疗跌打损伤、刀伤和麻风性神经痛、风湿痛、坐骨神经痛等疾病。根据民间的应用经验，并对安络小皮伞进行药物化学、药理疗效试验和安全性试验，结果证明安络小皮伞确实具有良好的镇痛、抗风湿效果，对人安全，没有不良反应。现代研究证实，安络小皮伞可治疗跌打损伤、骨折疼痛、坐骨神经痛、三叉神经痛、偏头痛、眶上神经痛、麻风性神经痛、面神经麻痹、面肌痉挛、腰肌劳损、风湿性关节痛等疾病。40多年来的临床应用证实，安络小皮伞对于各类神经痛及炎性痛具有良好的疗效及安全性，能产生持久镇痛的效果，对年老体弱者亦尤为合适。

一、 安络小皮伞的抗疼痛机制与安全性试验

（一）抗神经病理性疼痛效价机制研究

据刘吉华报道，为评估安络小皮伞的抗疼痛药效，制备大鼠坐骨神经慢性压迫性损伤模型（CCI）。该模型术后出现自发痛、热痛敏、机械性痛敏和冷痛敏，这

种状态与人体的外周神经损伤(如肿瘤压迫、重金属离子中毒、缺氧或代谢异常等诱发的神经病理性慢性痛)的症状和行为表现极为相似,为治疗 NP 药物的筛选及该疾病的发生、发展机制提供了合适的实验条件。手术后大鼠出现明显的自发痛,自发抬起损伤肢体,出现时而舔足、咬足或甩足等自我保护行为,术后3～7天开始出现痛反应,机械痛敏及热痛敏于10～14天达到高峰,并维持稳定。上述现象与文献报道一致,表明大鼠坐骨神经慢性压迫性损伤模型复制成功,可投入实验。连续 7 天给予不同剂量的安络小皮伞醇浸膏单次灌胃给药,观察对 CCI 模型诱导的机械学超敏及热痛学过敏的影响,结果显示安络小皮伞具有镇痛作用且维持时间长的临床用药特点,与安络小皮伞能改善神经组织炎症状况的报道一致。

(二)急性毒性试验

试验用 18～22 克健康小鼠,分别用 0.1、0.15、0.20、0.25、0.5 毫升剂量的安络小皮伞提取液灌服,给药后观察 3 天。结果:无一小鼠死亡,其中给 0.5 毫升剂量的 1 只小鼠出现精神不振,第 3 天后恢复正常。1 只小鼠腹腔注射 0.5 毫升安络小皮伞,相当于人正常用药量的 4 000 倍。

(三)亚急性毒性试验

试验用大白鼠 20 只,全系雄鼠,分成 4 组:1、2、3 组鼠分别以安络小皮伞干膏 25 毫克、50 毫克、100 毫克空腹灌胃,对照组不给药。给药组 2 天灌服 1 次,连续灌服 22 次,最后 1 次给药 72 小时后处死。肉眼检查肝、肾、心、肺、脾、胃,未发现病变;病理切片检查肝、肾、心、肺、脾、胃等,也没有中毒性损害症状。

试验用家兔 16 只,体重 1 500～2 000 克,分成 4 组,每组 4 只,第 4 组为对照。1、2、3 组每只兔分别灌服 250、500、1 000 毫克剂量安络小皮伞的提取液(相当于人正常用药量的 20、40、80 倍),隔 1 天灌服 1 次,连服 20 次。末次给药 72 小时后处死,肉眼检查和病理切片检查肝、肾、心、肺、脾、胃等脏器。结果:未发现病变和中毒性损害。

（四）对子代影响的试验

试验用家兔 2 组，一组在服安络小皮伞前配种；另一组在服安络小皮伞后 10 天配种。毒性试验结果表明，连续服用 30 天以后，生下的小兔和母兔全部正常、健康。试验结果表明，安络小皮伞没有毒性。

二、 安络小皮伞镇痛的有效成分与药理作用

（一）有效成分研究

据刘吉华报道，对安络小皮伞抗神经病理性疼痛药效部位筛选及活性成分进行研究，连续五天给予相同剂量 0.4 克/千克的安络小皮伞水提物和醇提物，水提物镇痛活性更佳，抑制率最高可达 52.20%。经多次提纯，第 18 次提纯物（F18）可以显著升高 CCI 大鼠机械痛阈值，镇痛作用持久，抑制率（MPE%）最高达 78.6%。经对 F18 进行结构鉴定，有效成分为白色无定形粉末，易溶于水、甲醇，难溶于丙酮；改良碘化铋钾反应呈阳性，该化合物可能为生物碱类；Molish 反应呈紫色环，酸水解反应后经薄层色谱检出 D-核糖，推测其可能为核糖类生物碱苷类。结合 1H 核磁共振谱的 2 个孤立芳香质子信号和 1 个连于芳环双键上的伯胺质子，以及由 MS 推断出 5 个 N 原子，解析该化合物苷元应为腺嘌呤。综合上述信息，与文献对照波谱数据基本一致，确定该化合物为腺苷。

另有文献报道，安络小皮伞中具有镇痛作用的物质有对羟基肉桂酸、三十碳酸、麦角甾醇、萜内酯类化合物和皂苷等。

（二）药理作用研究

文献报道表明，细胞内腺苷上调及腺苷受体激活可以减轻急性痛、炎性痛、神经源性疼痛。腺苷受体正在作为疼痛靶标用于神经性疼痛的药物筛选研究，将腺苷及其同类物质应用于临床疼痛疾病的治疗已进入临床试验期。

安络小皮伞中的腺苷是镇痛的有效成分,腺苷具有镇痛作用持久的特点,安络小皮伞的临床用药特点与之相吻合。安络小皮伞的毒理实验及临床报道均证实其安全性好、毒副反应小,可能的原因是安络小皮伞中多糖及其他成分具有协同保护作用,但具体的原因有待进一步研究。

安络小皮伞有很好的活血镇痛效果。试验用 17～19 克雌性小鼠,试验前将其置于 55℃±0.5℃ 的恒温水浴锅上,以小鼠舔后足作为疼痛反应的指标,测定小鼠的痛阈值,剔除过敏和反应迟钝的小鼠(反应时间<10 秒、>30 秒者)。将预测合格的小鼠分成 3 组,每组 10 只,分别腹腔注射安络小皮伞提取液、杜冷丁和生理盐水,1 小时后测定其疼痛反应,用统计学方法比较服药前后痛阈差别的显著性。结果:安络小皮伞表现出显著的镇痛效果($P<0.05$)。每千克小鼠体重腹腔注射 5 克安络小皮伞提取液,30 分钟后即出现镇痛效果,90 分钟时达到最大镇痛值。

叶文博等选用安络小皮伞菌丝体的水提醇沉物(ANA),以电刺激-钾离子透入致痛法测定痛阈的方法,测定不同剂量的水提醇沉物对大鼠痛阈的影响。注射水提醇沉物溶液后第 2 天起痛阈显著提高,并持续 6 天。表明安络小皮伞菌丝体的水提醇沉物具有长时效的镇痛作用。

三、 安络小皮伞的其他药理作用

(一) 增强免疫力

白日霞等从安络小皮伞中分离、提取出一种碱溶性多糖 R-1 及其降解多糖 R-2(R-2 是一种水溶性较好的多糖),将 R-1、R-2 用水制成悬浮液,对小鼠进行腹腔注射,剂量为每天 50 毫克/千克,连续给药 5 天,解剖测肝指数和脾指数。结果发现碱溶糖 R-1 和水溶糖 R-2 均可使小鼠肝指数、脾指数明显增加。

王惠国提取安络小皮伞多糖并纯化得到 3 个多糖组分 MAP_{40}、MAP_{60}、MAP_{80},进行体外免疫活性测定,分别检测其对 T 细胞、B 细胞、腹腔巨噬细胞的增殖能力的影响。结果表明：MAP_{40}对T细胞、B细胞、腹腔巨噬细胞的增殖作用不明显；MAP_{60}、MAP_{80}均具有协同有丝分裂原、促进T细胞增殖并提高腹腔巨噬细胞增殖的功能。采取皮下注射环磷酰胺的方法诱导免疫抑制模型进一步研究MAP_{60}的免疫活性。用非特异性免疫及体液免疫、细胞免疫的相关指标，评价MAP_{60}对环磷酰胺诱导的免疫功能低下小鼠免疫功能的影响。结果：皮下注射环磷酰胺后，小鼠的非特异性免疫、细胞免疫和体液免疫功能均有所抑制。免疫抑制小鼠腹腔注射MAP_{60}后，可以增强免疫抑制小鼠非特异性免疫功能，如提高吞噬细胞的吞噬功能、提高免疫抑制小鼠的脾指数、提高免疫抑制小鼠的淋巴细胞水平；增强免疫抑制小鼠的细胞免疫功能，如提高迟发超敏反应能力和淋巴细胞转化率；增强免疫抑制小鼠的体液免疫功能，如提高抗体分泌水平。结果表明：安络小皮伞多糖MAP_{60}可以提高免疫抑制小鼠的非特异性免疫、细胞免疫、体液免疫功能，能有效拮抗环磷酰胺对小鼠免疫功能的抑制作用。

（二）降血压

　　Zhang等观察从安络小皮伞中提取的新化合物3,3,5,5-4-甲基-4-哌啶酮(3,3,5,5-tetrameth-yl-4-piperidone，TMP)对自发性高血压(SHR)和肾性高血压大鼠(2K1C)的抗高血压作用，用麻醉犬评价血液动力学作用、猫瞬膜反应评价TMP的神经节阻断作用。结果发现，TMP (2.5毫克/千克，5毫克/千克和10毫克/千克)口服3分钟，即显著降低自发性高血压。同样剂量TMP连续给药两周，还明显降低2K1C大鼠血压。TMP(30毫克/千克，静脉注射)阻断节前刺激引起的猫瞬膜反应。麻醉犬的血液动力学研究显示，除降低血压和左心室做功外，未检测到其他变化。心率变异性分析指出，在TMP治疗后，交感神经和迷走神经的平衡仍属正常。结果提示：TMP是一种新抗高血压化合物，其作用部分与神经节阻断有关。

（三）抗氧化清除自由基

　　王曦等用乙醇分级沉淀法对安络小皮伞菌丝体粗多糖进行了分级沉淀。随着乙醇加入倍数的增大，其分级产物对羟基自由基的清除能力增强，当乙醇用量达4倍体积、产物浓度为0.4毫克/毫升时,对羟基自由基的清除率可达49.72%,说明安络小皮伞多糖对羟基自由基有很强的清除作用。并且乙醇分级的各级产物对超氧阴离子自由基的清除作用有所差异,当乙醇用量为1倍体积时,多糖对超氧阴离子自由基的清除率最大,为42.22%。

梁启明等对安络小皮伞菌丝体纯化后多糖的抗脂质过氧化作用进行研究,研究中用硫代巴比妥酸(TBA)法测定 $EDTA-2Na^+ - Fe^{2+} - H_2O_2$ 系统诱导大鼠肝匀浆的脂质过氧化物丙二醛(MDA)的含量,结果提示各级醇沉的安络小皮伞菌丝体多糖对脂质过氧化有明显的抑制作用,以0.4倍体积沉淀多糖在糖浓度为0.2毫克/毫升时效果最佳,达到98%。

四、 安络小皮伞的疗效

安络痛是以安络小皮伞菌粉及醇提物制成的片或胶囊制剂中成药,已有40多年的临床应用历史,该药的功效为通筋活络,活血止痛,用于坐骨神经痛、三叉神经痛和风湿关节痛,有较好的疗效及安全性。

(一) 对各种神经痛的疗效

安络小皮伞有消除和缓解各种神经痛的作用。上海市农科院和上海中药三厂合作,用安络小皮伞胶囊治疗各种神经痛患者428例,年龄16～76岁。病程短则3天,长至30年,平均6.7年。体征和血检阳性反应都较严重,绝大部分病例经常疼痛难忍,活动障碍明显,面部神经麻痹者呈现口眼㖞斜,中西医治疗无效或效果不明显。之后用安络小皮伞胶囊治疗,每天服4次,每次服胶囊1粒,每粒胶囊含安络小皮伞干浸膏150毫克,连服2个月。服药期间有20例兼服其他药物,其余全部单服该药。结果:大部分患者服药后3天开始见效,部分患者5～7天才开始见效,少数患者在服药3天后疼痛反而加剧,甚至不愿再服,但在继续服用该药后也逐渐开始见效,症状逐渐缓解,直至完全治愈。患者在缓解症状的同时,一般睡眠、食欲也有明显好转。治疗结果显示,治愈(疼痛消失,活动自如)76例,显效(疼痛基本消失,仍有微痛,功能基本无障碍)137 例,有效(症状好转,疼痛减轻)144 例,总有效率为 83.4%。具体疗效见表 1。

表 1　安络小皮伞胶囊的临床疗效

病　种	病例数	治愈	显效	有效	无效	有效率(%)
坐骨神经痛	135	27	35	46	27	80.0
三叉神经痛	34	12	6	10	6	82.4
神经性头痛	26	6	3	13	4	84.5
血管性头痛	11	2	3	3	3	72.7
肋间神经痛	6	5		1		100
枕神经痛	7	2	1	3	1	85.7
其他神经痛	29	2	17	3	7	83.0
偏头痛	17	7	3	6	1	94.1
眶上神经痛	9	1	5	3		100
末梢神经炎	5		3	1	1	80
颈胸神经根炎	6	2	2	1	1	83.3
其他神经炎	5		2	3		100
面神经麻痹	7	3	2	2		100
自主神经功能紊乱	4		1	3		100
腰椎颈椎肥大症	39	1	13	20	5	87.1
脊间盘突出症	4		2	1	1	75
输精管结扎术后痛	2	2				100
腰肌劳损	26	4	14	7	1	96.1
中轻度麻风神经痛	53		24	18	11	81
面肌痉挛	3		1		2	33.3
总　计	428	76	137	144	71	83.4

(二) 对类风湿性关节炎的疗效

安络小皮伞治疗风湿性关节炎有良好效果,能缓解疼痛、消除关节炎症、降低红细胞沉降率等。据上海中药厂研究报道：病例 92 例，男 36 例，女 56 例，其中体力劳动 53 例，文职人员 39 例，年龄 14～73 岁，病程最长 25 年，最短 3 个月。多数患者长期使用激素或其他消炎镇痛药，但效果不明显，少数病例需扶拐杖行走或卧床不起。症状至少有下列四项中两项以上：①有较典型的反复发作病史。②受累关节大多从四肢远端的关节开始，左右对称，呈梭形肿胀，活动受到限制或强直。③红细胞沉降率增快。④X 线摄片骨质改变，符合类风湿关节炎(如骨质疏松、关节间隙模糊或狭窄)特征。服药量：每天服药 3 次，每次服安络小皮伞胶囊 3 粒，每粒含生药 1 克。临床治愈评定标准：主要症状及体征消失，对早期类风湿关节炎要求肿胀消退，功能恢复；对晚期类风湿关节炎的关节畸形以及由此而产生的功能障碍不作为完全恢复要求，化验结果正常。显效评定标准：主要症状消失，受累关节功能基本恢复，所做化验结果正常。有效评定标准：主要症状有所好转，受累关节运动功能有所改善，化验结果接近正常。无效评定标准：主要症状及体征，化验结果均无明显变化。

结果：大部分患者服药第 3 天后开始见效，少数患者 7～10 天才开始见效，甚至需更长时间。大部分患者服药后有食欲好转、精神好的表现；少数患者服药第 3 天后疼痛反而加剧，但继续服用 1～2 周后，疼痛就开始减轻直至消失。治疗结果：化验指标方面，临床治愈 4 例，显效 15 例，有效 49 例，无效 24 例，总有效率达 73.9%；结缔组织红肿、功能障碍等体征有明显改善的总有效率为 87.8%，止痛有效率为 78.1%。

（三）对颈椎病和脑外伤后头痛的疗效

安络小皮伞对颈椎病和脑外伤后头痛有良好疗效，能使疼痛减轻或消除，功能恢复。据上海中药三厂研究报道，对 33 例颈椎病和脑外伤患者用安络小皮伞治疗，其中颈椎病 18 例，脑外伤后头痛 15 例，病程 3～10 年。曾用各种方法治疗，症状无显著缓解。后用治疗类风湿关节炎方法服用安络小皮伞胶囊，疗程 30 天。以下述标准统计疗效：自觉疼痛消失、功能恢复正常、功能无障碍、活动自如为治愈；疼痛基本消失、功能基本无障碍、能上班工作为显效；症状好转、疼痛减轻为有效；服药 30 天后仍未见效为无效。治疗结果：大多数患者服药第 3 天开始见效,最长见效在第 5～7 天。据患者反映,该药止痛效果较好,又能提高食欲。个别患者开始时有少许头晕、欲睡的现象,但随着疗程的延长,头晕现象也逐渐消失。1 个疗程结束后,颈椎病 2 例显效,12 例有效,总有效率达 77.77%;脑外伤 5 例显效,7 例有效,总有效率为 80%。

（四）临床应用案例

病例一:女,行政人员,诊断为三叉神经痛。开始左侧鼻唇局部疼痛,继而疼痛扩大至左眶部、左额部及左侧。曾用局部封闭、中药内服治疗,效果都不佳,经常疼痛难忍,病史一年半。后用安络小皮伞胶囊治疗,每天服 3 次,每次服 1 粒,连服 2 周后,疼痛减轻;服药 4 周后,头痛全部消失。

病例二:男,行政人员,诊断坐骨神经痛。左侧坐骨神经痛 1 年,疼痛剧烈,活动障碍,肌肉轻度萎缩,就诊时被抬到医院。给以口服安络小皮伞胶囊,每周加 1 次中医治疗,2 个月后疼痛消失,症状痊愈。随访 3 个月未见复发。

病例三:男,78 岁,因上呼吸道感染引起口眼㖞斜,诊断为面神经麻痹。发病 1 周后用安络小皮伞胶囊治疗,口服安络小皮伞胶囊,每天 4 次,每次 1 粒,服药 1 周后症状消失。

病例四:女,65 岁,诊断为坐骨神经痛。左侧下肢剧烈疼痛 4 个月,曾注射安痛定、凡拉蒙等止痛剂和口服强的松,均无效。因剧烈疼痛而不思饮食,彻夜不眠。后改用安络小皮伞胶囊治疗,每天服 3 次,每次服 1 粒。初服 3 天,疼痛反而加剧,声明不愿再服,经劝说后继续服用;7 天后疼痛开始缓解,共服 20 天。结果:疼痛完全消失,以后多次随访,未见病症复发。

病例五:女,44 岁,教师,双手指关节及双腕关节痛反复发作,肿胀 1 年。发作伴有低热,食欲不良,双手不能握拳,双膝及踝关节渐肿胀,走动不便,需人扶持,症状时轻时重。检查:双手 2～5 指的指关节呈曲型梭形肿胀,压痛,伸正常,屈曲可至 110°,双膝双踝关节均为轻度肿胀,主动运动受限,被动运动正常;红细胞沉降率 95 毫米/小时,抗链球菌溶血素"O"1:600;血尿常规及肝功能正常。X 片显示:双手指关节间隙狭窄,骨质疏松,软组织呈梭形肿胀。诊断为周围型类风湿关节炎。服用安络小皮伞胶囊,服药 3 天后,双手、双腕、双踝关节疼痛反而加重,但可忍受,仍坚持服药。3 天后症状渐减轻;服药 30 天后,关节疼痛明显减轻,活动可自理;服药 60 天后,症状消除,红细胞沉降率 18 毫米/小时,肝功能、血、尿常规正常;2 个月后随访,疗效稳定。

病例六:男,42 岁,中学教师。颈、背、腰疼痛 20 多年,活动困难 7～8 年,颈、背、腰不能俯仰屈伸,不能转动,下胸腰段脊柱明显后凸;红细胞沉降率 50 毫米/小时,颈椎片显示椎体呈现竹节样改变。诊断为中枢型类风湿关节炎。服用安络小皮伞胶囊 28 天后,颈、背、腰疼痛大减,能低头写字 1 小时以上,俯仰、旋转运动均感轻松,红细胞沉降率下降至 14 毫米/小时。

五、 安络小皮伞经验方

(一) 安络小皮伞方

[组方] 安络小皮伞 9 克。

[制作] 将安络小皮伞剪碎,加水煎煮,取煎液。

[用法] 每日 1 剂,早晚各 1 次服用。

[功效] 适宜跌打损伤、腰肌劳损、三叉神经痛、偏头痛、眶上神经痛、面神经麻痹、面肌痉挛、坐骨神经痛、风湿性关节炎等症者饮服。

(二) 安络小皮伞酒方

[组方] 安络小皮伞(或发酵菌丝体)30 克,50 度米酒 500 毫升。

[制作] 将安络小皮伞浸入米酒内密封,15 天后启用。

[用法] 每日 2 次,每次 20 毫升服用。

[功效] 适宜风湿性关节炎、三叉神经痛、坐骨神经痛、跌打损伤等症者饮服。

灵　芝

Ganoderma lucidum

灵芝,又名:赤芝、红芝、木灵芝、菌灵芝、万年蕈、灵芝草等。

分类地位:菌物界,担子菌门,层菌纲,多孔菌目,多孔菌科。

中华文明以三皇五帝开篇,神农氏尝百草始有中医药。"神农尝百草"一直被认为是中国药物的起源,神农氏采集到的药材就有灵芝。根据史前灵芝样本分析,中国先民对灵芝的探索和应用始于 6 800 年前的新石器时代河姆渡文化早期。"灵芝"一词最早出现于东汉,人们"以为瑞草,服之神仙",称之为"灵芝"。

灵芝是一味传统中药,早期的灵芝因其具有"久服延年、轻身不老"的功效而被誉为"仙药",历代医药学家均认为灵芝是滋补强壮、扶正培本的珍贵药品。关于灵芝最早的文字记载可追溯到战国中后期到汉代初中期所著的《山海经》。在我国最早的药学著作《神农本草经》(西汉末年至东汉初年成书)中按照菌盖的颜色将灵芝分为"青(龙芝)、赤(丹芝)、黄(金芝)、白(玉芝)、黑(玄芝)、紫(木芝)"六芝,并详细描述了这六种灵芝的药性。其中:赤芝主胸中结,益心气,补中,增慧智,不忘。久食,轻身不老,延年神仙;紫芝主耳聋,利关节,保神,益精气,坚筋骨,好颜色。久服,轻身不老延年。传统医学认为,灵芝味甘性平,归心、肺、肝、肾经,具有补气安神、止咳平喘的功效,主要用于治疗心神不宁、失眠心悸、肺虚咳喘、虚劳短气、不思饮食等。

灵芝在古代不仅是一种治病的良药,在中国文化中也占有独特的地位,灵芝的形象是中华民族四大祥瑞之一"祥云"的原型,是长寿、吉祥的图腾,在民间应用最广泛。在器物上,汉朝以后,许多宫殿、坟墓、寺庙中都有灵芝图案,灵芝印迹的出现与文化、宗教、医药、历史等因素有着密切的联系。

灵芝的品种非常丰富,到目前为止,全世界已发现的灵芝有 184 种,中国已发现的灵芝有 108 种,国内外进行过药理和化学研究的灵芝属真菌有 20 余种。现代研究表明,灵芝含有灵芝多糖、灵芝糖肽、灵芝酸、腺苷、甾醇类化合物、各种生物碱等多种有效成分,具有免疫调节、抗肿瘤、抗氧化、抑菌、保肝护肝、止咳平喘等多种功效。

目前,赤芝(即狭义灵芝 *G. lucidum*)和紫芝(*G. sinense*)的子实体已被《中华人民共和国药典》收录为药材。2020 年 1 月,国家卫生健康委员会和国家市场监督管理总局把灵芝列入既是食品又是中药材的试点管理。

一、 灵芝的有效成分

灵芝含有的活性成分非常丰富,已分离鉴定的化合物成分有数百种,如灵芝多糖、灵芝糖肽、灵芝酸、腺苷、甾醇类化合物、各种生物碱、多种嘌呤和嘧啶、牛磺酸、甘露醇、棕榈酸、十九烷酸、二十四烷酸、磷脂酰胆碱、磷脂酰乙醇胺等。最重要的有效成分是灵芝多糖、灵芝酸、腺苷、甾醇类化合物、生物碱等。

(一) 灵芝多糖类

灵芝含有多种多糖。灵芝多糖(*Ganoderma lucidum* polysacharide)是灵芝中最有效的成分之一,目前已分离到 200 多种,其中大部分为 β-型的葡聚糖,少数为α-型的葡聚糖。多糖的药理活性与单糖间的糖苷键结合形式有关。单糖间以 β (1→3)糖苷键连接的,是有药理活性的。灵芝多糖糖苷键的连接主要是 β (1→3),(1→6)方式连接,具有较强的药理活性。已确认灵芝多糖能提高机体生命活力和免疫力,具有提高机体的耐缺氧能力,能消除自由基、抗有害药物对机体的损害,提高肝脏、骨髓、血液合成 DNA、RNA、蛋白质的能力,延长寿命,具抗放射、解毒、抗肿瘤等作用。

(二) 灵芝三萜类化合物

灵芝三萜类化合物是灵芝的主要化学成分之一,是一种由 6 个异戊二烯单位连接而成的三萜类物质,有四环三萜和五环三萜两类,大多为四环三萜。从灵芝中分离到四环三萜类 220 余种,很多三萜类化合物具有生理活性。不同结构的灵芝酸的药理作用有较大的差异,灵芝酸 A、灵芝酸 B、灵芝酸 C、灵芝酸 D 有显著的药理功效,能抑制小鼠肌肉细胞的组胺的释放;灵芝酸 F 有很强的抑制血管紧张素酶的活性,赤芝孢子酸 A 对四氯化碳和半乳糖胺及丙酸杆菌造成的小鼠丙氨酸氨基转移酶(GPT)升高均有降低作用;赤芝孢子内酯 A 具有降胆固醇作用。灵芝三萜类化合物能降低四氯化碳肝损伤小鼠的血清天冬氨酸氨基转移酶(GOT)、丙氨酸氨基转移酶,具保肝作用。研究表明,灵芝酸对抑制肿瘤生长和促进肿瘤细胞凋亡有较直接的作用,能有效调节免疫能力和改善机体功能,此外还具有良好的保肝、解毒、安神、解痉等作用。

（三）灵芝核苷类化合物

核苷是一类核糖和碱基连接而成的化合物总称,是具有广泛生理活性的水溶性成分。余竞光从薄盖灵芝菌丝体中分离到 5 种核苷类化合物,分别为尿嘧啶(Uracil)、尿嘧啶核苷(Uridine)、腺嘌呤(Adenine)、腺嘌呤核苷(Adenosine)和灵芝嘌呤(Ganoderpurine)。有研究表明,灵芝腺嘌呤核糖核苷是一种药理活性很强的腺苷,是灵芝的主要成分之一。灵芝含有多种腺苷衍生物,具抑制血小板的过度聚集能力,对老年淤血者具有良好的抗血凝作用,从而能改善人体血液循环,防止脑血栓、心肌梗死等疾病。

（四）甾醇类化合物

灵芝中的甾醇含量较高,是其重要有效成分之一,仅麦角甾醇含量就达3‰左右。已知从灵芝的子实体和孢子粉中分离到的甾醇就有近 20 种,其构型分为麦角甾醇类和胆甾醇类两种类型,含有麦角甾醇、麦角甾醇棕榈酸酯、胆甾醇、β-谷甾醇和各种甾醇类的异构物。甾醇类化合物大都是激素的前体物,具有恢复衰老机体、增强激素分泌能力、调节内分泌作用、恢复机体生命活力、增强心肌收缩能力、抗疲劳、提高机体抗病能力、抗缺氧能力和对神经具有保护作用。

（五）生物碱类化合物

灵芝中的生物碱含量较低,有胆碱、甜菜碱及其盐酸盐、灵芝碱甲、灵芝碱乙、菸酸等 5 个新的生物碱。灵芝总碱明显增加麻醉犬的冠状动脉血流量,降低冠脉阻力及心肌耗氧量,提高心肌对氧的利用率;γ-三甲胺基丁酸在窒息性缺氧模型中有延长存活期的作用,能使离体豚鼠的心脏冠流增加。灵芝碱甲、灵芝碱乙具有抗炎作用;甜菜碱在临床上可和 N-胍基甘氨酸协同治疗肌无力。

（六）脑苷及多肽、氨基酸类化合物

脑苷类化合物对 DNA 聚合酶复制有抑制活性作用。灵芝多肽类化合物包括中性多肽、酸性多肽、碱性多肽，多肽类化合物水解为天冬氨酸、谷氨酸、精氨酸、酪氨酸、亮氨酸、丙氨酸、赖氨酸等多种氨基酸，试验证明可以提高小鼠窒息性缺氧存活时间。

（七）灵芝的其他有效成分

呋喃类衍生物：分别为 5-羟甲基呋喃甲醛、5-乙酰氧甲基呋喃甲醛等；氢醌类化合物：对革兰阳性和阴性菌均有抑制作用；有机酸、长链烷烃类化合物：包括硬脂酸、棕榈酸、花生酸、二十二烷酸、二十三烷酸、二十四烷酸，以及甘露糖和海藻糖等。油酸具有抑制肥大细胞释放组胺、膜稳定、抗过敏作用；薄醇醚、孢醚可使肝脏再生能力增强。

二、 灵芝的药理作用

现代药理实验研究表明，灵芝的药理作用广泛而确切，主要包括：通过增强免疫，提升机体的抗肿瘤能力，抑制肿瘤细胞转移和分化；增强体液和细胞免疫功能，实现免疫双向调节；清除自由基，实现抗氧化和延缓衰老；对神经系统的镇静、镇痛、催眠作用，保护脑和促进神经再生，改善学习与记忆障碍；抗缺氧与保护心肌，强心降血压，抗血小板凝聚和调节血脂的作用；镇咳平喘祛痰、抗溃疡和保护肝脏、调节内分泌和血糖作用；保护射线与化疗损伤，保护免疫性肌损伤，抑制人类获得性免疫缺陷病毒等。

（一）抗肿瘤

灵芝的抗肿瘤作用机制比较复杂，国内外对此研究持续而深入，文献报道也较多。灵芝的抗肿瘤作用主要由灵芝多糖和灵芝三萜两种成分发挥功效。

1. 灵芝多糖具有很强的抗肿瘤活性,是灵芝抗肿瘤作用的主要化学基础。
研究表明,灵芝多糖抗肿瘤的作用途径主要从以下几方面进行:一是增强人体免疫功能,促进免疫球蛋白的形成,提高机体免疫调控和抗肿瘤作用。包括:活化巨噬细胞,升高白细胞,诱导或促进巨噬细胞的吞噬作用;增强 T 细胞及自然杀伤细胞的活性,提高淋巴细胞的转化率,活化淋巴细胞;二是影响肿瘤细胞的信号传导,抑制肿瘤细胞的核酸和蛋白质合成。多糖又是细胞壁的组成成分,可强化正常细胞抵御致癌物的侵蚀;三是抑制肿瘤细胞的黏附移动和肿瘤血管的新生、促进肿瘤细胞的分化;四是增强机体对放疗化疗的耐受性,促进细胞因子的分泌,活化补体等。另有研究表明,多糖还可抑制变态反应介质的释放,从而阻断非特异性反应的发生,因此可抑制手术后癌细胞的转移。

据张群豪等研究:灵芝多糖(GL-B)能显著抑制小鼠移植性肉瘤 S180 的生长;将 GL-B 直接加入人急性早幼粒白血病细胞(HL60)体外培养不能抑制其生长,也无诱导其凋亡的作用;将 GL-B 与小鼠腹腔巨噬细胞和脾细胞共同培养,能显著抑制 HL60 细胞生长,并诱导其凋亡,培养的上清液中的肿瘤坏死因子 α、干扰素 γ 水平显著升高,并显著促进其 mRNA 的表达。由此证明,GL-B 无直接抗肿瘤作用,其抗肿瘤作用是通过促进肿瘤坏死因子 α、干扰素 γ、mRNA 表达,增加肿瘤坏死因子 α、干扰素 γ 的分泌而实现的。灵芝水提取物或多糖还可增强巨噬细胞以及自然杀伤细胞(NK 细胞)的细胞毒性。据闵三弟等研究报道:以灵芝子实体热水提取分离的灵芝多糖,对 Lewis 肺癌和结肠癌具有较强的抑制生长的活性,并能增强正常小鼠腹腔巨噬细胞的吞噬作用和荷瘤小鼠自然杀伤细胞活性,从而提高机体免疫功能。据侯家玉研究报道:灵芝多糖可显著抑制黄曲霉毒素 B(AFB)诱发的大鼠肝癌发生率,且可明显抑制小鼠移植性肉瘤 S180 的生长;与环磷酰胺合用,可显著抑制黑色素瘤的转移,其抗癌作用机制以拮抗肿瘤免疫抑制作用,多方面有效地促进荷瘤小鼠非特异性抗肿瘤免疫反应为主。林志彬研究指出:灵芝多糖有促进小鼠树突细胞成熟的功能。把小鼠骨髓的树突细胞、肿瘤细胞与灵芝多糖加在一起,结果发现:不仅树突细胞能迅速诱导细胞毒性 T 细胞的分泌,灵芝多糖还能增加"毒杀性细胞"的细胞毒性,促其分泌更多的干扰素 α 和颗粒酶 B。张红等研究灵芝水煎剂对肝癌腹水瘤细胞系的影响,提示灵芝降低肿瘤对抗癌药的耐药性,降低瘤变标志酶活性,有可能促进细胞正常分化。

2. 灵芝三萜具有细胞毒作用,能通过诱导肿瘤细胞凋亡、抑制肿瘤细胞增殖而达到抗肿瘤的目的。灵芝中抗肿瘤另一主要化合物是灵芝三萜,可能通过直接抑制或杀灭肿瘤细胞而发挥抗肿瘤作用。据郑琳等研究报道:灵芝菌丝体三萜对各种癌细胞的生长有抑制作用,并能诱导肿瘤细胞发生凋亡,对皮肤癌和肝癌的抑制效果尤其显著。据 Yang XL 研究报道:灵芝孢子粉醇提取物对人宫颈癌 Hela 细胞、人肝癌 HepG2 细胞、人胃癌 SGC-7901 细胞、人白血病 HL-60 细胞和小鼠白血病 L1210 细胞等均有较强的杀伤能力。

(二) 免疫调节

灵芝对人和动物的免疫功能具有广泛的作用,主要是增强机体非特异性免疫、体液免疫、细胞免疫功能,促进免疫细胞的产生,改善免疫功能。大量的体内外实验表明,灵芝多糖能促进树突状细胞(DC)成熟并增强其激发的免疫反应,促进非特异性免疫,增强单核巨噬细胞系和自然杀伤细胞功能,促进脾淋巴细胞增殖、脾淋巴细胞 DNA 的合成。在免疫抑制剂氟尿嘧啶、丝裂霉素和阿糖胞苷等存在下,能拮抗其对淋巴细胞的抑制作用,增强细胞毒 T 细胞功能。此外,还可以促进免疫细胞因子的产生,减缓免疫功能的衰退。灵芝多糖在体外能够非特异性刺激 B 细胞发生母细胞转化和进一步分裂增殖,诱导产生出应答增殖和(或)免疫球蛋白分泌。

据 Chien 等研究:从灵芝水提取物中分离得到含岩藻糖的多糖肽组分 F3(10~100 微克/毫升),体外作用于人脐血单个核细胞。培养 7 天后,CD14＋、CD26＋单核/巨噬细胞,CD83＋、CD1a＋树突细胞和 CD16＋、CD56＋自然杀伤细胞,较对照组分别增加了 2.9、2.3 和 1.5 倍,并且自然杀伤细胞的细胞毒活性提高了 31.7％,而 B 细胞没有明显变化。

据林志彬等研究:对小鼠腹腔注射灵芝多糖 GL-B(25~100 毫克/千克)共 4 天,可明显增强小鼠脾细胞对脂多糖(LPS)刺激的增殖反应,当灵芝多糖 GL-B 为 100 毫克/千克时,脾细胞增殖反应较对照组增加 84.8％,表明灵芝多糖 GL-B 可增强 B 细胞对脂多糖刺激的敏感性。据 Xia D 等研究报道:灵芝多糖 BN3A、BN3B 与 BN3C 均能显著促进刀豆素(ConA)诱导的小鼠脾淋巴细胞增殖反应,可见灵芝多糖对 T 细胞增殖有促进作用,从而加速免疫应答过程。

无论体内或体外研究都证明,适量的灵芝热水提取物可以直接刺激淋巴细胞繁殖,高浓度则产生抑制。静止的 T 细胞,或为亚适剂量 ConA 轻度激活的细胞,灵芝可以增强 ConA 的刺激而高度激活抑制淋巴细胞增殖。对于由环磷酰胺引起的免疫低下小鼠,灵芝则能对抗环磷酰胺的免疫抑制作用,进而促进淋巴细胞增殖。但是灵芝在体外对于脂多糖诱导的淋巴细胞增殖并无刺激作用。

灵芝通过影响免疫细胞因子的合成和分泌而影响机体免疫功能,对肿瘤坏死因子、干扰素及白细胞介素等有着积极的影响。据有关文献研究报道:用 3 种不同相对分子量的灵芝多糖 BN3A、BN3B 和 BN3C(0.05～1 微克/毫升),均可显著增加 ConA 诱导小鼠脾细胞产生白细胞介素-2(IL-2),并可部分拮抗环孢素 A 和氢化可的松对小鼠脾细胞产生白细胞介素的抑制作用。

灵芝延缓衰老的传统医学理论得到现代研究证明,灵芝对衰老所致的免疫功能减退的传统医学依据来自扶正补益的原理。灵芝对免疫功能被抑制的恢复作用确切。

（三）抗氧化和清除自由基

大量研究表明,灵芝具有抗氧化与清除自由基的作用,能保护细胞,抗氧化脂质生成,这一作用与灵芝防治衰老、肿瘤、心血管疾病、炎症及自身免疫病等功效有关,也是灵芝不同药理作用的共同靶点。

据邵红霞等研究:灵芝水煎剂(1 克/千克)连续灌胃 3 周,能显著降低大鼠心肌、脑、血浆脂质中过氧化物丙二醛(MDA)的含量,并显著增加脑和血的超氧化物歧化酶(SOD)活性。灵芝还可显著降低大鼠脑组织的脂褐素含量。给小鼠静脉注射四氧嘧啶(75 毫克/千克)引发氧自由基损伤后,腹腔注射灵芝多糖肽(GLPP)50 毫克/千克、100 毫克/千克、200 毫克/千克和 400 毫克/千克,共 20 天,可使血清和心肌匀浆的脂质过氧化产物丙二醛水平下降,谷胱甘肽过氧化物酶(GSH-Px)升高。灵芝多糖肽会使低密度脂蛋白的氧化修饰减少,氧化产物的 REM 降低。表明灵芝多糖肽具有体内外抗氧化作用,抗氧化作用与清除氧自由基或提高谷胱甘肽过氧化物酶水平有关。

据游育红、林志彬研究：灵芝多糖肽在体内外对叔丁基氢过氧化物(tBOOH)和四氧嘧啶所致小鼠腹腔巨噬细胞的氧化损伤有保护作用。光镜和电镜结果可见,注射灵芝多糖肽可提高细胞存活率,抑制巨噬细胞变性和坏死,保护细胞膜微绒毛和细胞器(如线粒体)免遭叔丁基氢过氧化物损伤,并使因自由基损伤而降低的巨噬细胞线粒体膜电位恢复。另外,静脉注射四氧嘧啶(75 毫克/千克)或体外加入叔丁基氢过氧化物(7.76×10^{-5} 摩尔/升),均可造成小鼠腹腔巨噬细胞的氧化损伤,使巨噬细胞的荧光密度增加。给小鼠灌胃灵芝多糖肽或将其加入体外培养巨噬细胞中,均可使巨噬细胞荧光密度减少,损伤减轻。共聚焦显微镜时间系列扫描显示,随时间改变,灵芝多糖肽可减少静息状态下小鼠腹腔巨噬细胞的荧光密度,也可减少由丙二醇甲醚醋酸酯 PMA(50 纳摩/升)诱导呼吸爆发状态下小鼠腹腔巨噬细胞荧光密度。

据邵华强等研究：灵芝超微粉灌胃能增强老年小鼠血中超氧化物歧化酶的活力,降低血中脂质过氧化物丙二醛的含量;还能延长果蝇的寿命,具有延缓衰老的作用。据巩菊芳等研究报道：血虚动物实验结果表明,灵芝也能显著提高血虚小鼠所测器官中超氧化物歧化酶的活性。

(四) 对放射线和化疗药损伤的保护研究

灵芝对放射线损伤有保护作用,有抗化疗药物损伤作用,改善机体状态。据Kubo 等研究报道：在 X 线照射前,给 B6C3F1 小鼠饲喂含灵芝菌丝体水提取物(MAK)5%、2.5%和1.25%的基础饲料 1 周,在剂量率为 2 戈瑞/分钟 X 线 7 戈瑞照射后,与仅给基础饲料的对照组比较,5%灵芝菌丝体水提取物可显著延长小鼠的存活时间。在剂量率为 4 戈瑞/分钟 X 线 8、10、12 戈瑞照射后,5%灵芝菌丝体水提取物可显著增加小肠隐窝腺的活率。研究表明,灵芝菌丝体水提取物对B6C3F1 小鼠 X 线照射损伤具有保护作用。

据林志彬等研究：在 ^{60}Coγ 射线照射前给小鼠灌胃灵芝液(10 克生药/千克)20 天,照射后继续给药 2 周,能显著降低动物死亡率,延长动物的平均存活时间。每日给小鼠腹腔注射灵芝多糖 D$_6$(74 毫克/千克),7 天后可使 ^{3}H-亮氨酸、^{3}H-胸腺嘧啶核苷和 ^{3}H-尿嘧啶核苷渗入骨髓细胞蛋白质、DNA 和 RNA 的渗入量分别较对照组增加了28.5%、43.3%和48.7%。说明灵芝多糖能促进骨髓细胞蛋白质、核酸的合成,加速骨髓细胞的分裂增殖,从而发挥抗放射线损伤作用。给异食癖大鼠腹腔注射顺铂,24、48、72和96小时后,异食癖大鼠摄食高岭土明显增加,反映出顺铂会引起恶心与呕吐作用。给异食癖大鼠注射1毫克/千克、3毫克/千克和10毫克/千克灵芝提取物,可剂量依赖性地减少顺铂引起的摄食高岭土增加。此外,灵芝提取物还可剂量依赖性改善顺铂引起的大鼠摄食减少,改善机体状态。

(五) 对各生理系统的药理作用

1. 对心血管系统的作用

灵芝提取物有明显的强心作用,能加强心肌的收缩力,使心肌收缩振幅和心排出量增加;能提高心肌细胞耐缺氧能力,改善冠状动脉血循环,增加冠状动脉供血流量;能增加心肌营养性血量,改善心肌微循环,预防心肌梗死形成。据有关文献报道:灵芝酊、灵芝菌丝体乙醇提取液、灵芝发酵浓缩液和灵芝菌丝体发酵液对正常离体蟾蜍心脏和戊巴比妥钠中毒的离体蟾蜍心脏均有明显的强心作用,对后者作用尤为显著。据李云等研究报道:灵芝对病毒性心肌炎具有保护作用,能抑制病毒所致的心肌细胞凋亡,其机制与下调Fas/FasL蛋白表达有关。

灵芝能降血脂和抑制胆固醇合成,能改善肾上腺皮质功能,预防冠状动脉粥样硬化形成。据Shiao等研究:在大鼠的高胆固醇饲料中加入灵芝菌丝体,可显著降低血清和肝脏中胆固醇和三酰甘油的含量,并指出其有效成分是三萜类,主要是灵芝酸,可抑制食物中的胆固醇吸收。据陈伟强等研究报道:给高脂血症大鼠每天灌胃灵芝多糖(200毫克/千克、400毫克/千克、800毫克/千克),共30天,能明显降低大鼠血清总胆固醇(TC)、三酰甘油(TG)和低密度脂蛋白胆固醇(LDL-C)浓度,使高密度脂蛋白胆固醇(HDL-C)浓度升高,并明显提高血清谷胱甘肽过氧化物酶(GSH-Px)和超氧化物歧化酶(SOD)活性,降低血清脂质过氧化物(LPO)浓度。证明灵芝多糖能调节大鼠高脂血症的脂代谢和增强抗脂质过氧化作用。据杜先华等研究报道:用体外培养的大鼠胸主动脉血管平滑肌细胞(VSMC),观察灵芝注射液(生药0.2克/毫升)的抗脂质过氧化作用。结果显示,灵芝注射液能显著降低脂质过氧化物的含量,增强超氧化物歧化酶活性。表明灵芝对大鼠胸主动脉血管平滑肌细胞有抗脂质过氧化作用,其抗动脉粥样硬化作用机制可能与其拮抗脂质过氧化反应、增强抗氧化酶活性有关。

灵芝对血压既能升又能降,具有双向调节作用。俄罗斯科学院西伯利亚分院迈克尔博士研究报道:灵芝提取物可以调节高血压患者的血压值,并改善身体状况,会使大脑血液供应充足。据 Morigiwa A 等研究报道:从赤芝 70%乙醇提取物中分离出来的 8 种灵芝三萜,具有体外抑制猪肾血管紧张素转化酶(ACE)活性的作用,血管紧张素转化酶的高活性是高血压发病的重要因素,因此推断灵芝三萜可能具有体内降血压的作用。

2. 对神经系统的作用

灵芝具有镇静、催眠作用。据魏怀玲等研究报道:灵芝孢子粉水提物皮下注射,可明显延长小鼠注射戊巴比妥钠和巴比妥钠后的睡眠时间,且有剂量效应关系;诱导注射阈下剂量戊巴比妥钠的小鼠快速入睡;可明显减少小鼠的自主活动,对小鼠中枢神经系统具有镇静催眠效果。

灵芝对脑组织损伤具有保护作用,对缺血性脑损伤、老年痴呆和帕金森病的神经元变性、糖尿病引发的脑病变等都有一定的保护作用。夏一鲁等在大鼠脑梗死前后分别灌服灵芝水溶性提取物,观察梗死体积、病理及超微结构的改变,同时观察灵芝水溶性提取物对小鼠缺氧及疲劳耐受能力的影响。结果表明,预防性治疗组较梗死后治疗组梗死体积更小,组织病理学改变更轻;灵芝水溶性提取物可增强小鼠对缺氧及疲劳耐受能力。说明灵芝水溶性提取物对大鼠脑缺血性损坏具有预防性保护作用。赵洪波、林志彬等研究报道:从灵芝子实体中分离出灵芝总甾醇 GS 及其有效成分 GS_1,给大鼠灌胃 GS 50 毫克/千克和 100 毫克/千克,发现能明显降低大鼠脑梗死体积、脑水肿和神经行为学评分,减轻受损大鼠皮质脑组织的病理改变,抑制脑组织中脂质过氧化产物丙二醛的生成,提高超氧化物歧化酶的活性,提示其作用机制可能与抗氧化损伤有关。

灵芝多糖能显著增加损伤神经元的存活率,促进神经再生。据杨海华等研究报道:脂多糖立体定向注射到大鼠脑黑质中,每天灌胃灵芝孢子粉 400 毫克/千克,共给药 14 天。灵芝孢子粉能有效改善脂多糖所致大鼠的旋转行为,增加中脑黑质酪氨酸羟化酶阳性细胞的数量和酪氨酸羟化酶 mRNA 的表达,减少黑质多巴胺对神经元的损伤。据张伟等研究报道:灵芝孢子和云芝能提高大鼠脊髓受损伤运动神经元的存活率,灵芝孢子能够促进大鼠坐骨神经切断和再吻合后的脊髓受损伤运动神经元轴突再生。

灵芝能改善学习与记忆。据宋明杰、孙巍巍等研究报道:松杉灵芝 1-羧基-3-甲基-9,10-蒽醌和水层、甲醇粗提物均具有提高小鼠学习记忆能力的作用。据张跃平研究报道:灵芝多糖能明显改善阿尔茨海默病(AD)大鼠模型低下的空间学习记忆能力,对阿尔茨海默病大鼠模型学习记忆能力有增强和提高作用。

3. 对呼吸系统的作用

灵芝具有镇咳平喘作用。有关文献显示:腹腔注射灵芝水提液、乙醇提取液 A 和恒温渗滤液、灵芝菌丝醇提液、灵芝发酵浓缩液均有明显的镇咳作用,使氨水刺激小鼠引咳的潜伏期延长,或使咳嗽次数显著减少。灵芝酊、灵芝液、灵芝菌丝体乙醇提取液及浓缩发酵液,能抑制组胺引起的豚鼠离体气管平滑肌收缩。灵芝菌丝体发酵液除拮抗组胺外,还能拮抗乙酰胆碱和氯化钡引起的豚鼠离体气管平滑肌收缩。预先给哮喘豚鼠模型腹腔注射灵芝酊或灵芝液(5~10 克/千克)、灵芝菌丝体乙醇提取液(3.75 克/千克)及灵芝发酵浓缩液(5 毫升/千克),可使豚鼠喘息发作潜伏期显著延长,并减轻或抑制组胺诱发的喘息。

灵芝具有抗炎脱敏的作用。据 Liu 等研究报道:给 Balb/c 小鼠腹腔注射重组屋尘表皮螨免疫。随后,每天鼻内给予天然的 Dp2 1.8 微克/6 毫升或口服灵芝(LZ)1 毫克/100 微升;或两者并用。在免疫后 28 和 35 天,用 rDp2 气管内攻击。在第二次攻击后 30 分钟和 24 小时,检测对氨甲胆碱诱发的气道高反应性。在免疫后 37 天检测末梢血中 $CD4^+$ 细胞以及气管肺泡灌洗液中干扰素 γ 的浓度。结果显示,Dp2 和灵芝均可减少气道中的炎症细胞渗出,Dp2 可使 $IL-5^+$/$CD4^+$ 细胞减少,干扰素 γ/$CD4^+$ 细胞增加。灵芝可增加 $IL-5^+$/$CD4^+$ 细胞和 IFN-g/$CD4^+$ 细胞。Dp2 对血清 IgG1 和 IgG2a 的产生均无明显影响,而灵芝可使血清 IgG1 产生明显减少,而 IgG2a 产生明显增加。治疗后检测肺功能,可见 Dp2 能明显抑制氨甲胆碱诱发早期气道高反应性,但对晚期气道高反应性无显著抑制。灵芝与 Dp2 合用时,对晚期气道高反应性有显著抑制作用。

4. 对消化系统的作用

灵芝能修复受损黏膜上皮细胞,保护胃黏膜损伤,抗消化性溃疡。据 Gao

YH 等研究报道,发现灌胃给予灵芝多糖(GL-PS)250 毫克/千克或 500 毫克/千克,可使吲哚美辛所致大鼠溃疡的损伤修复,并能显著抑制 TNF-α 基因表达,从而使鸟氨酸脱羧酶(ODC)活性增加。当实验动物灌胃给予灵芝多糖后,可在胃内形成一层黏液膜,对胃黏膜局部损伤产生暂时性直接保护效应作用。据郭家松等研究报道,小鼠无水乙醇灌胃,可导致较严重的胃溃疡发生,而喂服灵芝孢子粉和灵芝孢子蜂胶的小鼠,能有效抑制胃溃疡的发生与胃黏膜的损伤,提示灵芝孢子粉与灵芝孢子蜂胶对乙醇性急性胃溃疡形成的抑制方面均有显著的作用。

　　灵芝能抑制肝炎病毒,改善肝纤维化,对化学性肝损伤、免疫性肝损伤都具有保护作用,对多种肝损伤生物标志酶具有正向影响。有关文献证实,灵芝粗提物及其多糖类、糖蛋白或三萜类等多种活性有效成分,均能不同程度减轻四氯化碳(CCl₄)引起的肝功能损害,加强肝脏代谢药物(毒物)的功能,降低血清丙氨酸氨基转移酶(ALT),减轻肝小叶炎症细胞浸润,促进肝细胞再生。据张文晶等研究报道:与 α-萘异硫氰酸酯肝损伤模型组比较,灵芝三萜能明显提高胆汁淤积大鼠的胆汁流量,可不同程度地降低丙氨酸氨基转移酶、天冬氨酸氨基转移酶、总胆红素、碱性磷酸酶、γ-谷酰胺转肽酶活性和丙二醛含量,升高超氧化物歧化酶活性;肝脏病理组织学检查表明,灵芝三萜能明显减轻肝细胞变性、坏死和肝小胆管增生;灵芝三萜具有降低实验性胆汁淤积大鼠血清胆红素、转氨酶和改善肝组织损伤的作用,其作用机制可能与抗氧化作用有关。据 X. J. Yang 等研究:灵芝菌丝体中提取的水溶性蛋白多糖(GLPG)使四氯化碳损伤的肝组织得到一定恢复,部分肝细胞内出现了双核结果,说明水溶性蛋白多糖可促进肝细胞损伤后的再生。据 Li YQ 等研究报道:灵芝培养液中提取的灵芝酸(GA)具有体外抗乙肝病毒(HBV)活性。据 Park 等研究:在结扎并切断胆管诱发肝纤维化的大鼠,灵芝多糖可降低其血清天冬氨酸氨基转移酶(AST)、血清丙氨酸氨基转移酶和总胆红素(ALP),还能减少肝脏的胶原含量,使肝纤维化的形态学改变获得改善,表明灵芝多糖具有抗大鼠肝纤维化的作用。

5. 对内分泌系统的作用

　　灵芝及其制剂具有调节血糖,改善糖尿病合并症的效果。灵芝通过调节肝脏糖酵解、修复胰岛细胞、促进胰岛 β 细胞分泌胰岛素、刺激糖代谢通路中有关酶的活性而影响血糖。据张慧娜研究:灵芝多糖(Gl-PS)能直接促进体外培养胰岛 β

细胞分泌胰岛素。据德国《植物药疗法与植物药理学国际期刊》报道：灵芝水提取物能抑制肝脏解糖酵素基因,减缓肝脏葡萄糖的新生,使高血糖现象得到改善。

据 Jung 报道：平盖灵芝的甲醇和水提取物在体外可明显抑制糖尿病大鼠晶状体醛糖还原酶。除明显抑制血糖水平外,灵芝的甲醇和水提取物减少山梨醇在链脲霉素诱导的糖尿病大鼠晶状体、红细胞和坐骨神经中的堆积。醛糖还原酶(PLAR)是多元醇通路的关键酶系,在糖尿病并发症中起着重要作用。提示平盖灵芝的甲醇和水提取物可能具有抗糖尿病和抑制糖尿病并发症的作用。

据张玲芝等研究：每天灌胃灵芝多糖 0.1～0.4 克/千克,对四氧嘧啶糖尿病大鼠有明显降低血糖和升高胰岛素的作用。随着剂量的增加,血糖降低和胰岛素升高的幅度也显著增大。灵芝多糖还能使四氧嘧啶糖尿病大鼠降低的肝脏葡萄糖激酶活性明显升高。中剂量组每天 0.2 克/千克、高剂量组每天 0.4 克/千克灌胃灵芝多糖,对四氧嘧啶诱导的糖尿病大鼠胰岛形态学损伤具有一定的修复作用,胰岛内免疫反应糖尿病细胞的数目明显增多,且糖尿病反应颗粒着色深。提示灵芝多糖可能是通过不同程度修复胰岛细胞,从而促进胰岛素分泌,直接加强葡萄糖在体内的有氧代谢过程。

三、 灵芝的疗效作用

在临床上,灵芝及其制剂主要应用于辅助肿瘤的化疗放疗,辅助治疗慢性支气管炎与哮喘、神经衰弱、失眠、高脂血症、高血压、糖尿病、肝炎等疾病,还可用于中老年与亚健康人群的保健。

（一）辅助治疗肿瘤

肿瘤是一大类疾病的统称,通常分为良性肿瘤和恶性肿瘤两大类。恶性肿瘤疾病的共同特征是体内某些细胞丧失了正常调节功能,出现了无节制的生长和分化,并发生局部组织浸润和远处转移。我国是恶性肿瘤高发地区。根据 2013 年统计,中国年新增肿瘤发病和死亡数分别占全球总量的21.9% 和 26.8%。2019

年统计,我国恶性肿瘤死亡占居民全部死因的 23.91%,近 10 年恶性肿瘤发病率每年保持 3.9% 的增幅,病死率每年保持 2.5% 的增幅。恶性肿瘤发病率前 10 位为肺癌、胃癌、食管癌、肝癌、结肠癌、乳腺癌、宫颈癌、脑肿瘤、胰腺癌、甲状腺癌,占全部的 76.70%。男性最常见最高发的恶性肿瘤是肺癌,其次是胃癌、肝癌、直肠癌、食管癌;女性发病首位为乳腺癌,其他主要高发恶性肿瘤依次为肺癌、结直肠癌、甲状腺癌、胃癌。

灵芝制剂抗肿瘤的功效屡为临床应用证实。有关文献显示,灵芝制剂可提高肿瘤患者免疫功能,增强机体抗肿瘤免疫力;减轻抗肿瘤治疗引起的白细胞减少,改善血液功能;提高肿瘤患者对放化疗的耐受性和疗效,减轻肿瘤患者放化疗所致严重不良反应。实践证明灵芝对胃癌、食管癌、肺癌、肝癌、膀胱癌、肾癌、大肠癌、前列腺癌、子宫癌等有较好的辅助治疗效果。灵芝还能改善肿瘤患者体质、缓解症状,大多肿瘤患者服用灵芝或灵芝孢子(破或不破壁)后,疼痛显著减轻,食欲、睡眠得以改善,低热、咳嗽、胸闷、便溏等症状明显好转,肿瘤生长得到抑制,免疫功能恢复,精神、体力、生存质量提高,生命期得到延长。灵芝还能减轻放疗、化疗的不良反应,使化疗、放疗进行到最后 1 个疗程,提高放疗化疗的效果。

1. 灵芝口服液辅助化疗治疗恶性血液病患者 66 例。詹晶明等选取 66 例恶性血液病患者,包括白血病 20 例、慢性粒细胞白血病 25 例、恶性淋巴瘤 17 例、慢性骨髓瘤 4 例。在化疗开始前服用灵芝口服液,直至放疗结束。结果:完全缓解(CR)76.0%、部分缓解(PR)12.0%,总有效率 88%,而单用化疗的 CR 56.2%。

2. 灵芝合剂配合单纯放射治疗明显抗肿瘤 198 例。原第四军医大学唐都医院放射科报道,对 198 例食管癌患者在放疗时结合用灵芝蚯蚓提取物复方制剂治疗。病例 198 例(男 137 例,女 61 例),病程平均 3~5 年,病变直径均>5 厘米,高分化鳞癌 174 例,低分化鳞癌 20 例,腺癌 4 例。其中,单纯放疗 76 例,放射加服灵芝合剂 122 例。治疗方法:照射上界为病变处以上 3 厘米,下界为病变处以下 4 厘米,照射量为 1 次/天,每次 2 戈瑞,每周放射 5 次,总照射量为 64~74 戈瑞。灵芝组照射前一天开始服灵芝合剂(胶囊),每天 3 次,每次服 2 粒,每粒 0.4 克。

治疗结果:单放射组总缓解率(CR + PR)为 55.2%,MR 以上总计为 72.4%。灵芝加放疗组总缓解率为 63.9%,MR 以上为 90.2%,患者疼痛和呕吐等症状明显减轻,外周血白细胞和血小板数显著增加,吞噬细胞活性升高。中位生存时间:

综合治疗组 27.5 个月,单放疗组 14.7 个月,两者差别显著。1.3 年以上生存率:综合治疗组 78.1%,单放疗组 53.2%。

生存质量比较:综合治疗组生存质量提高者为 37.7%,单放疗组生存质量提高者为 19.7%。生存质量下降者综合治疗组为 9.0%,单放疗组为 30.3%。

外周血血象和巨噬细胞吞噬功能方面:综合治疗组外周血白细胞和血小板有升高趋势,未表现出明显毒副反应;单放疗组白细胞、血小板下降明显,表现出明显不良反应。巨噬细胞功能,综合治疗组比单放疗组略有提高。

结果分析:灵芝综合治疗组有效 45 例,总有效率 75%。单纯化疗组,有效 28 例,总有效率 63.3%。远期疗效:灵芝综合治疗组平均存活年数 3.76 年,其中存活 2.5 年 35 例,存活 9 年 22 例;对照组平均存活年数为 1.01 年,其中存活 2.5 年为 7 例,存活 4 年有 3 例。不良反应:对照组(单化疗组)呕吐、恶心 34 例,白细胞计数降至 $<3.0×10^9$/升者 13 例。灵芝综合治疗组,有 12 例有轻度恶心、纳呆,白细胞计数全部 $>4×10^9$/升。

3. 灵芝孢子虫草菌丝体粉辅助放疗、化疗改善机体功能状态 94 例。据余艺报道,试验肿瘤患者 94 例,男 56 例,女 38 例,年龄 18～76 岁;其中胃癌 4 例,结肠癌 6 例,直肠癌 5 例,肝癌 9 例,鼻咽癌 10 例,肺癌 24 例,乳腺癌 8 例,卵巢癌 9 例,子宫癌 6 例,脑瘤 2 例,白血病 1 例,其他癌 10 例。放疗、化疗时服用灵芝孢子虫草菌丝体粉,每粒胶囊含原料 0.3 克,每天服用 3 次,每次服 0.9～1.5 克,24 天为一个疗程,连服 2～4 个疗程。服用 3～7 天后,有部分患者出现头晕,皮肤瘙痒;大小便次数增多等情况;4～6 天后,这些反应消失,睡眠、精神、口渴好转,疲惫状态消失。疗效标准为:显效者服药 1 个疗程,精神状态和胃肠功能全部好转,放、化疗中无不良反应,白细胞计数 $<4×10^9$/升者升至正常范围;有效者服 1 个疗程后,精神状态和胃肠功能部分改善或全部改善,放化疗中仅有恶心,能坚持完成规定疗程,白细胞数计数 $<4×10^9$/升者升至正常范围;无效者服药 1 个疗程,精神状态和胃肠功能无明显改善或加重,放、化疗中有不良反应,没能完成规定疗程,白细胞数计数 $<4×10^9$/升。治疗结果:精神状态有效率 92.55%,胃肠功能改善率 91.49%,放化疗反应降低 88.30%,白细胞数上升 93.61%,总有效率为 91.49%。

（二）防治高脂血症

高脂血症是由于机体脂肪代谢或运转异常导致血浆一种或多种脂质高于正常的病变。一般讲，血中的脂蛋白与三酰甘油等的转运转化是双向的，内源性脂质与外源性脂质的平衡是动态的。极低密度脂蛋白(VLDL)产生过多或清除障碍以及转变成低密度脂蛋白(LDL)过多，平衡被打破，血浆脂质或低密度脂蛋白超过正常水平，就导致了高脂血症。高脂血症常为高脂蛋白血症，表现为高胆固醇血症、高三酰甘油血症或两者兼有。高血脂是很多疾病的致病危害因素，会引起众多的并发症。

灵芝等天然药物和食品具有较好的降血脂作用。灵芝调节血脂的机制有以下几方面的特点。

一是灵芝多糖抑制胆固醇的吸收与合成，降低血清中胆固醇和低密度脂蛋白、肝中三酰甘油含量，从而逐渐把低密度胆固醇等转化、溶解、排出体外。

二是降低全血和血浆黏度及血清脂质过氧化物的浓度，消除血栓并改善血流变学障碍。灵芝能调节血脂并提高血液的纤溶能力，溶解血液中的血小板和过敏等引起的免疫复合物，从而降低血黏程度和解除血栓。

三是灵芝多糖抑制低密度胆固醇氧化，减轻由人糖化白蛋白诱导的细胞黏附分子表达，减轻单核细胞对血管内皮细胞的黏附作用，从而防范动脉硬化的形成。

四是灵芝三萜能抑制胆固醇的吸收与合成，从而降低血胆固醇浓度。

灵芝制剂与常规降血脂药合用有协同增效作用，灵芝的保肝护肝作用可防止和减轻这类降脂药引起的肝损伤。

临床疗效举例。

1. 灵芝糖浆治疗高胆固醇血症 120 例。四川抗菌工业研究所报告，选取确诊为冠心病并伴高血压高胆固醇血症患者、血浆胆固醇高于 200 毫克/100 毫升其他病患者 120 例，给服液体发酵灵芝糖浆 4～6 毫升，每天 2～3 次，连服1～3 个月。结果：显效 55 例，占 46%；中效 31 例，占 26%；低效 17 例，占 14%；总有效率 86%。有效病例多在用药 1 个月后即有较明显下降，少数在 2～3 个月后下降，停药后复检胆固醇值多数保持疗效，相关症状有改善。

2. 灵芝调脂灵治疗高脂血症 160 例。据邢家骝报道,观察 160 例高脂血症灵芝调脂降脂疗效,其中男性 111 例,女性 49 例;年龄 37～86 岁,平均 58 岁;合并冠心病高血压 4 例,单纯高脂血症 117 例。均患高脂血症半年以上,经饮食控制、适度运动、服降脂药仍超标。给予灵芝调脂灵(赤芝加枸杞子)每次 50 毫升,每天 2 次,1 月为 1 个疗程,多数服 2 个疗程。结果:160 例中,总胆固醇降低 71.4%,低密度脂蛋白降低 71.4%,三酰甘油降低 48.4%,高密度脂蛋白升高 82.5%;对部分患者有降血压、血糖和丙氨酸氨基转移酶的作用。黄卫祖和景爱萍也报道,证实灵芝调脂灵治疗高脂血症 30 例,降低总胆固醇总有效 76.7%,降低三酰甘油总有效 73.4%。

3. 灵芝合剂治疗高血脂高血压老年患者 20 例。原上海电业职工医院试验,用灵芝合剂治疗高血脂、高血压老年患者 20 例,连服 3 个月,结果有 55%患者血压下降,收缩压平均下降 2.4 千帕,舒张压平均下降 1.87 千帕;胆固醇平均下降为 (1.13±0.05)毫摩/升,下降率为 17.36%,有效率为 80.7%;高密度脂蛋白平均上升(0.079±0.027)毫摩/升,有效率为 79.4%。

(三) 防治冠心病

冠心病是冠状动脉粥样硬化性心脏病的简称,又称缺血性心肌病。是指因冠状动脉发生动脉粥样硬化狭窄或阻塞狭窄等器质性改变,以及在此基础上合并动力性血管痉挛及血栓形成,引起冠状动脉供血不足、心肌缺血缺氧或心肌坏死等功能障碍和器质性病变的一种心脏病。冠心病分为无症状心肌缺血(隐匿性冠心病)、心绞痛、心肌梗死、缺血性心力衰竭、猝死 5 种临床类型。长期服灵芝制剂等可防止冠心病的发生,虽起效缓慢但效果稳定,是防治心血管疾病较为理想的药物。

灵芝防治冠心病具有以下特点。

一是灵芝制剂能增强心脏功能,提高心肌对缺氧的耐受力和抵抗力。使用灵芝制剂可缓解或减轻心绞痛症状,可以减少抗心绞痛药的用量,甚至可免于使用。

二是灵芝制剂可增加冠脉流量,改善心肌微循环。使心肌缺血状况好转,心电图改善,此变化与减轻冠心病心绞痛症状的疗效存在平行效应。

三是灵芝制剂有降血脂、降血黏度的作用,能程度不等地降低血清胆固醇、三酰甘油和低密度脂蛋白;能抑制血小板聚集,防止血栓形成。使用灵芝制剂后全血黏度和血浆黏度降低,从而改善了心脑血管疾病的血液流变学障碍。

四是灵芝制剂具有抗氧化和清除氧自由基的作用,能抑制血管内皮细胞生长因子(VEGF)的表达,抑制血管内皮细胞增殖,减轻血管内皮细胞的损伤。使用灵芝制剂后动脉粥样硬化的程度减轻,与化学合成降血脂药合用可提高疗效,能减轻这些药物引起的肝损伤。

五是灵芝具有镇静安神、镇痛解痉的作用,能提高机体对缺氧的耐受力。使用灵芝制剂后,患者原有的心悸、气紧、头痛、头晕、水肿等症状减轻或缓解,大多数患者的食欲、睡眠和体力也有明显的改善,不良反应少。

六是灵芝制剂防治冠心病存在一定的疗效剂量关系。在防治冠心病、心绞痛及高脂血症的临床实践中,已证实灵芝制剂的疗效与病情轻重、用药剂量、疗程长短等相关,一般病情轻中度患者疗效佳,剂量较大、疗程较长者疗效较好。

临床疗效举例。

1. 灵芝糖浆治疗冠心病 29 例。据原成都军区总医院三病防治办公室报道,用灵芝治疗 29 例冠心病患者。日服灵芝糖浆 3 次,每次 5～10 毫升,连服 20 天。结果:冠心病心绞痛的显效率为 24.1%,总有效率为 79.1%;对心电图缺血性改变有效率为 69.1%;血清胆固醇下降 0.54 毫摩/升以上者为 47.3%。

2. 灵芝胶囊治疗冠心病心绞痛伴高脂血症患者 46 例。据王慧珍等研究:46 例中,稳定心绞痛 31 例,不稳定心绞痛 15 例;单纯总胆固醇升高 18 例,单纯三酰甘油升高者 16 例;总胆固醇、三酰甘油都升高 12 例;46 例中高密度脂蛋白胆固醇降低者 11 例。所有患者停用扩血管药物,给予灵芝胶囊,每次 2 粒,每天 3 次,疗程 8 周。严重者必要时可给予硝酸甘油,并详细记录用法、用量与停减时间。疗效结果:显效(同等劳累程度不引起心绞痛或心绞痛次数与硝酸甘油用量减少 80% 以上)19 例,有效(心绞痛次数与硝酸甘油用量减少 50%～80%)14 例,无效(心绞痛次数或硝酸甘油用量减少不足 50%)13 例,总有效率(显效 + 有效)为 71.8%。心电图疗效结果:显效(静息 ECG 恢复正常)15 例;有效(下移 ST 段治疗后回升＞0.5 毫米,主要导联倒置 T 波变浅 50% 以上,或 T 波变平或直立)12 例;无效(治疗后 ECG 无明显改善)19 例,总有效率为 58.7%。治疗前硝酸甘油应用率为 34.8%,而治疗后应用率为 10.9%,前后相比有显著性差异。另外 8 周后治疗组血清中的总胆固醇、三酰甘油较治疗前明显降低,高密度脂蛋白胆固醇明显升高。且在治疗期间,未发现不良反应,对血尿常规、肝肾功能的安全性检测未发现不良反应,对血压与心率无明显影响。表明灵芝胶囊对冠心病、心绞痛与高血脂症具有一定的疗效。

3. 灵芝酊治疗冠心病心绞痛 39 例。据北京中医院东直门医院报道,39 例的治疗结果为:显效率为 43.5%,总有效率为 89.6%,无效者占 10.4%。根据中医分型计算疗效,灵芝对心气虚、心阳损耗型的有效率比其他型的有效率高。此外,患者的头痛、头晕、心悸、气短、胸闷、面色泛白、四肢冷凉、自汗、盗汗、五心烦热、失眠、食欲差等各方面均有明显的改善。

(四)防治高血压病

高血压是一种以动脉血压持续升高为特征,伴有进行性心血管损害和脑肾等功能性器质性异常的全身性疾病。高血压病是全球人类最常见的慢性病,是导致冠心病、脑血管意外、慢性肾脏疾病发生和死亡的最主要的危险因素。

灵芝制剂防治高血压病的机制有以下几点。

一是灵芝三萜能抑制血管紧张素转换酶,降低该酶活性,发挥降压作用;

二是灵芝制剂含有抗高血压的相关蛋白,对动脉、小动脉和毛细血管压有明显的降低作用,与常规降压药合用时有协同作用,使毛细血管口径增大,降低血和肝中胆固醇含量,降低全血和血浆黏度;

三是灵芝多糖具有抗氧化和清除氧自由基作用,使动脉平滑肌中过高的自由基降至正常水平,使降低的超氧化物歧化酶活性增强,使血压更易控制;

四是灵芝对胰岛素抵抗有干预作用,可调节原发性高血压患者毛细血管密度和血黏度。

五是灵芝制剂能改善高血压病患者自觉症状,协同常规降压药发挥应有疗效。

临床疗效举例。

1. 灵芝片辅助治疗难治性高血压病 40 例。据张国平等研究:40 例难治性高血压病患者在服用灵芝前已使用其他常规降压药 1 个月以上(如硝苯地平、巯甲丙脯酸、尼莫地平等),但大动脉血压仍在 18.6/12.0 千帕以上。治疗组 27 例,服用降压药和灵芝片,每次 2 片,每天 3 次,每片灵芝含提取物 55 毫克,相当于灵芝子实体 1.375 克;对照组 13 例,服用降压药和安慰剂,3 个月后,治疗组大动脉血压和毛细血管血压都下降,并且患者血黏度、血细胞比容和红细胞沉降率明显下降,甲襞微血管增多,血糖下降,由此认为灵芝与降压药合用,对治疗难治性高血压合并高血糖患者尤为合适。

2. 灵芝辅助治疗顽固性高血压病 40 例。据上海医科大学、徐州市第四人民医院和日本汉生医药研究所报道,给 40 例顽固性高血压患者在服用灵芝时加服降压药,疗程 3 个月。结果:大动脉血压、小动脉血压和毛细血管血压显著下降($P < 0.05$),并维持至正常血压水平。与此同时,微血管、微血流和微血管周围状态均有显著改善,并且毛细血管条数显著增加,口径扩大,流速加快($P < 0.05$)。由此表明:灵芝有增加脏器和组织的微循环流量,对组织和脏器有保护作用。

3. 灵芝片与降压药合用治疗原发难治型高血压病 40 例。据 Jin 报道:选取 40 例 II 期原发型高血压病患者,分析研究灵芝和降压药对血糖、血浆一氧化氮、微循环和血液流变学的影响。所有患者虽经 1 个月以上常规治疗(卡托普利加尼莫地平)无效,血压仍高于 140/90 毫米汞柱。27 名患者加用灵芝片 3 个月后,在动脉压、小动脉压和毛细血管压降低以及甲襞微循环明显改善的同时,5 种血液黏滞性参数均显著降低,且与服安慰剂的对照组有显著差异。结果指出,灵芝与降压药长期合用能显著降低难治性高血压患者的血压,减少并发症,如糖尿病。

(五)防治糖尿病

糖尿病是一种由于胰岛素分泌缺陷或胰岛素作用障碍所致的以高血糖为特征的代谢性疾病。其特点是慢性高血糖,伴胰岛素分泌不足或作用障碍,导致机体糖类、脂肪、蛋白质代谢紊乱;持续高血糖与长期代谢紊乱等造成全身多种组织器官的慢性损伤、功能障碍甚至衰竭,特别是眼、肾、心血管及神经系统等靶器官受损害最为典型;严重者可引起失水、电解质紊乱、酸碱平衡失调等急性并发症酮症酸中毒和高渗昏迷。近 30 年来,我国的糖尿病患病率显著增加,截至 2017 年,我国约有 1.14 亿糖尿病患者,患病率高达 11.6%,位居世界第一。

灵芝制剂协同防治糖尿病有以下作用机制和特点。

一是灵芝多糖具有抗氧化作用,抑制氧自由基增加和脂质过氧化反应,可保护胰岛 β 细胞,维持其胰岛素分泌功能的正常运行,提高血浆胰岛素水平,加快葡萄糖的代谢,促进外周组织和肝脏对葡萄糖的利用,从而使血糖降低。

二是灵芝具有免疫调节作用,灵芝多糖能明显降低自身免疫性糖尿病发生率,促进胰岛细胞葡萄糖转运蛋白 2(GLUT2)的蛋白表达,改善胰岛细胞的胰岛素分泌功能。同时,糖尿病患者的免疫功能改善,有助于防止糖尿病易发生的合并细菌和病毒感染。

三是灵芝提取物能调节血脂,降低全血黏度和血浆黏度,可改善心脑血管疾病患者的血液流变学障碍,在降血糖时延缓糖尿病血管病变,防范冠心病和肾病等合并症的发生。

四是灵芝多糖能抑制低密度脂蛋白氧化,抑制糖基化终末产物引起的血管内皮细胞黏附分子表达,从而抑制单核细胞对内皮细胞的黏附,减轻和延缓患者在高血糖和高血脂等病理因素下产生的血管病变,从而预防糖尿病血管合并症。

灵芝制剂可增强降血糖药的疗效,且可使一些应用降血糖药效果不明显或效果不稳定的状况好转。对于多数患者而言,灵芝制剂需与降血糖药合用,发挥协同作用,增强降血糖作用,降低降糖药对肝脏的损伤,减轻高血糖对靶器官的损害,延缓糖尿病血管病变,防范冠心病和肾病等合并症的发生。

临床疗效举例。

1. 灵芝提取物治疗 2 型糖尿病患者 71 例。据 Yihuai Gao 等研究报道,71 例 2 型糖尿病患者均符合 2 型糖尿病诊断标准。入组病例均为病程 3 个月以上,未用过胰岛素,年龄＞18 岁,心电图正常,未用过磺脲类者,空腹血糖为 8.9～16.7 毫摩/升,或用过磺脲类撤药前空腹血糖＜10 毫摩/升的患者。患者随机分为灵芝组和安慰剂组,灵芝组口服灵芝提取物 1 800 毫克,每天 3 次,共服 12 周。安慰剂组按同法服安慰剂。两组均测空腹和餐后的糖化血红蛋白、血糖、胰岛素和 C-蛋白。结果:灵芝提取物显著降低糖化血红蛋白,从服药前的 8.4% 降至 12 周时的 7.6%。空腹血糖和餐后血糖的变化与糖化血红蛋白的变化相平行,服药前餐后血糖为 13.6 毫摩/升,服药 12 周后降至 11.8 毫摩/升。而安慰剂组患者的上述指标则无改变或略增加。空腹和餐后 2 小时胰岛素与 C-蛋白水平的变化，两组间也有明显差异。患者均能很好地耐受该药。表明灵芝提取物对 2 型糖尿病患者有一定疗效。

2. 灵芝胶囊协同治疗 2 型糖尿病 130 例。据 Zhan 等研究报道：130 例符合 WHO 糖尿病诊断标准的 2 型糖尿病患者随机分为试验组（100 例）和对照组（30 例）。两组患者均给予常规的降血糖治疗，试验组加服灵芝胶囊（含灵芝提取物 70%、灵芝孢子 20%），每次 3 粒，每天 3 次，共 2 个月。结果显示，治疗前对照组、试验组的空腹血糖（毫摩/升）和胰岛素（单位/毫升）水平分别为 9.74 ± 1.84、9.00 ± 1.98 和 9.37 ± 1.02、8.77 ± 2.72；治疗后分别为 7.18 ± 2.30、8.71 ± 1.65 和 6.24 ± 1.18、8.43 ± 2.26。试验组空腹血糖降低程度较对照组有显著差异，但两组间胰岛素水平无明显差异。此外，试验组改善头晕、口渴、乏力、腰酸、腿软等症状优于对照组。指出灵芝胶囊可辅助治疗 2 型糖尿病。

（六）防治神经衰弱

神经衰弱是一种由于长期处于情绪紧张和精神压力下出现的以脑和躯体功能衰弱为主要表现的神经症。神经衰弱以精神易于兴奋和脑力易于疲劳为特征，常伴有紧张、烦恼、易激惹等情绪症状及肌肉紧张性疼痛、睡眠障碍等生理功能紊乱症状。临床症状以脑和躯体功能衰弱症状为主，特征是持续的令人苦恼的脑力易疲劳和体力易疲劳，经过休息或娱乐不能恢复，有烦恼、心情紧张、易激惹、焦虑或抑郁等情感症状，也可有精神易兴奋和对声光很敏感。

灵芝制剂防治神经衰弱有显著的作用特点：

一是灵芝提取物具有镇静解痉、安神催眠作用，通过影响苯二氮䓬类受体，有效延长睡眠时间。

二是能影响 5-HT2a 受体的拮抗作用，显示出抗焦虑样作用和抗抑郁作用。

三是灵芝制剂具有稳态调节作用，使神经—内分泌—免疫调节紊乱恢复至正常，有效阻断神经衰弱和失眠的恶性循环，减轻和改善其他症状。

四是灵芝既能提高神经反应阈值，降低应激反应频率，从而改善睡眠，增进食欲，使头痛、头晕、头胀等症状减轻或消失，逐渐恢复记忆力，明显改善神疲乏力现象,而且没有不良反应,无成瘾性。

临床实践表明,灵芝防治神经衰弱的效果最为显著。灵芝制剂防治神经衰弱和失眠呈现典型的疗效剂量关系,一般在用药后 1～2 周即出现明显效果,剂量大、疗程长、疗效好。

临床疗效举例。

1. 复方灵芝胶囊治疗神经衰弱失眠症 52 例。据陈文备等研究,52 例神经衰弱失眠症经复方灵芝胶囊治疗后,以失眠症状在 28 天内消失或好转为有效,总有效率为 90.4%,可以解除或减轻患者对镇静催眠药的依赖性。

2. 灵芝糖衣片治疗神经衰弱综合征 100 例。据北京医学院附属第三医院精神科中西医结合小组研究报道,用灵芝治疗 100 例患者,神经衰弱与精神分裂症恢复期残余神经衰弱综合征各 50 例。灵芝(糖衣)片系由液体发酵所获赤芝粉加工制成,每片含赤芝粉 0.25 克。每次口服 4 片,每天 3 次。疗程均在 1 个月以上,最长者 6 个月。结果显示:经过 1 个月以上治疗,显著好转者 61 例,占 61%;好转者 35 例,占 35%;无效者 4 例,占 4%。总有效率为 96%。患者的主要症状,如失眠、多梦、食欲差、全身乏力、精神不振、嗜睡、记忆力差、头痛、头晕、心慌、消化不良、耳鸣、阳痿等症状消失或明显改善。

3. 灵芝提取物改善记忆试验 60 例。据胡国灿等研究:灵芝能改善记忆作用,受试样品:灵芝 1 号为灵芝提取物,灵芝 2 号为淀粉及焦糖色素混合物。摄入量为每天 1.6～3.2 克。第一次测试受试者 60 例,按记忆商高低排队,经检验两组记忆商均衡后,随机分为试验组 30 例和对照组 30 例。试验组服用灵芝 1 号,对照组服用灵芝 2 号,服药时采用双盲法。每次 0.8～1.6 克,每天 2 次。连续服用 30 天后,两组进行第二次测试。结果表明,服用灵芝后能明显提高联想学习、无意义图形再认、人像特点联系回忆水平,明显提高记忆商值。说明灵芝确有较好的改善记忆作用。

4. 灵芝糖浆治疗心脾两虚型神经衰弱 160 例。据王振勇等研究:160 例心脾两虚型神经衰弱,采用灵芝糖浆治疗效果满意,总有效率为 89.4%。灵芝糖浆对心脾两虚型神经衰弱的主要症状有不同程度的改善,尤其对失眠、心悸、精神不振、焦虑不安、食欲减退等的改善较为明显,说明其有较好的养心安神、健脾和胃的作用。

（七）防治慢性支气管炎和哮喘

慢性支气管炎是气管、支气管黏膜及其周围组织的慢性非特异性炎症。一般症状为咳嗽、咳痰，或伴有喘息。在排除其他疾病的咳嗽咳痰，每年发病持续 3 个月，连续 2 年或 2 年以上。慢性支气管炎治疗不及时可对呼吸、循环系统造成损害，症状严重者会出现呼吸衰竭或窒息，甚至危及生命。

哮喘是由多种细胞和细胞组分参与气道慢性炎症性疾患。以突发性喘息、气促、胸闷、咳嗽为主要临床症状，多在夜间发生，常合并肺部感染、哮喘持续状态等。哮喘容易使呼吸系统功能受损，严重可造成呼吸衰竭，甚至危及生命。

灵芝制剂防治呼吸道炎症病变和哮喘有显著的作用特点：

一是能增强机体非特异性免疫功能。灵芝促进树突细胞的增殖分化及其功能，增强巨噬细胞与自然杀伤细胞的吞噬功能，直接杀伤入侵人体的病原微生物；增强体液免疫和细胞免疫功能，增加 T、B 细胞增殖反应，促进免疫球蛋白生成，增进白细胞介素、干扰素产生，进一步增强机体抵抗能力。灵芝对免疫功能的增强，预防感冒发生，减轻了诱导因素引起的气管、支气管炎症变化。

二是灵芝多糖和灵芝三萜类化合物能抑制皮肤变态反应及皮肤变态反应介质的释放，从而抑制致敏原诱发的呼吸道免疫性炎症反应，减少呼吸道及肺泡中的炎性渗出，从而实现抗过敏的作用。

三是灵芝能抑制气管上皮细胞释放组胺和胆碱，抑制前列腺素 E_2 和嗜酸性粒细胞趋化因子释放，抑制过敏介质的释放，解痉和松弛气管平滑肌，调节细胞免疫以消除免疫变态反应，抑制呼吸道炎症，对支气管哮喘有良好的防治疗效。

灵芝制剂对呼吸道炎症病变和哮喘的防治功效，体现中医理论对其"扶正固本"的理论阐述。使用灵芝制剂扶持了正气，增强了机体抵御病邪的能力，使邪不可干，达到了抗炎平喘的目的，使睡眠改善、食欲增加、抗寒耐劳、精力充沛。灵芝制剂无抗菌作用，慢性支气管炎急性发作期或合并其他严重感染时，应加用有效抗菌药物和其他对症治疗药物与措施。

临床疗效举例。

1. 灵芝制剂治疗慢性支气管炎和哮喘 1 810 例。根据有关文献报道：11 个医疗单位防治慢性支气管炎和哮喘1 810个病例临床报告,灵芝制剂的疗效特点为:对慢性支气管炎的咳、痰、喘3种症状均有一定疗效,总有效率为60%～97.6%,显效率为20.0%～75.0%,对哮喘的疗效尤著;大多在用药后1～2周生效,延长疗程可使灵芝的疗效提高;对中医分型属于虚寒型及痰湿型患者疗效较好,肺热型及肺燥型疗效较差;灵芝制剂无抗菌作用,对于慢性支气管炎的急性发作期或合并其他严重感染时,应加用抗菌药物;有明显强壮作用,多数患者用药后体质增强,主要表现为睡眠改善、食欲增加、抗寒能力增强、精力充沛、较少感冒等。随访停药半年到一年的病例可见,经灵芝制剂治疗的疗效稳定,冬季较少急性发作或发作较轻,一部分患者达到临床治愈。

2. 灵芝补肺汤配合治疗慢性持续期哮喘552例。据温明春研究,常规治疗加灵芝补肺汤与单用常规治疗比较,对552例轻、中度哮喘患者的治疗,无论在症状改善、临床控制水平以及血总免疫球蛋白E、嗜酸性粒细胞等方面均有明显优势,且不良反应轻微,发生率低;对于哮喘慢性持续期肺气亏虚,内有蕴热证具有良好的疗效与安全性;是哮喘慢性持续期的良好补充和辅助治疗,有助于哮喘的长期理想控制。

3. 灵芝治疗哮喘病1 200例。据北京市慢性支气管炎协作组、福建省三明地区慢性气管炎协作组、上海市农科院医务室、上海市东方医院等单位联合报道:用灵芝治疗哮喘病1 200多例。结果:显效率平均为53.82%,总有效率为85.5%,其中对虚寒型及痰湿型的哮喘效果最为显著,而对肺热型和肺燥型的哮喘效果稍差;以年龄组分析,灵芝对儿童哮喘治疗效果优于对成年人哮喘的治疗效果。

(八) 防治肝炎

肝炎是由多种原因引起的肝脏细胞的炎症性损伤,常见包括病毒性肝炎、脂肪性肝炎、酒精性肝炎、化学性肝炎和自身免疫性肝炎。病毒性肝炎至少可分为甲、乙、丙、丁、戊5种类型,其中:甲、戊型主要表现为急性肝炎,乙、丙、丁型主要表现为慢性肝炎。通常所讲的肝炎多数指的是由甲型、乙型、丙型等肝炎病毒引起的病毒性肝炎。

灵芝三萜类化合物是灵芝发挥保护肝脏作用的重要有效成分。一方面,灵芝三萜能抑制和杀灭肝炎病毒,改善肝功能,对肝损伤有明显的保护作用;能降低免疫诱发的血清丙氨酸氨基转移酶活性和三酰甘油水平,对免疫性肝损伤有明显的保护作用;能降低因肝损伤升高的肝脂质过氧化物丙二醛,升高肝超氧化物歧化酶活性和还原型谷胱甘肽含量,通过发挥抗氧化作用而护肝。另一方面,灵芝三萜类化合物能抑制肝细胞中乙型肝炎病毒的复制,灵芝的免疫调节作用参与肝炎防治机制。同时,灵芝(包括子实体、菌丝体、孢子)提取物均能改善肝功能,减轻病理组织学改变。灵芝多糖具有抗肝纤维化作用,能有效提高肝细胞的再生力,促进损伤肝组织的修复。

临床疗效举例。

1. 灵芝醇提取液治疗黄疸性肝炎共 41 例。据湖南中医学院附属医院报道:对 41 例黄疸性肝炎患者每天给服 3 次灵芝酒精提取液,每次服 20 毫升(每毫升含灵芝 0.4 克),连服 30～90 天。部分患者同服保肝药物,比较治疗前后的症状变化(肝脾大小、硬度、压痛、肝功能、血小板数、白细胞数、尿常规等)。结果:服用灵芝后,临床治愈 22 例,显效 8 例,有效 9 例,总有效率为 97%。其中,有 25 例治疗前血清丙氨酸氨基转移酶超过 300 单位/升,9 例超过 500 单位/升,治疗后 23 例降至正常;9 例麝香草酚蓝浊度超过 5 单位,治疗后 5 例降至正常;18 例肝、脾大小在肋下 1.5～7 厘米,治疗后 5 例降至 1 厘米以内,5 例有不同程度缩小,8 例无变化。

2. 灵芝制剂治疗病毒性肝炎 209 例。据 4 个医疗单位报道:用灵芝制剂治疗病毒性肝炎 209 例,总有效率为 73.1%～97.0%,显效(包括临床治愈率)为 44.0%～76.5%。疗效主要表现为乏力、食欲不振、腹胀及肝区疼痛等主观症状减轻或消失,血清丙氨酸氨基转移酶等肝功能恢复正常或降低,肿大的肝脾恢复正常或有不同程度缩小,对急性肝炎的效果比慢性或迁延性肝炎更好。

3. 灵芝胶囊治疗慢性乙型肝炎 86 例。据胡娟等研究,86 例慢性乙型肝炎中,轻度 40 例、中度 32 例、重度 14 例。治疗组 86 例服灵芝胶囊,每次 2 粒,每天 3 次,每粒胶囊含灵芝生药 1.5 克。对照组 50 例,其中轻度 24 例,中度 19 例,重度 7 例,服用小柴胡冲剂,每次 1 包,每天 3 次,每包含生药 6 克。结果:丙氨酸氨基转移酶和血清胆红素恢复正常率,灵芝胶囊组为 95.3% 和 91.7%,对照组分别为 72.0% 和 72.5%。灵芝胶囊组 HBsAg 阴转率为 16.3%,HBeAg 阴转率为 51.4%,抗-HBc 阴转率为 15.1%;对照组 HBsAg、HBeAg 和抗-HBc 阴转率分别为 8.0%、19.4% 和 8.0%。表明灵芝胶囊对慢性乙型肝炎具有较好治疗作用。

（九）辅助治疗再生障碍性贫血

再生障碍性贫血简称再障，是由多种原因引起的骨髓造血功能衰竭，呈现全血细胞减少的综合征，主要表现为贫血、出血和感染。我国再障发病率为 0.74/10 万，各年龄段均可发生，青年和老年相对较高。按病情、血象、骨髓象等可分为重症和非重症，按病因可分先天遗传性和后天获得性（又分原发和继发）。从某种程度上讲，再障和白细胞减少大多是由自身免疫造成，也是一种变态性疾病，是自身免疫产生的抗体攻击自身靶细胞造成。

灵芝具有免疫调节功能，能调节细胞免疫和体液免疫水平，抑制过高免疫反应和识别能力，能促使患者低下的白细胞数升高，并能抵抗因用化学治疗或因化学毒害而引起的白细胞下降。灵芝制剂改善和提高免疫，对各种变态性疾病均有一定效果，对再生障碍性贫血有较好的辅助治疗作用。

临床疗效举例：

1. 灵芝治疗白细胞减少症 80 例。据三明地区医院和河源县医院研究：用灵芝治疗白细胞减少症，共 80 多例，治疗前其白细胞数都在 4.5×10^9/升以下。连续服用灵芝 20 天后，患者白细胞数平均增加到 1.0×10^{10}/升以上，总有效率为 82.15%，其中显效率为 21.15%。

2. 灵芝制剂辅助治疗再生障碍性贫血病 11 例。据上海瑞金医院报道：用灵芝针剂结合灵芝片剂治疗再生障碍性贫血病，每天一针，同时服灵芝药片 9 片，连用 2 个月，获得较好效果。参试病例 11 例，结果 7 例有效。有效表现为输血间隔时间延长，每次输血数量减少，精神、食欲好转，出院者在家能做家务劳动。

（十）防治肾病综合征

肾病综合征是由于原发和继发于肾脏疾病引起的一组症候群。临床症状有大量蛋白尿、低蛋白血症、水肿及高胆固醇血症等。大量蛋白尿是指成人尿蛋白排出量＞3.5 克/天，是肾病综合征的最基本的病理生理机制。大量白蛋白从尿中丢失，则出现低白蛋白血症，血浆胶体渗透压下降，水分从血管腔内进入组织间隙造成水肿。肾病综合征易并发感染、血栓塞、急性肾衰竭、蛋白质及脂肪代谢紊乱等，并发急性肾衰竭时如处理不当可危及生命。

临床上使用灵芝制剂辅助治疗，可提高对肾病综合征的治愈总有效率，减轻激素副反应，逆转和改善肾功能，防范和减轻肾组织病理损害。

临床疗效举例。

1. 薄芝注射液联合激素治疗肾病综合征 82 例。据李友芸报道：82 例肾病综合征中，男性 57 例、女性 25 例，年龄12～60 岁；原发性 77 例，狼疮性肾病 4 例，乙肝相关性肾病 1 例；肾功能正常或中度以下损害，均系未经治疗的住院患者。观察组 42 例，给予激素与薄芝注射液（每支 2 毫升含灵芝粉 500 毫克）肌注，每日 4 毫升共 84 天。对照组 40 例，仅给每日激素治疗。两组常规治疗相同。结果：观察组痊愈率52.4%，显效率 30.9%，有效率 11.9%，无效率 4.8%，总有效率 95.2%。与对照组总有效率 53.2%相比较，有显著差异（$P<0.05$）。

2. 薄芝糖肽联合激素治疗儿童原发性肾病综合征 45 例。据吴芳报道，对 45 例分两组。联合治疗组 26 例，每天静脉滴注薄芝糖肽注射液 4 毫升，2 周一个疗程；同时给予泼尼松口服。常规治疗组 19 例，单独给予泼尼松口服治疗作为对照。结果：联合治疗组均较常规治疗组水肿消退时间、尿蛋白转阴时间明显缩短，血浆蛋白浓度升高、胆固醇浓度降低、免疫球蛋白升高。表明薄芝糖肽联合激素治疗肾病综合征效果明显优于常规单纯激素治疗。

（十一）防治其他疾病

1. 灵芝辅助治疗感冒的应用。据薛宝琴试验，14 例患者每月平均感冒 1 次，即使夏天也会感冒，每次感冒病程 7～10 天，平时极怕风寒，夏日很弱风也不能吹。早晚不能出门，不能用冷水洗脸，长年医治服药均无效。14 例给服灵芝保健茶（每克灵芝保健茶含灵芝原料 2 克），每天服 2 次，每次服 2.5 克，连服 2 个月。结果：所有患者基本不再感冒，6 个月随访除 1 例外均未再感冒。

2. 灵芝辅助治疗硬皮病的应用。据 4 家医院文献统计：173 例中，83 人病史 1～10 年，31 人病史超过 10 年，用薄盖灵芝注射液臀部肌肉注射，疗程 3～6 个月，不能肌注者，口服灵芝片。治疗结果：总有效率达 91%。用激光灯检查，经治疗后,局部血液循环改善,炎症浸润减少或消失,胶原纤维变得疏松,胶原形成细胞减少,色素沉着明显改善。

3. 灵芝辅助治疗斑秃病的应用。据曹仁烈等研究,总结北京友谊医院等4所单位的应用,用薄盖灵芝注射液每天肌注2支,或每天服薄盖灵芝片每次4片,每日3次,交替使用治疗斑秃病,共232例,疗程2～4个月。结果:治愈70人(30.17％),显效51人(21.98％),好转62人(26.72％),无效49人(21.12％),总有效率为78.88％。多数患者用药后食欲增加,睡眠好转,头痛、头晕消失,体重及体力增加。经研究分析,薄盖灵芝治疗斑秃病是通过调整机体生理功能,使头部表皮的毛囊生理功能得到恢复,促进了毛发的再生和减少毛发脱落。由于生理功能得到改善,患者头痛、头晕现象也随之消失,体质得以增强。

4. 灵芝治疗后天获得性免疫缺陷综合征(艾滋病,AIDS)的应用。据Mshigeni等研究:用灵芝提取物辅助治疗HIV/AIDS,46例患者分为两组,一组用抗逆转录酶药治疗(24例),另一组(22例)在用抗逆转录酶药治疗的基础上,加灵芝提取物治疗。结果显示:加用灵芝可改善HIV/AIDS患者的健康状态,使体重、CD4细胞数和血红蛋白增加。这一结果提示,灵芝与抗逆转录酶药联合应用有协同作用。另据美国有关文献报道,用灵芝治疗3例艾滋病患者,治疗后精神、体力均得到了较好的改善。

5. 灵芝防治更年期综合征。据曾广翘等研究,选择具有男性更年期综合征症状(乏力、失眠、血管收缩、精神心理症状及性功能障碍)为主的患者138例,病情持续6个月～2年,平均12.3个月,经血睾酮水平测定低于正常值(140毫克/升)。年龄55～76岁,平均66岁,单身患者61例(占52.9％),均未合并严重的心脑血管疾病、传染性疾病及恶性肿瘤。将患者随机分为两组。观察组80例,统一服用破壁灵芝孢子胶囊600毫克,每天3次,疗程为3周,不再服用其他治疗精神症状的药物。对照组58例,给予外观相同的安慰剂。研究结果:治疗组和对照组患者经服药3周后症状,评分均有改善,治疗组总有效率为74.3％,对照组总有效率为28.16％,治疗组明显高于对照组。3周后治疗组患者血睾酮、超氧化物歧化酶水平明显比对照组高,脂质过氧化物丙二醛水平明显比对照组患者下降。使用全破壁灵芝孢子治疗男性更年期综合征患者无明显不良反应,无水钠潴留及排尿困难等症状发生,未见肝、肾功能受损。

四、灵芝经验方

（一）灵芝云芝合剂方

［组方］ 破壁灵芝孢子粉 4 克，灵芝、云芝各 10 克，绞股蓝 15 克。

［制作］ 灵芝切薄片，与云芝、绞股蓝一起放入锅中，加水用文火煎煮 2 次各 1 小时，滤取合并两次煎液。

［用法］ 每日 1 剂，分早晚 2 次饮服，每次服用时，加灵芝破壁孢子粉 2 克，连孢子粉带汁一起服下。连服 2～3 个月，也可长期服用。

［功效］ 辅助治疗肿瘤，提高免疫力。

（二）紫芝桑黄抗肿瘤方

［组方］ 紫灵芝 500 克，破壁灵芝孢子粉 400 克，桑黄 500 克，人参 300 克，当归 300 克，元花 300 克，半枝莲 500 克，白花蛇舌草 400 克，苦参 400 克，莪术 300 克，甘草 300 克。

［制作］ 除灵芝孢子粉外，其余药材加水煎煮 2 次各 1 小时，滤取合并两次滤液，继续加热浓缩，再加入灵芝孢子粉至 8 000 毫升药液为止，分装于 500 毫升瓶中备用。

［用法］ 每日 3 次，每次 2 汤匙，饭前 1 小时服用。

［功效］ 增强机体免疫功能，抑制肿瘤细胞生长增殖和转移。适宜胃癌、食管癌、十二指肠癌、结肠癌、直肠癌、肝癌、乳腺癌等患者服用。

（三）灵芝天麻降糖方

［组方］ 灵芝 15 克，天麻 10 克，夏枯草 15 克，丹参 15 克，决明子 10 克。

［制作］ 药材水煎两遍，合并滤液，制成水煎剂。

［用法］ 每日 1 剂，早晚各 1 次服用。

［功效］ 具有辅助降血压和降血糖的作用。

（四）灵芝桦褐孔菌降糖方

[组方]　灵芝 15 克，破壁灵芝孢子粉 6 克，桦褐孔菌 6 克，人参 5 克，生黄花 25 克，山药 30 克，知母 15 克，花粉 15 克，玄参 15 克。

[制作]　药材水煎两遍，合并滤液，加入灵芝孢子粉即成。

[用法]　每日 2 次，早晚各 1 次服用。

[功效]　本方具有明显的辅助降低血糖作用，对糖尿病有很好的疗效。

（五）灵芝西洋参三七养心方

[组方]　灵芝 60 克，西洋参 30 克，三七 30 克，丹参 45 克。

[制作]　将灵芝、西洋参、三七、丹参分别磨成粉末，然后混合拌匀，储藏在瓶中，置干燥处。

[用法]　每日 3 次，每次 3 克，用温水送服。

[功效]　灵芝、西洋参养心益气血，降胆固醇；三七、丹参和血通络止痛。四味同用具益气养阴、通络止痛、活血祛瘀等功效。适宜气阴虚兼瘀血所致心悸胸痛、气短口干、冠心病和血瘀等症者服用。

（六）灵芝苦丁茶降压方

[组方]　灵芝 20 克，苦丁茶 8 克。

[制作]　将灵芝切成薄片，放入锅内，加水用文火煎煮 1 小时，加入苦丁茶，再煮 15 分钟，滤取头煎液，加水再煎取二煎液，合并两次煎液即可。

[用法]　每日 1 剂，早晚各 1 次饮服；也可作 1 天茶饮。

[功效]　降血压。

（七）灵芝木耳山楂降脂方

[组方]　灵芝 20 克，黑木耳 30 克，山楂 10 克，三七 3 克，竹荪 15 克，蜜枣 3 枚。

[制作]　全部用料洗净入砂锅，文火煨炖 90 分钟至熟，调味后便可食用。

[用法] 每日 1 剂，早晚各 1 次服用。

[功效] 养颜瘦身，调理肠胃，适宜高血脂、肥胖、中气不足、肠胃不适者服用。

（八）灵芝柴胡汤方

[组方] 灵芝 15 克，丹参、柴胡各 30 克，五味子 10 克。

[制作] 将上述药材切碎，放入砂锅内，加水用文火煎煮 1 小时，滤取头煎液，加水再煎取二煎液，合并两次煎液即可。

[用法] 每日 1 剂，早晚各 1 次服用。

[功效] 辅助治疗慢性迁延性肝炎。

（九）灵芝党参黄柏保肝方

[组方] 灵芝 3 克，党参 30 克，黄柏 10 克，败酱草 10 克，大黄 6 克，虎杖 10 克，茅根 20 克，当归 12 克，丹参 20 克，霜桑叶 12 克。

[制作] 将上述中药一起放入砂锅内，加水浸泡 15 分钟，用文火煎煮 2 次，每次煎煮 1 小时，滤取煎液，合并两次煎液即可。

[用法] 每日 1 剂，早晚各 1 次服用。连服 1 个月。

[功效] 防治乙型肝炎。

（十）灵芝香菇强体方

[组方] 灵芝 15 克，香菇、薏苡仁、山楂、冬瓜子各 10 克，甘草 5 克。

[制作] 将灵芝、香菇、甘草、山楂先切碎，原料放入不锈钢锅中，加水用文火煎煮 2 次各 1 小时，滤取合并两次煎液即可。

[用法] 每日 1 剂，早晚各 1 次，饭前 1 小时服用。

[功效] 提高免疫力，增强体质。

（十一）灵芝景天抗衰方

[组方] 灵芝 200 克，高山红景天 200 克，黄精 200 克。

[制作] 制成水煎剂,得药液 3 000 毫升,分瓶装备用。

[用法] 每次服用 2 汤匙,口服 3 次,饭前 1 小时服用。

[功效] 增强免疫功能、延缓衰老、抗疲劳、增强代谢。适宜脏腑虚损劳伤者服用。

(十二) 灵芝白芍安神方

[组方] 灵芝 10 克,白芍 10 克。

[制作] 将灵芝、白芍切碎,放入砂锅内,加水用文火煎煮 1 小时后,滤取头煎液,再加水煎取二煎液,合并两次煎液即可。

[用法] 每日 1 剂,早晚各 1 次服用。连服 1 个月或长期服用。

[功效] 平肝、养血、安神。适宜神经衰弱、自汗盗汗等症者服用。

(十三) 灵芝猴头菇养胃方

[组方] 灵芝 10 克,猴头菇 15 克。

[制作] 将灵芝、猴头菇切成薄片,加水连续煎煮 2 次,每次煎煮半小时,取得头煎液与二煎液各 100 毫升,合并两次煎液即可。

[用法] 每日 1 剂,早晚各 1 次服用。连服 15～20 天。

[功效] 辅助治疗胃溃疡、消化不良、食欲差等症。

(十四) 灵芝半夏平喘方

[组方] 灵芝 10 克,法半夏 8 克,紫苏叶 10 克,厚朴 5 克,茯苓 15 克。

[制作] 药材切碎入砂锅,加水文火煎煮两次各 1 小时,滤取合并两次煎液。

[用法] 每日 1 剂,早晚各 1 次服用。连服数日。

[功效] 清热、祛湿、平喘,辅助治疗过敏性哮喘。

(十五) 灵芝银耳润肺羹

[组方] 灵芝 10 克,银耳 6 克,冰糖 15 克。

[制作] 将银耳用温开水泡发后放入锅内,加水适量,放入切成薄片的灵芝,用文火煨炖 2～3 小时至银耳汤稠,捞出灵芝,调入冰糖汁即可食用。

[用法] 每日 1 剂,分 3 次服用。长期服用。

[功效] 养阴润燥、安神、止咳。适宜肺阴不足或肺肾两虚的咳嗽、心神不安、失眠多梦、怔忡健忘等症者服用。

(十六) 灵芝益母草调经茶

[组方] 灵芝 20 克,益母草 30 克,红糖适量。

[制作] 将药材放入锅内,加水煎煮 2 次,滤取煎液,加适量红糖即可。

[用法] 每日 1 剂,早晚各 1 次饮服,连服数日。

[功效] 温阳益气,补益肾精。适宜月经不调、经行不畅、痛经闭经者服用。

(十七) 灵芝乌发茶方

[组方] 灵芝 10 克,首乌、熟地、甘草各 6 克。

[制作] 将药材放入锅中,加水煎煮两次各 1 小时,滤取合并两次煎液即可。

[用法] 每日 1 剂,早晚各 1 次饮服;也可作 1 天的茶饮用。

[功效] 帮助减少白发。

(十八) 灵芝延年益寿方

[组方] 灵芝 100 克,生晒参 30 克,制首乌 50 克,枸杞 50 克。

[制作] 将灵芝、人参、何首乌、枸杞切碎,一起放入砂锅内,加水用文火煎煮两次,滤取浓汁,加白酒适量,置低温保存。

[用法] 分 20 次饮服,每日 2 次,加少许蜂蜜温开水送服,连服 1 个月以上。

[功效] 具有补气生血、滋阴生津等功效。适宣体虚乏力、腰腿酸软、面色少华等症者服用。长期服用可养生、延缓衰老、去皮肤色素、延年益寿。

鸡枞菌

Termitomyces spp.

鸡枞菌又名：鸡𡎂、鸡㙡、鸡肉丝菇、鸡菌、伞把菌、三坛菌、白蚁菰、鸡脚麟菇、蚁㙡、鸡肉菌、蚁鸡菌、豆鸡菇、鸡脚蘑菇、鸡㙡蕈、蚁巢伞、蚁巢菌、白蚁菇等。

鸡㙡菌属于担子菌门、伞菌纲、伞菌亚纲、伞菌目、离褶伞科真菌，是夏秋季节生于白蚁巢上的一类名贵野生食用菌。鸡㙡菌与白蚁共生，其假根与地下土栖白蚁巢相连，这样的白蚁巢被称为菌圃，菌圃内的温湿度相对稳定，含有丰富的有机和无机营养成分，如粗蛋白、粗脂肪、糖分、氨基酸和矿质元素，为鸡㙡菌的生长繁殖提供良好的营养保证。正因为鸡㙡菌与白蚁之间复杂的生态背景和营养关系，所以鸡㙡菌子实体仅能在白蚁巢上生长，人工驯化鸡㙡菌较为困难，鸡㙡菌至今都无法完全实现人工培育。

清嘉靖《南园漫录》记载："鸡㙡，菌类也。惟永昌所产为美，且多。……镇守索之，动百斤。果得，洗去土，量以盐煮烘乾，少有烟即不堪食。采后过夜，则香味俱尽，所以为珍"。全球共有 40 个鸡㙡菌种类被报道和描述，在我国主要分布于西南地区。云南地区除迪庆州的部分县外均有鸡㙡菌分布，种类有 20 种，是鸡㙡菌商品菇产出与贸易的最大省份。

鸡㙡菌蛋白质和总糖含量分别高达 32.82%、26.79%，而脂肪和纤维含量分别为 4.40%、6.38%，相对较低。鸡㙡含有 17 种氨基酸，种类齐全，其中必需氨基酸含量占氨基酸总量的 40.82%，与非必需氨基酸比值 0.63，接近联合国粮食及农业组织（FAO）和世界卫生组织（WHO）推荐的理想蛋白质模式，有利于人体吸收，可作为优质的蛋白质来源。鸡㙡菌还富含烟酸、叶酸、维生素 B_2 等 B 族维生素及钾、钠、铁、锌、铜、镁、锰等多种矿物质元素。鸡㙡菌是一种高蛋白质、低脂肪、低纤维的食用菌，味道鲜美，营养价值很高。

一、 鸡㙡菌的药理作用

鸡㙡菌含有多种活性成分，如多糖、皂苷、纤维素酶、多酚等，因而具有多种药理作用。据《本草纲目》记载，鸡㙡菌性平味甘，有补益肠胃、止血、益胃、清神、治痔等功效。现代药理学研究表明，鸡㙡菌具有抗氧化、调节免疫、调节血糖血脂等作用。

（一）抗氧化

毛正伦等对比灰树花、羊肚菌、鸡枞菌三种菌丝体甲醇提取物的抗氧化活性研究，结果表明：鸡枞菌的抗氧化活性最高，抗氧化物质的总含量高达 2.09 毫克/克，且抗氧化性随着提取物浓度的增加而增强。周继平等将鸡枞菌粉中的皂苷和多糖分别富集于 2 个不同的组分，并研究了这 2 个组分在体外的抗氧化活性，结果显示这 2 个组分均具有清除 DPPH 和抑制脂质过氧化的能力，并能抑制超氧阴离子自由基的产生，表明鸡枞菌具有一定的抗氧化活性。

邢佳等采用超声波辅助的热水浸提法提取鸡枞菌精多糖，建立小鼠酒精性急性肝损伤模型，研究了鸡枞菌多糖对酒精性肝损伤小鼠肾及免疫器官的保护作用。结果表明：鸡枞菌多糖各剂量组均能降低受损小鼠肾脏、脾脏及胸腺的丙二醛含量，提高各器官超氧化物歧化酶、过氧化氢酶、谷胱甘肽过氧化物酶的活性及谷胱甘肽含量，表明鸡枞菌多糖通过提高组织的抗氧化酶和降低丙二醛含量来实现对酒精性肝损伤小鼠脏器组织的抗氧化作用。

赵云霞等研究认为鸡枞菌多糖对酒精所致小鼠急性肝损伤有保护作用。鸡枞菌多糖可降低血清天冬氨酸氨基转移酶和丙氨酸氨基转移酶活性、三酰甘油水平及肝脏丙二醛含量，提高肝脏超氧化物歧化酶、谷胱甘肽过氧化物酶活性及谷胱甘肽含量，明显减轻肝脏脂质化、细胞核呈不规则形态、核膜凹陷、线粒体变形、粗面内质网肿胀、核糖体颗粒脱落等变性和坏死病理改变。乙醇脱氢酶 2（ADH_2）和乙醛脱氢酶 2（$ALDH_2$）是肝脏清除乙醇的两种重要酶，而乙醇及其代谢产物和代谢过程中产生的代谢混乱是导致酒精性肝损伤的重要原因。鸡枞菌多糖可上调乙醇脱氢酶 2 和乙醛脱氢酶 2 mRNA 的表达，具有改善小鼠酒精性肝损伤状况的作用。

（二）免疫调节

王思芦等研究鸡枞菌多糖对小鼠免疫功能的影响，结果表明：鸡枞菌多糖能显著提高免疫抑制小鼠的免疫器官指数，增加脾脏和胸腺中淋巴细胞、巨噬细胞的数量，提高免疫抑制小鼠的免疫功能。鸡枞菌多糖以 T 细胞为作用的靶细胞之一,对 T 细胞免疫功能具显著增强作用,能显著促进 T 细胞分化和细胞因子白细胞介素-4(IL-4)、干扰素-γ(IFN-γ)及白细胞介素-2(IL-2)的产生。同时,鸡枞菌多糖可促进环磷酰胺所致免疫抑制小鼠体液及细胞免疫功能。

据梁月琴报道,给环磷酰胺致免疫功能低下的小鼠灌服鸡枞菌,试验结果表明,鸡枞菌可提高小鼠血清溶血素的含量,显著促进小鼠体液免疫功能;提高小鼠的干扰素-γ 和白细胞介素-2 浓度及小鼠 T 细胞亚群 CD4、CD8、CD3 的含量,促进受损小鼠细胞免疫功能的改善与恢复。

(三) 调节血糖

据袁博研究:采用糖尿病小鼠模型,发现鸡枞菌水提物(PT)能够有效地改善小鼠的代谢状态,并且能够降低小鼠的空腹血糖值和胰岛素抵抗状态,改善对胰岛素的敏感性,进而改善血糖代谢功能。通过病理切片实验可以看到,经过给药后小鼠的胰岛形态恢复至接近圆形,胰岛细胞数量减少,肾小球系膜基膜厚度降低,肾小管空泡减少,肝细胞脂肪样变性缓解。PT 能够调节肾脏中炎性因子的水平,发挥抑制炎症的作用,改善糖尿病肾病。初步推测 PT 是通过 JAK/STAT3 途径与 NF-κB 途径,发挥抗氧化应激、调节血糖、血脂水平以及抗炎的作用,进而来达到辅助治疗 2 型糖尿病及肾病的作用。

据冯磊等研究发现,鸡枞菌提取物与分离纯化的鸡枞多肽均能显著降低糖尿病大鼠的空腹血糖,且能改善糖尿病大鼠的葡萄糖耐量。

(四) 降血脂

总胆固醇升高是导致动脉粥样硬化和心脑血管疾病的重要因素;三酰甘油升高对动脉粥样硬化具有重要致病作用,也是引起冠心病的独立危险因素。据王一心等研究报道:通过对高脂模型大鼠用鸡枞菌子实体匀浆液灌胃,发现鸡枞菌不仅有较强的清除活性氧自由基能力,还能降低高脂模型大鼠血清中总胆固醇、三酰甘油、低密度脂蛋白胆固醇的含量。据冯宁等研究报道:给高脂小鼠腹腔注射鸡枞多糖,结果表明:鸡枞多糖高低剂量组血清总胆固醇和三酰甘油的含量显著低于高脂模型组,鸡枞菌多糖对高脂模型小鼠同样具有显著的降血脂作用。

二、鸡枞菌经验方

（一）红烧鸡枞方

[组方] 鲜鸡枞 450 克，火腿、青椒各 50 克，猪油、酱油等与调味品各适量。

[制作] 鸡枞洗净切片，火腿切片。起锅烧油，葱姜蒜炒香，煸炒鸡枞，加入青椒、火腿肉爆炒片刻，调味勾芡，淋香油盛起装盘。

[用法] 佐餐服食。

[功效] 鲜香爽脆，富含维生素 D，适宜儿童及佝偻病、肝炎症者服食。

（二）凉拌鸡枞方

[组方] 鲜鸡枞 400 克，鸡蛋 3 个，芥末 3 克，糖、盐、味精、香油各适量。

[制作] 鸡枞削皮擦净入碗上笼蒸熟，取出码放盘中；鸡蛋煮熟取蛋黄研碎，加糖、盐、味精、芥末与香油拌匀，浇在鸡枞盘上即可。

[用法] 佐餐食用。

[功效] 鸡枞营养丰富，菇香味鲜，适宜心悸、肝炎症者服食。

（三）椒盐鸡枞方

[组方] 鲜鸡枞 400 克，鸡蛋 3 个，马铃薯 120 克，花椒、淀粉、猪油与调味品各适量。

[制作] 鸡枞洗净切小块；马铃薯削皮洗净切片放入碗内，磕入蛋清，加入面粉、盐拌匀上浆。起油锅，放入马铃薯片炸至金黄色捞起，摆放在盘四周；再将鸡枞炒熟放在盘中间，撒上花椒粉即可食用。

[用法] 佐餐服食。

[功效] 色泽金黄，补脾益胃；香酥可口，助益消化。

(四) 鸡枞方

[组方]　鲜鸡枞 400 克,香油、调味品各适量。

[制作]　鸡枞洗净,入油锅爆炒片刻,调味勾芡,起锅装盘,淋香油即可。

[用法]　佐餐服食。

[功效]　清爽健脾,和胃养胃,助益消化,提神补脑。适宜于脾胃虚弱、食欲不眠、痔疮等症者服食。

(五) 鸡枞乌鱼汤方

[组方]　鸡枞 300 克,乌鱼 500 克,清汤适量,调味品各适量。

[制作]　鸡枞洗净切片,乌鱼宰杀洗净切块。乌鱼入油锅煸炒片刻,倒入清汤烧沸,放入鸡枞,文火煨炖至鱼肉熟透,调味焖煮片刻即可。

[用法]　佐餐服食,喝汤吃鱼与鸡枞。

[功效]　调节免疫活性,适宜免疫力低下人群服用。

鸡腿菇

Coprinus comatus

鸡腿菇,又名:毛头鬼伞、鸡腿蘑、刺蘑菇、刺毛菇等。

鸡腿菇属于担子菌门、伞菌纲、伞菌亚纲、伞菌目、伞菌科真菌。鸡腿菇,子实体群生,其生长发育分为两个过程,菌丝体时期为营养阶段,子实体时期为生殖阶段。菇蕾期菌盖圆柱形,连同菌柄状似火鸡腿,由此得名。初呈白色,菌盖表面初期光滑;中期淡锈色,后渐加深;后期菌盖呈钟形,高9～15厘米,最后平展。后期表皮裂开,成为平伏的鳞片,菌肉白色,渐薄。菌柄白色,有丝状光泽,纤维质,长17～30厘米,粗1～2.5厘米,上细下粗,菌环乳白色,脆薄,易脱落;菌褶密集,与菌柄离生,宽5～10毫米,白色,后变黑色。菌盖开伞后40分钟内边缘菌褶溶化,很快出现墨汁状液体。孢子黑色、光滑、椭圆形,有囊状体。囊状体无色,呈棒状,顶端钝圆,略带弯曲,稀疏。

鸡腿菇鲜菇的菇体洁白美观,营养丰富,肉质细腻,炒食、炖食、煲汤均久煮不烂,口感滑嫩,清香鲜美,因而备受消费者青睐。鸡腿菇在我国云南、福建、黑龙江、吉林、河北、山东、山西、内蒙古等全国大部分省、自治区有分布。2019年,我国鸡腿菇总产量已达44万多吨。

最新研究发现,新鲜鸡腿菇中水分含量约92.2%;每100克干菇中含粗蛋白25.4克,脂肪3.3克,总糖58.8克,纤维7.3克,灰分12.5克,热量1 482.27千焦。鸡腿菇还含有20种氨基酸,其中:人体必需的8种氨基酸占氨基酸总量的34.83%,其他氨基酸12种,占总量的65.17%。据分析测定,每100克鸡腿菇干品蛋白质含量相当于粳米的3倍、小麦的2倍、猪肉的2.5倍、牛肉的1.2倍、鱼的0.5倍、牛奶的8倍。据分析,每100克干品鸡腿菇,含有钾1 661.93毫克,钠34.01毫克,钙106.7毫克,镁191.47毫克,磷634.17毫克等常量元素和铁1 376微克,铜45.37微克,锌92.2微克等微量元素。而且子实体中维生素B_1和维生素B_2含量较高。

一、 鸡腿菇的药理作用

鸡腿菇是一种药食两用真菌,味甘,性平,具有清心益智、安神宁志、补益脾胃、治痔等功效,经常食用有助消化、增进食欲,民间常用以治疗糖尿病。现代研究表明,鸡腿菇具有增强机体免疫、抗肿瘤、降血糖、降血脂、抗氧化、抗病毒、抗菌等作用。

（一）降血糖

早在 1984 年,英国阿斯顿大学就报道鸡腿菇含有治疗糖尿病的有效成分,鸡腿菇子实体能降低小鼠血糖浓度,提高其糖耐受性。其后全世界各实验室进行了多年实验,均验证了鸡腿菇的降血糖作用。

Jie Yu 等研究发现,鸡腿菇菌丝体在富硒条件下发酵、透析、醇沉,得硒化多糖,喂食糖尿病模型鼠,能使其血糖含量从 19.70 毫摩/升降至 9.66 毫摩/升,接近正常小鼠,降血糖效果显著。Chunchao Han 等研究发现,富钒菌丝体发酵液处理糖尿病小鼠,血糖含量从 21.2 毫摩/升降至 10.05 毫摩/升,降血糖效果显著。

王玉萍等采用深层发酵生产鸡腿菇富铬菌液,开展急性毒性实验,并做降血糖实验。两周检测,给药组小鼠血糖下降幅度较大,其中高剂量组降血糖效果明显。检测数据表明,深层发酵生产的富铬菌液没有急性毒性,与"降糖舒"相比降血糖效果和作用时间更优,有治疗糖尿病的作用。

据索晓敏研究:以 KM 种小鼠为试验对象,腹腔注射四氧嘧啶 250 毫克/千克体重,诱导糖尿病模型小鼠造模成功率在 50% 以上。通过动物试验每天灌胃不同组分菌柄水溶性多糖、碱溶性多糖、粗蛋白、粗纤维、乙醇提取物及菌柄、菌盖原粉(300 毫克/千克)和二甲双胍(20 毫克/千克)一次;对照组灌胃等体积生理盐水,通过血糖及体重的变化对潜在降血糖成分进行筛选。结果显示灌胃菌柄水溶性多糖组、粗蛋白组、二甲双胍组、粗纤维组、菌盖原粉组与模型对照组相比均显示出一定的降血糖效果,其中灌胃菌柄水溶性多糖组小鼠在第四周血糖值为 (7.77 ± 1.46) 毫摩/升,正常对照组血糖值为 (6.29 ± 0.62) 毫摩/升,菌柄水溶性多糖显示出较好的降血糖效果。

（二）降血脂

亚油酸在临床上已用来治疗高血脂和动脉硬化。据报道,鸡腿菇不仅含有较多的人体必需氨基酸,而且还含有大量的对人体有益的不饱和脂肪酸亚油酸。根

据 Jie Yu 等研究发现,硒化鸡腿菇多糖处理糖尿病模型鼠的胆固醇、低密度脂蛋白、高密度脂蛋白、三酰甘油均发生明显变化,接近于正常小鼠,降血脂效果显著。

(三) 增强免疫力

人体自身存在免疫系统,吞噬细胞、自然杀伤细胞(NK 细胞)是免疫系统中重要的免疫细胞,肿瘤坏死因子(TNF)是机体防止肿瘤发生、发展的重要防御因子,能吞噬和清除外来病源菌及自身病变细胞(包括肿瘤细胞)。鸡腿菇有提高机体各种免疫细胞和肿瘤坏死因子的作用。有研究证实,给小鼠服用鸡腿菇提取物后,吞噬细胞吞噬力提高 67%,自然杀伤细胞活力提高 34.9%,肿瘤坏死因子分泌量提高 16 倍。由此表明,鸡腿菇增强免疫功能效果非常显著。

据李师鹏等研究:向小鼠腹腔注射鸡腿菇多糖的剂量达到 6.25 毫克/千克时,血清溶菌酶的活性得到明显提高,表明鸡腿菇多糖能够提高并且激活机体的非特异性免疫系统。另外,研究结果显示,实验小鼠腹腔注射鸡腿菇多糖的剂量为 25 毫克/千克时,小鼠腹腔部位的巨噬细胞得到明显活化,吞噬百分数得到明显提高。

(四) 抑制肿瘤

有研究证实,小鼠先接种 S180 皮肤肉瘤,然后分别给予服用鸡腿菇提取液和蒸馏水(对照),连续 9 天。结果:服用鸡腿菇提取液的小鼠平均瘤重 0.11 克,在 10 只小鼠中有 2 只肿块长大,而对照组 10 只鼠的肿块全部长大,平均瘤重 1.98 克。小鼠腋皮下用肺癌细胞和腹水癌细胞接种,然后分别给予服用鸡腿菇提取液和蒸馏水,连续 10 天。结果:服用鸡腿菇提取液鼠与对照鼠相比,肺癌和腹水癌细胞抑制率达 84% 和 87%。

李师鹏等采用沸水提取法从鸡腿菇子实体中分离得到一种水溶性的杂多糖,此多糖能够明显抑制昆明小鼠 S180 移植性实体瘤,腹腔注射该多糖 12.5 毫克/千克,抑瘤效果非常显著($P < 0.01$),抑瘤率高达 83.9%,可明显延长腹水瘤小鼠的存活期。

据吴丽萍等研究:从鸡腿菇子实体中分离出了一种碱性蛋白质 y3,具有抑制胃癌细胞 C-803 的活性,且有一定的凝集素特性,也许与其糖基组成有关。对该细胞株进行了体外抗肿瘤活性研究,数据显示,y3 对细胞株的抑制浓度为 12 微克/毫升;利用显微镜观察细胞形态,y3 能够诱导胃癌细胞株凋亡。因此,鸡腿菇多糖能够抑制肿瘤生长,对于治疗和预防癌症具有很高价值。

崔旻等的研究发现,鸡腿菇多糖能抑制人肝癌细胞的体外增生,其抑制作用呈现一定的多糖浓度依赖;鸡腿菇多糖还对小鼠 S180 实体瘤和腹水瘤的生长有显著的抑制作用,治疗组腹腔注射鸡腿菇多糖时,抑瘤率可以高达 59%;鸡腿菇多糖还能显著减少腹水瘤有丝分裂指数,注射剂量为 50 毫克/千克时,该指数从3.4%减少至 1.5%,而且能够使 T 细胞增殖 35.38%,显示可通过上调 T 细胞数量进一步地调节细胞免疫功能,增强机体对肿瘤的免疫能力。

二、 鸡腿菇经验方

(一) 鸡姬多糖方

[组方] 鸡腿菇多糖粉、姬松茸多糖各适量。
[制作] 由有资质的企业加工成复合多糖产品。
[用法] 每日 3 次,每次服 8 克,饭后服用。
[功效] 提高患者机体免疫力,适宜肠癌患者服用。

(二) 鸡腿蘑猴头方

[组方] 鸡腿菇多糖、猴头菇多糖、姬松茸多糖各适量。
[制作] 由有资质的企业加工复配而成。
[用法] 每日 3 次,每次 1 袋,饭前半小时服用。宜长期服用。
[功效] 提高患者机体免疫力,适宜食管癌、胃癌、淋巴癌患者服用。

（三）和中胶囊方

[组方]　鸡腿菇多糖、香菇多糖、猴头菇多糖各适量。

[制作]　由有资质的企业加工复配而成。

[用法]　每日3次，每次3克，饭前服用。长期服用。

[功效]　增强患者机体免疫力，适宜胃癌、食管癌、肠癌患者服用。

金　耳

Tremella aurantialba

金耳,又名:金木耳、黄耳、金银耳、金黄银耳、黄木耳、脑耳、黄金银耳、脑形银耳等。

金耳属于担子菌门、银耳纲、银耳目、银耳科真菌,是一种比银耳更珍贵的食用菌,也是一种传统药用菌,因其产量低,价格昂贵,应用者较少,故知者甚稀。金耳多生于高山栎或高山刺栎等树干上,并与毛韧革菌、细绒韧革菌和扁韧革菌有寄生或部分共生关系。

据《中国药用真菌》载,金耳性味甘甜,温中带寒,可用于治疗肺热、咳嗽、哮喘及高血压等疾病。其主要活性成分是金耳多糖,子实体多糖构成成分包括葡萄糖、葡萄糖醛酸、甘露糖、木糖、鼠李糖,而甘露糖、鼠李糖、葡萄糖等是菌丝体多糖的主要组分。菌丝体、子实体中的多糖含量虽不同,但都可用于降低血糖。金耳多糖提取液还具有增强机体免疫功能的作用。金耳具有丰富的胶质,口感滑嫩爽口,常现于高档宴席,用于制作具有特殊风味的素食滋补菜肴。

一、 金耳的药理作用

（一）活化神经细胞,改善神经功能

据文献报道,给神经症患者服用金耳胶囊,大多数患者在 24 小时后出现神经功能改善现象,最慢的也在 4～5 天后出现效果。用药 1 个月后,与不用金耳的对照患者表现出显著差异。用药后血常规、尿常规、肝功能、肾功能、心电图检查均无变化,无不良反应。

有关文献显示,有研究者将脑血管梗死性和出血性脑神经病变患者 88 人分成试验组和对照组。脑梗死对照组用 706 代血浆和红花注射液静脉注射,试验组在对照组用药的基础上再口服金耳胶囊,每天 3 次,每次 4～5 粒,每粒 0.3 克,连服 15 天;脑出血对照组在急性期对症用药,急性期后用红花注射液滴注,试验组在对照组用药的基础上再加服金耳胶囊。治疗 15 天后,临床观察血常规、尿常规、肝功能、肾功能、心电图及不良反应。疗效评定方法采用爱丁堡-斯堪的纳维亚的国际通用评分方法。对脑血管神经功能损害总疗效对比：出血实验组基本痊愈率5.89%，显著进步率52.94%，进步率41.18%，总有效率100%；出血对照组基本痊愈率0%，显著进步率15.79%，进步率63.16%，无变化率21.05%，总有效率78.95%；梗死实验组基本痊愈率7.69%，显著进步率46.15%，进步率42.30%，无变化率3.85%，总有效率96.15%；梗死对照组基本痊愈率0%，显著进步率11.11%，进步率55.56%，无变化率33.33%，总有效率66.67%。金耳对神经功能缺损程度积分值的比较如下。神经功能缺损积分值：出血试验组治疗前31 ± 0.82，治疗后13 ± 0.91；出血对照组治疗前29.2 ± 1.22，治疗后18 ± 1.36；梗死试验组治疗前26.8 ± 1.43，治疗后7.9 ± 1.05；梗死对照组治疗前29.2 ± 1.05，治疗后22.9 ± 1.90。神经功能缺损积分相差值：出血试验组18 ± 0.89，出血对照组10.4 ± 0.89；梗死试验组18.9 ± 1.12，梗死对照组6.1 ± 1.49。结果分析表明：金耳对脑血管神经功能有明显活化和改善作用。

（二）增强免疫功能

据文献报道：金耳提取液能使小鼠淋巴细胞百分数，玫瑰花环形成率，巨噬细胞吞噬百分率、吞噬指数，血液溶血素抗体水平提高。试验用小鼠20只，分成生理盐水组、给药组各10只。给药组按千克体重服量200毫克给药金耳提取液，观察对腹腔巨噬细胞吞噬率，生理盐水组为$(20.875 \pm 4.70)\%$，给药组为$(43.77 \pm 18.31)\%$（$P < 0.01$）。

据王荫棠等研究：金耳发酵菌丝体对小鼠细胞免疫功能有增强作用，增进小白鼠ANAE阳性淋巴细胞百分数和吞噬指数。服用时间越长，增强作用越显著。金耳菌丝体发酵液还能调节动物血浆中环腺苷酸（cAMP）、环鸟苷酸（cGMP）的含量，环腺苷酸、环鸟苷酸有调节免疫功能的作用。同时，小鼠服用金耳发酵液后溶血素水平也明显提高，表明金耳有增强机体免疫功能的作用。

王玉良等对金耳发酵产物制剂研究表明，金耳制剂能调节动物血浆中核苷酸、腺苷酸、鸟苷酸含量，从而通过这一中间介质对免疫功能起调控作用。同时，服用金耳制剂后小鼠血清溶血素抗体水平也明显提高，可以认为该制剂是很好的免疫增强剂。

（三）保肝

金耳能提高谷胱甘肽过氧化物酶活性,降低肝脂质过剩积累量。据有关文献研究报道：大鼠连续服用猪油 8 周,再分别口服金耳胶囊和蒸馏水(对照)。结果：服金耳胶囊组比对照组肝总脂下降 55%,肝胆固醇下降 50%,全血谷胱甘肽过氧化物酶提高 0.3 倍,表明金耳有显著保肝作用。金耳还能降低注射四氯化碳引起的肝损伤程度,明显降低肝损伤后的血清丙氨酸氨基转移酶(ALT)值。

据邓云霞、翟伟菁研究：金耳胞外多糖能显著抑制双氧水诱导的红细胞溶血,降低肝细胞的自氧化与诱导氧化产生的丙二醛,并能抑制氧化引起的肝线粒体肿胀度。据孟丽君、赵玉明研究,金耳糖肽胶囊能抗动物肝损伤、保护肝细胞、降低转氨酶,还能调节动物细胞生物活性,提高机体的代谢水平,增强免疫力。此外,还可提高动物的应激能力来防治肝炎等慢性疾病。

（四）促进造血功能

牛四坤等通过观察金耳菌丝体对小鼠全血凝血时间(ACT)、凝血酶原时间(PT)、活化部分凝血活酶时间(APTT)及金耳菌丝体对小鼠体内静脉血栓的形成有无抑制等指标的影响,探讨了金耳菌丝体对动物的抗凝血作用。结果表明,金耳菌丝体能显著延长激活全血凝固时间、凝血酶原时间、部分活化凝血酶原时间等指标,且具有抗小鼠体内静脉的血栓形成作用,提高其耐缺氧能力,明显降低了缺氧小鼠的死亡率。

（五）抗氧化

金耳能提高机体抗氧化能力、保护细胞膜、防止细胞损伤、降血压,治疗神经衰弱、哮喘、肝炎、感冒、咳嗽、肺热等。

邓超等研究了金耳发酵液多糖的体外抗氧化性和体内降血糖活性。结果显示：金耳发酵液多糖的总糖质量分数为 85.85%,相对分子质量为 1.4 万,其主要的单糖组分为甘露糖、葡萄糖及半乳糖,β 糖苷键相连为其主链;其具有较强的去除 DPPH 自由基和羟基自由基活性的能力及一定的还原能力,并可显著降低四氧嘧啶诱导的糖尿病小鼠血糖含量。

张忠等以金耳子实体为原料,采用 95% 乙醇对其进行提取,而后依次用石油醚、乙酸乙酯萃取。经过气质联用(GC-MS)分析 DPPH 自由基清除率、总抗氧化能力、ABTS 自由基清除率等的测定,共鉴定出以酯类、醛酮类和脂肪酸类化合物等为主的 28 种化合物,而金耳子实体的抗氧化活性实验表明,金耳子实体石油醚层提取物的抗氧化活性比乙酸乙酯层提取物的抗氧化活性弱。

陈龙等以金耳、木耳、银耳为原料,分别用乙酸乙酯、80% 丙酮、石油醚及 80% 甲醇提取 3 种食用菌的多酚类物质,并通过高效液相色谱法和体外清除自由基方法,探索以上 3 种食用菌多酚类物质的体外抗氧化能力及主要组成成分。结果表明:80% 丙酮提取效果最佳,获得槲皮素含量在 3 种食用菌中相当,儿茶素和绿原酸含量在木耳中较高,芦丁和表儿茶素含量在金耳和银耳中较高;体外抗氧化能力研究结果显示,3 种食用菌提取液均具有较强的 Fe^{3+} 还原能力及自由基清除能力,且对 DPPH 自由基及超氧阴离子自由基的清除能力较强。

(六)抗肿瘤

据杜秀菊、潘迎捷研究报道:3 个金耳菌株菌丝体醇提物对体外肿瘤细胞株(小鼠白血病细胞株 L1210、人乳腺癌细胞株 MCF-7 和人肠腺癌细胞株 SW620)的增殖均有明显的抑制作用。苏槟楠、王常青等研究发现,金耳发酵液对四氧嘧啶诱导的糖尿病小鼠有降血糖作用,大剂量组差异显著($P < 0.05$)。

(七)降血糖

张雯等采用正常小鼠和四氧嘧啶诱导的高血糖大鼠模型,灌胃给药,监测血糖,测定肝糖原、乳酸及脂代谢相应指标。结果显示:腹腔注射每天 75 毫克/千克剂量的金耳多糖 12 天可降低正常小鼠的血糖水平。连续给予每天 100 毫克/千克金耳多糖 23 天,大鼠血糖得到控制,血糖和血清三酰甘油比对照组显著降低;肝糖原含量、血乳酸水平均与对照无明显差异。说明金耳菌丝体多糖可有效降低糖尿病模型小鼠的高血糖水平,对高血糖引发的高血脂有一定防护作用。

二、 金耳经验方

（一）金耳羹方

[组方]　金耳 8 克,冰糖 10 克。

[制作]　金耳洗净切碎,浸泡 30 分钟,文火煨煮 1 小时至浓稠,放入冰糖
拌匀。

[用法]　每晚 1 剂,1 个星期为 1 个疗程,连服。

[功效]　清肺健胃,适宜肝炎、高血压及肺热痰多、咳嗽气喘老慢支者服用。

（二）金耳莲子方

[组方]　金耳 5 克,莲子 10 克,白糖适量。

[制作]　将金耳洗净切碎,莲子洗净,入砂锅浸泡 1 小时,文火煨炖 1 小时至
汤浓稠,加入白糖调味即可。

[用法]　每日 1 剂,早晚各 1 次,喝汤吃莲子,连服。

[功效]　健脾润肺生津,适宜感冒咳嗽、气喘痰多及肺结核症者服用。

金针菇

Flammulina velutipes

金针菇,又名:金钱菌、朴蕈、榎菇、冬菇、毛柄金钱菌、金菇、增智菇、朴菇、构菌等。

金针菇属于担子菌门、伞菌纲、伞菌亚纲、伞菌目、膨瑚菌科真菌。金针菇子实体一般较小,多数成束生长,肉质柔软有弹性;菌盖呈球形或扁半球形,直径1.5～7厘米,菌盖表面有胶质薄层,湿时有黏性,色白至黄褐;菌肉白色,中央厚,边缘薄,菌褶白色或象牙色,较稀疏,长短不一,与菌柄离生或弯生;菌柄中生,长3.5～15厘米,直径0.3～1.5厘米,白色或淡褐色,空心。担孢子生于菌褶子实层上,孢子椭圆形或梨核形(3.5～4.2×5.5～8微米),无色,光滑。早春、晚秋至初冬生,多生长于柿、构、榆、朴、桑、椴等阔叶林的枯木、腐木桩或根部,丛生。金针菇的分布十分广泛,在北至黑龙江南到广东的18个省份都有分布。近30年来,我国金针菇栽培研究和产业化兴起,产量在世界各国中最多。

金针菇既是一种营养十分丰富的食用菌,也是保健和疗效价值较高的药用菌。金针菇含有18种氨基酸,其中8种必需氨基酸为人体不能自身合成。金针菇所含的氨基酸中,赖氨酸、精氨酸、谷氨酸、天冬氨酸的含量特别高,含量均超过1%,为一般食品所不可比拟。在这4种氨基酸中,谷氨酸、精氨酸有增长智力的作用,赖氨酸有促进生长发育的效果。金针菇含有丰富的多糖、核苷酸类、火菇素、多糖蛋白等成分,人体平衡吸收多种成分,多食也不会产生不良反应。金针菇有良好的保健与药效价值,具有促进儿童生长发育、提高学习记忆能力、抗疲劳、延长寿命、提高机体抗逆能力、提高免疫功能和降血脂等功效。

一、 金针菇的药理作用

(一) 增强记忆力

金针菇有提高学习记忆力的作用,在食用菌界金针菇又叫作"增智菇"。小鼠通常喜暗、避光,但若在暗处设一电击器,小鼠受电击后会跑到亮处来,通过多次电击后,小鼠就会有记忆,会有避暗反应。测定小鼠通过学习后的避暗能力就能了解小鼠学习后的记忆能力。

试验一：试验用小鼠分成两组，实验组每日灌服金针菇提取液 2 次，连续 12 天；对照组灌服蒸馏水，然后进行电击避暗学习训练，连续 4 天。电击后直接跑入亮区为正确，反之为错误，实验电压为 25 伏，每天训练 10 次，每次间隔时间为 1 分钟。正确避暗反应率：试验第 1 天对照组 48.33±15.3，实验组 55.0±21.5；第 2 天对照组 72.4±14.4，实验组 81.7±19.0；第 3 天对照组 75.0±15.1，实验组 95.8±90；试验第 4 天，对照组 80.8±13.8，实验组 99.2±2.9。最初 2 天，小鼠从未受过学习记忆训练，所以最初两天进入亮区的正确反应率较低，到第 3 天、第 4 天时不用电击就会进入亮区，正确反应率提高，表明小鼠的避暗反应能力确实得到了提高。结果：两组小鼠避暗反应率有明显的差别，金针菇组鼠的避暗反应准确率明显高于对照组。

试验二：小鼠分成两组各 18 只，分成金针菇组和对照组。金针菇组每天口服金针菇提取液 2 次，每克体重服 10 毫克的鲜金针菇菌丝提取液，连续 12 天；对照组服生理盐水。同时进行走 Y 形迷宫和跳台训练，第 13 天时测其走 Y 形迷宫和跳台实验的正确反应率(跳台实验箱的大小为 12 厘米×8 厘米×8 厘米，箱底某一位置装有电栅板，跳在电栅板外为正确)。结果：跳台正确率，对照组 40.0%，金针菇组 83.3%；走迷宫正确率，对照组 20.0%，金针菇组 66.7%。表明服用金针菇提取液小鼠的正确跳台次数和走 Y 迷宫的能力显著高于对照组。

（二）抗疲劳

疲劳是血中乳酸含量过高造成的，乳酸使人产生疲劳感和阻碍葡萄糖的氧化利用。运动时肌肉中氧含量不足，葡萄糖就会进入无氧酵解的生化途径，从而产生乳酸、肌酐和尿酸等中间代谢物。年老体弱的机体乳酸脱氢酶活性必然很低，肌肉和肝脏中肌糖原、肝糖原含量也少，血液供氧能力也低。运动时体内氧不足时，血乳酸、血尿素氮升高，机体就会产生疲劳感，所以运动时间不能持久。金针菇能提高血乳酸脱氢酶活性，提高肌肉和肝脏中肌糖原、肝糖原的含量，降低运动后血乳酸、尿素氮、血清肌酐含量，从而降低疲劳程度，延长运动时间。

试验一：试验用小鼠连续服用金针菇提取液 29 天，然后测定运动前后小鼠血乳酸含量的影响。运动前安静时,对照组 22.0 毫克/毫升、金针菇组 21.0 毫克/毫升;运动后 20 分钟,对照组 51.2 毫克/毫升、金针菇组 36.3 毫克/毫升;运动后 50 分钟,对照组 41.1 毫克/毫升、金针菇组 22.0 毫克/毫升。结果表明:服金针菇提取液小鼠比未服小鼠有明显降低。

试验二:小鼠连续服用金针菇提取液 15 天,然后处死小鼠,取后肢肌肉和肝脏,测定其肌糖原和肝糖原含量。结果:对照组肝糖原 0.28 毫克/毫升,后肢肌糖原 2.16 毫克/毫升;金针菇组肝糖原 0.36 毫克/毫升,后肢肌糖原 3.53 毫克/毫升。表明:服金针菇提取液小鼠的肝和后肢肌糖原含量明显高于对照组。

试验三:小鼠分成两组,对照组服未培养过金针菇的培养液,试验组服金针菇发酵菌丝体,连续 15 天,然后测定。结果:服金针菇前乳酸脱氢酶活性,对照组(32.1 ± 3.9)微克/升,金针菇组(32.2 ± 4.5)微克/升;服金针菇后乳酸脱氢酶活性,对照组(32.5 + 2.2)微克/升,金针菇组(37.6 + 7.1)微克/升;金针菇组乳酸脱氢酶活性增加百分率 15.6%。表明:服金针菇发酵菌丝体小鼠的乳酸脱氢酶活力高于对照组。

试验四:小鼠连续服用金针菇提取液 12 天,再让其在水中游泳,然后测定其游泳前后血清尿素氮含量(毫克/克)。结果:对照组游泳前(8.29 ± 1.25)毫克/克,游泳后(6.94 ± 1.69)毫克/克;金针菇组游泳前(7.81 ± 1.70)毫克/克,游泳后(3.75 ± 1.23)毫克/克;游泳前金针菇组/对照组 94.0%,游泳后金针菇组/对照组 54.0%。表明:服金针菇提取液小鼠血清尿素氮显著比对照组低。

试验五:小鼠连续注射金针菇提取液,对照组注射生理盐水,末次注射后,小鼠尾部挂一块 2 克重的铅块,然后投入 20℃、30 厘米深的水中让其游泳,记录小鼠沉入水中无力浮起的时间。结果:对照组游泳时间 13.8 秒,金针菇组 27.2 秒,金针菇组/对照组 196%。表明:注射金针菇组的游泳时间显著长于对照组。

(三)增强机体耐缺氧能力

金针菇能增强体质,降低静止状态下的机体耗氧量,提高氧的利用率,因而有提高机体耐缺氧的能力。用两组小鼠做试验,分别注射生理盐水(对照组)和等体积的金针菇提取液,连续注射 10 天。末次给药 1 小时后,投入 250 毫升有钠石灰的无氧瓶中,用凡士林密封,观察小鼠在无氧条件下的生存时间。结果:生理盐水组鼠存活时间为 37.9 分钟,金针菇组鼠存活时间为 52.5 分钟,两者相差38.5%。

(四) 抑制肿瘤

金针菇中抗肿瘤的主要有效成分是朴菇素(一种弱酸性糖蛋白)。金针菇具有提高机体免疫功能,且有抑制肿瘤细胞合成 DNA、RNA 和蛋白质的能力,因而有抑制肿瘤生长的作用。据曾庆田、赵军宁等研究报道:金针菇水溶性多糖对小鼠肿瘤 S180 等具有明显的抗肿瘤活性,能使瘤组织坏死增加,糖原减少,与云芝多糖的疗效相近。据朱宴妍、王瑞等发现,柳生金针菇胞外粗多糖可明显增加血清中各种细胞因子的表达,通过增强细胞和体液免疫功能起到抗肿瘤作用。

金针菇对肿瘤的抑制作用可能是通过抑制肿瘤细胞有丝分裂繁殖和促进肿瘤细胞坏死而实现的。将肝肿瘤细胞用含小牛血清的合成培养基培养,再加入金针菇多糖,继续培养 4 小时,然后观察测定。结果:金针菇组肝癌细胞的线粒体代谢活性比对照组降低 40%。在 22 孔瓷板上试验,肝癌组培养孔中加入金针菇提取物,对照组肝癌细胞培养孔中不加金针菇提取物。结果:加金针菇提取物的培养孔肝癌细胞的有丝分裂指数为 8.5±0.9,而对照组为 18.2±1.1,金针菇组对肝癌细胞有丝分裂指数抑制率达到 53.2%。

组织学和生物化学测定表明,金针菇有促进肿瘤细胞坏死和抑制肿瘤细胞活性的作用。实验用小鼠先接种 S180 皮肤肉瘤,然后分别给予服用生理盐水(对照组)和金针菇提取液,连续 7 天,再取瘤块作组织学和生物化学测定。结果:对照组鼠瘤块的自然坏死程度为 1.4 分;金针菇组的自然坏死程度为 2.0 分(坏死程度高,分数高;坏死程度低,分数低),表示肿瘤细胞活性强弱的碱性磷酸酶、酸性磷酸酶、碱性非特异性脂酶活性,金针菇组明显降低,活性评分比对照组下降 50%以上。

(五) 延缓衰老,延长寿命

金针菇具有增强体质之效,所以长服金针菇可延缓衰老,延长寿命。据郑立明、曾长华等研究报道：野生果蝇的基础饲料中每 100 克培养料分别添加 1 毫升、5 毫升、10 毫升的金针菇口服液，放在 25 ± 1℃无光照的培养箱中培养，相对湿度 65%～85%，饲料 3 天更换 1 次。家蝇的饲养方法是在饮水中添加 5%、10% 量的金针菇口服液。野生果蝇平均寿命结果：对照组雄性（58.52 ± 17.33）天，雌性（75.15 ± 9.42）天；1% 浓度金针菇组雄性（57.10 ± 16.88）天，雌性（77.71 ± 5.33）天；5% 浓度金针菇组雄性（68.16 ± 9.36）天，雌性（76.46 ± 7.49）天；10% 浓度金针菇组雄性（63.33 ± 10.89）天，雌性（80.68 ± 6.08）天。家蝇平均寿命结果：对照组雄性（45.77 ± 11.11）天，雌性（43.57 ± 12.42）天；5% 浓度金针菇组雄性（50.65 ± 9.24）天，雌性（49.21 ± 12.35）天；10% 浓度金针菇组雄性（55.26 ± 7.28）天，雌性（51.37 ± 7.14）天。显示无论野生果蝇或家蝇，用金针菇提取液培养后，寿命明显延长。

（六）增强免疫功能

金针菇有提高机体免疫力的作用。据安明榜、梁发权研究：金针菇多糖能促进脾淋巴细胞的增殖和白细胞介素 - 2（IL - 2）产生，用 ^{3}H-腺嘌呤脱氧核苷（^{3}H-TdR）掺入的方法观察金针菇多糖（FVP）（0.5～10 毫克/毫升）对刀豆蛋 A 诱导的正常大鼠脾淋巴细胞的增殖作用。结果：脾淋巴细胞增殖十分显著（$P<$ 0.01），但较大剂量的金针菇多糖对免疫功能反而有抑制作用。金针菇多糖还可降低氢化可的松对脾淋巴细胞增殖的抑制（$P<0.01$）。金针菇还能显著提高脾淋巴细胞产生白细胞介素-2（$P<0.01$），使氢化可的松抑制的脾淋巴细胞产生白细胞介素-2 的能力提高。

金针菇对已患肿瘤动物也有提高免疫功能之效。有关文献报道，以 YAC-1 细胞作靶细胞，测定淋巴细胞转化率和自然杀伤细胞（NK 细胞）活性。结果：对照组淋巴细胞转化指数 1.23 ± 0.25，自然杀伤细胞杀伤力 34.23% ± 6.45%；金针菇组淋巴细胞转化指数 1.94 ± 0.43，自然杀伤细胞杀伤力 52.53% ± 7.60%。表明：服用金针菇提取液鼠的淋巴细胞转化率和自然杀伤细胞活性均比对照鼠有明显提高。

（七）抗炎

有研究报道，从金针菇中分离出来的一种免疫调节功能蛋白（FIP-fve），具有免疫调节作用和细胞凝集活性。免疫调节功能蛋白纯化后是 114 个氨基酸构成的一条多肽链，相对分子量为 12 704 单位。免疫调节功能蛋白具有免疫调节活性，同时对小鼠系统过敏症具有抑制作用。对小鼠通过皮下或腹腔注入牛血清白蛋白（BSA）使其致敏，在 17 天后再次注入牛血清白蛋白加强免疫，所有小鼠便患上过敏症，在最后注入牛血清白蛋白的 30 分钟内，观察发现到小鼠死亡。但实验组中分别注入 6～7 次免疫调节功能蛋白的小鼠并未出现过敏症，这表明该免疫调节功能蛋白有抗过敏作用。

采用鼠耳二甲苯致炎法试验：小鼠分成两组，一组为对照组，注射生理盐水；试验组分别注射不同剂量的金针菇多糖。1 小时后，两只耳均滴二甲苯 1 滴，20 分钟后处死小鼠，剪下双耳，用直径 6 毫米的打孔器打下双耳圆片，置于 70% 丙酮中。24 小时后，以测溶液吸光度（OD）（波长 610 毫米）值，测定小鼠双耳滴注二甲苯后致炎程度。吸光度值高表明炎症反应强烈。结果：注射金针菇多糖的鼠，吸光度值显著低于对照鼠。

（八）降低胆固醇

魏华等报道，金针菇除含有五-胞腺苷（5′-CMP），还含有 5′-AMP、5′-UMP 等核苷酸。Takashima 曾提出，香菇降血浆胆固醇的主要成分是一种腺嘌呤衍生物。Kanedaz 在同一实验曾用 5% 金针菇提取液作为对比组之一，观察金针菇对大鼠血浆胆固醇的影响，发现金针菇与香菇一样，同样具有降低胆固醇的作用。

（九）保护肝脏

刘冬等报道，富锗金针菇多糖具有保护肝脏细胞、防止肝细胞坏死的作用。有研究者采用 0.2% 的四氯化碳溶液制备小鼠急性肝损伤的模型，用富锗金针菇多糖（CFVP）和阳性对照联苯双酯灌胃给药，测定血清丙氨酸氨基转移酶活性，并对小鼠的肝脏进行切片观察；之后采用二步分离法制备小鼠原代肝细胞，检测富锗金针菇多糖精制品 FVP1 对四氯化碳损伤原代肝细胞的血清丙氨酸氨基转移酶活力的影响。结果表明,FVP1 中剂量组、低剂量组使培养液中的血清丙氨酸氨基转移酶活性明显低于模型组,有着极显著性差异($P < 0.01$),即血清丙氨酸氨基转移酶明显减少;低剂量组与模型组相比同样具有显著性差异($P < 0.05$),表明 FVP1 对四氯化碳损伤的原代小鼠肝细胞具有保护作用。

二、 金针菇经验方

（一）金针菇降脂方

［组方］　金针菇、香菇各 50 克,调味品各适量。

［制作］　将金针菇、香菇洗净,香菇切片,一起入锅煮汤食用。

［用法］　经常食用。

［功效］　辅助降低血脂和降胆固醇。

（二）金针菇补肾固精方

［组方］　金针菇 150 克,核桃 100 克,荸荠 50 克,调味品各适量。

［制作］　将金针菇洗净,核桃瓣碎,荸荠洗净切片,一起入锅煮汤食用。

［用法］　经常服用。

［功效］　补肾固精,温肾定喘,润肠通便。适宜肾虚咳喘、肾虚耳鸣、肝胃气痛及胃神经痛、便秘、高血压等症者服用。

（三）金针菇息风润燥方

［组方］　金针菇 150 克,松子仁 50 克,调味品各适量。

［制作］　将松子仁炒香,放入金针菇,倒入鸡汤,烧熟调味即可食用。

［用法］　经常服用。

［功效］　补益肠胃、镇惊息风、润肺平喘,降胆固醇,预防心脑血管疾患。

（四）金针菇灵芝方

[组方]　金针菇 20 克,灵芝 20 克,猴头菇 20 克。

[制作]　灵芝切片,与金针菇、猴头菇同入砂锅内,加水用文火煎煮两次每次
　　　　1 小时,滤取合并煎液。

[服法]　每日 1 剂,早晚各 1 次,喝汤吃菇。连服 2～3 个月,也可长期服用。

[功效]　提高免疫力,降低放疗、化疗不良反应。适宜各种肿瘤患者服用。

茯　苓

Wolfiporia extensa

茯苓,又名:茯菟、茯灵、松腴、绛晨伏胎、云苓、茯兔、松薯、松苓等。

茯苓属于担子菌门、伞菌纲、多孔菌目、多孔菌科真菌。茯苓的生长环境和过程很是奇特。奇之一:茯苓能在枯死的松树上生长。松树的树脂有杀菌作用,其他食用菌均不能生长,而茯苓只能在松树上生长。奇之二:茯苓可食用部分是菌核(相当于马铃薯的块茎),而其他大部分食用菌食用部分常为子实体(相当于水果的果实)。茯苓子实体很小,无食用价值。茯苓菌核是一团缠绕在一起的菌丝团,生长在地下松树根上或人工接种后埋于土中的松树段木上,小的百来克、大的数十千克。奇之三:茯苓的采收过程比较特殊。当表土裂开或特别容易干燥时,表明地下茯苓菌核已可采收,此时可刨开土取出茯苓。新鲜茯苓含有 50% 左右水分,但不能暴晒,也不能直接烘干。茯苓采收后应先去除表面泥土,再将其堆置在屋角阴凉处的草垫上,上面盖上稻草或松毛,使它呼吸发汗、蒸去水分,每隔3~5天翻动一次茯苓堆,除去茯苓表面上的水珠,再堆置发汗。经过 3~4 次发汗后,茯苓菌核内部的水分大部分已通过发汗去除,表皮变成深褐色,这时再削去皮,切片,烘干,制成成品。

茯苓是传统著名的食药两用真菌,入药和食用部位是真菌的干燥菌核,既可治病,又能食用。作为一种食品,茯苓在古代饥荒时常用来充饥。相传诸葛亮南征云贵时,因道路崎岖潮湿,天气多雨,行军休息时,常不及煮饭,遂将糯米、茯苓、黑枣肉煮熟捣烂,拌和成丸,烘干随身携带,方便且极耐饥,妥善化解行军吃饭问题。当今食品产业利用茯苓为主材生产制作食品,地方风味零食颇多,如茯苓饼、茯苓糕、茯苓饮品等。

中医药书籍记载:茯苓味甘、淡,性平,归心、肺、脾、肾经,有健脾、利水祛湿、宁心和解毒之效。《神农本草经》记载茯苓能"主胸胁逆气,忧恚,惊邪,恐悸,心下结痛,寒热烦满,咳逆,口焦舌干,利小便。久服安魂养神,不饥延年";《名医别录》谓茯苓可"止消渴,好睡,大腹,淋漓,膈中痰水,水肿淋结。开胸腑,调脏气,伐肾邪,长阴,益气力,保神守中";《药性论》也记载茯苓功能"开胃,止呕逆,善安心神。主肺痿痰壅。治小儿惊痫,心腹胀满,妇人热淋"。《日华子诸家本草》提出茯苓"补五劳七伤,安胎,暖腰膝,开心益智,止健忘"。

茯苓有效成分主要是茯苓聚糖和茯苓酸。茯苓聚糖含量高达茯苓菌核质量的 93% 以上,都是 β-构形的多糖,在水中的溶解度低。近代药理研究表明,茯苓有多方面的药理作用。茯苓是各种中药方剂中使用面最广、出现频率最多的配伍用药,既可单独应用于治病,也可作其他中药的配伍使用,使药效发挥得更好,配伍主治水肿尿少、痰饮眩悸、脾虚食少、便溏泄泻、心神不安、惊悸失眠诸症。茯苓药材有许多规格,如赤茯苓、白茯苓、茯神、茯苓皮等数种。各种规格的茯苓功效略有差别。赤茯苓、白茯苓祛湿、利尿较好;茯神安神较好;茯苓皮利尿、消水肿较好。茯苓皮因含有大量泥沙,常作废弃物利用程度不高。

一、 茯苓的药理作用

(一) 利水消肿

茯苓有良好的利尿作用,可用于治疗寒热虚实各种水肿,而以脾虚饮停最佳。李森等研究表明,茯苓水煎剂 0.5～1.0 克/毫升灌胃对于盐水负荷大鼠、小鼠模型均有较显著的利尿作用,且不受体内酸碱平衡变化的影响。茯苓的 K^+ 排出量较对照组显著升高,Na^+/K^+ 较对照组降低,可能原因为茯苓促进 Na^+ 排泄与其中含 Na^+ 量无关(因其 Na^+ 含量极低),而增加 K^+ 排泄与其所含大量钾盐有关。与髓袢利尿药呋塞米相比,茯苓的利尿作用较持久,由电解质紊乱所引起的乏力、心律失常、肠蠕动紊乱、倦怠、嗜睡、烦躁甚至昏迷等不良反应较少。可见茯苓的利尿作用较西药缓和,其作用持久,较为安全,是寻找更好利尿药的主要探索方向。

金琦等研究发现,茯苓利尿消肿的主要有效成分为茯苓素。茯苓素具有和醛固酮及其拮抗剂相似的结构,体外可竞争醛固酮受体,体内逆转醛固酮效应而不影响醛固酮的合成,因茯苓素能激活细胞膜上的 Na^+,K^+-ATP 酶和细胞中总腺苷三磷酸(ATP)酶,进而促进机体的水盐代谢功能。

(二) 抑制变态反应

湿疹是一种免疫性疾病,外界抗原或半抗原物质进入体内,或自身细胞受到某种不良因素诱导产生自身抗原物质后,会造成致敏,以后再次出现相同外来抗原(如花粉、尘、螨)或自身出现生理异常时,就会产生免疫过敏(湿疹反应)。茯苓有较好的治疗湿疹疗效。

据文献报道,用皮下注射正常马血清的方法建立Ⅲ型变态性反应模型,然后用茯苓多糖腹腔注射,连续 25 天,对照组小鼠腹腔注射生理盐水。结果:腹腔注射茯苓组小鼠,白细胞介素-2 抗体(SIL-2R)低于对照组,白细胞介素-2 高于对照组,肿瘤坏死因子 α(TNF-α)低于对照组。白细胞介素-2 抗体是一种抗白细胞介素-2 的抗体,SIR-2R 和过量的肿瘤坏死因子 α 会引起变态反应。白细胞介素-2 是一种由淋巴细胞在抗原及有丝分裂原刺激下分泌的重要淋巴因子,有促进 T 细胞生长、增殖,增强自然杀伤细胞(NK 细胞)活性,促进淋巴细胞分泌干扰素、抑制 MIR-2R 和过量的肿瘤坏死因子 α 的生成等作用。茯苓有提高白细胞介素-2 分泌量,抑制MIR-2R 和过量的肿瘤坏死因子 α 的生成,表明茯苓有抑制变态反应的作用。

据林熙然等研究:用二硝基氟苯(DNFB)涂于小鼠去毛的腹部,诱导小鼠致敏,第 5 天用二硝基氟苯再涂于左耳背以诱发炎症,再分别用茯苓等 30 种中药和氢化可的松等治疗;对照组服蒸馏水。试验数量共 32 组,然后测定鼠的湿疹发生程度、耳片厚度、耳片重和白细胞计数。结果:用茯苓治疗的小鼠,耳片质量轻,耳片薄,多形核白细胞、单核白细胞数量仅为对照组的 1/6 和 1/8。结果表明,茯苓对小鼠变态性接触性皮炎有显著抑制作用。

有研究报道,以茯苓为主,配合泽泻、黄柏、栀子、浮萍等中药制成的茯苓合剂,治疗急性、亚急性、慢性湿疹患者 63 例,连续服用 4 周。结果:皮损完全消失,症状消失,达到临床治愈的有 30 例;皮损部分消退、症状减轻、达到有效标准的也有 30 例;无效仅 3 例,临床治愈率达 47.6%。用抗组胺剂赛庚啶进行常规治疗的对照组,临床治愈率为 22.0%,两者疗效有显著差别。

茯苓治疗特殊型湿疹也有较好效果,可上调血浆降钙素基因相关肽(CGRP)的水平,临床治愈率达 47.6%,而用抗组胺药的常规法治疗组临床治愈率为 22.0%。

(三) 抑制肿瘤

羧甲基茯苓多糖能明显抑制肿瘤生长。茯苓对肿瘤的抑制作用是通过改变肿瘤细胞膜的特性,从而抑制肿瘤细胞生长实现的。肿瘤细胞膜上的磷酸酰肌醇(PI)在磷酸酰肌醇溶酶的作用下加速磷酸化,生成磷酸酰肌醇-4-磷酸(PIP),磷酸酰肌醇转化成磷酸酰肌醇-4-磷酸速度增高,肿瘤细胞增殖加速。茯苓多糖有抑制磷酸酰肌醇转换成磷酸酰肌醇-4-磷酸的效应,因而起到抑制肿瘤的效果。另发现,茯苓多糖处理 S180 瘤细胞时,肿瘤细胞细胞膜上磷脂的脂肪酸组成发生显著改变,C_{20}：4 和 C_{14}：0 两种脂肪酸降低,而 C_{20}：4 是肿瘤发展各阶段都起重要作用的前列腺素的前体,C_{20}：4 的降低,也表明茯苓对肿瘤有抑制作用。

无论在体外或体内,茯苓均能提高肿瘤坏死因子的分泌量,提高肿瘤细胞的死亡率。体外试验：培养液中加入茯苓提取物,小鼠腹水肿瘤细胞死亡率达到50.46%;而不加茯苓提取物的对照组,其肿瘤细胞的死亡率为 0%。体内试验：小鼠服用茯苓提取物后,产生的肿瘤坏死因子对肿瘤细胞的杀死率达到 88.26%。临床试验表明,肿瘤患者用卡介苗(BCG)诱生干扰素时,若再服用茯苓提取物,其卡介苗的用量可降低 90%,从而可显著降低卡介苗产生的不良反应,提高了安全性。

茯苓素对细胞的 DNA 具有显著的不可逆抑制作用,随着剂量的增大而增强,并且对肉瘤 S180、艾氏腹水病的抑制作用明显。茯苓多糖与茯苓的抗肿瘤作用是通过增强机体免疫力和直接细胞毒作用实现的,抗肿瘤的途径包括特异性免疫,非特异性免疫、抑制肿瘤细胞 DNA、RNA 的合成,可提高肿瘤细胞膜上的血清唾液酸 SA 含量,增强肝脏超氧化物歧化酶的活性。

肿瘤坏死因子是一种由巨噬细胞产生的细胞因子,可以在体外、体内特异性地杀死肿瘤细胞,而对正常细胞则无此影响。试验小鼠服用茯苓提取物,然后对小鼠巨噬细胞进行形态观察和生化测定。结果：巨噬细胞代谢、数量、形态、吞噬功能、细胞膜酶活性均发生明显变化,其吞噬功能、溶酶体释放量显著增加。

据谈新堤、王芒峰等研究,用 0.9% 的 NaCl 水溶液从茯苓菌丝体中提取茯苓多糖,再用硫酸脂化,使茯苓多糖改性。结果：改性的茯苓多糖药理活性明显提高,对 S180 皮肤肉瘤的抑制率达到 38.39%。组织学观察硫酸脂化茯苓多糖治疗组的肿瘤细胞出现成片坏死,也看见肿瘤细胞染色质浓缩、边聚,甚至呈半月形,表明肿瘤细胞在坏死时同时出现凋亡。而肝、肾等器官未见组织学损伤。表明茯苓多糖经结构改造后,药理活性有了明显的提高。

据刘惠知、吴胜莲等研究：茯苓多糖和茯苓三萜类物质对肿瘤、免疫调节功能、抗炎、泌尿系统都有良好疗效。据吴胜莲、邵晨霞等研究：茯苓发酵液对人宫颈癌细胞 Hela、小鼠黑色素瘤细胞 B16 和肝癌细胞 Hep-3B 均有较好的抑制效果。

（四）增强免疫功能

茯苓有提高机体免疫细胞活性，提高多种体液免疫因子分泌量的作用，有良好的增强机体免疫功能的效果。茯苓增强机体免疫功能的有效成分主要是茯苓多糖，但天然的茯苓多糖水溶性很差。用水提取时，茯苓多糖几乎不溶解于水，药理作用也不显著，但经过改性后，或切去侧链，或将多糖某些末端化学键羧甲基化使之呈水溶性时，药理活性就会显著提高。

胸腺、脾脏是孵育骨髓干细胞分化成 T 细胞和 B 细胞的器官。脾脏、胸腺萎缩，免疫功能必然低下，容易产生疾病；胸腺、脾脏发达，免疫功能强健，寿命也会随之延长。老年动物服用茯苓 30 天，胸腺、脾脏质量显著高于对照组。试验用小鼠分别灌服水溶性羧甲基茯苓多糖(一种改性的茯苓多糖，功效比未改性的强)和蒸馏水(作对照)，连续 11 天。在第 5 天时，均皮下注射有毒化学药物环磷酰胺(Cy)，以抑制其免疫功能。到第 11 天时，取眼球血测定，取胸腺、脾脏称重。结果：服羧甲基茯苓多糖同时注射环磷酰胺的小鼠，其胸腺、脾脏、溶血素值比未服羧甲基茯苓多糖的对照组显著提高。另取 4 组小鼠，用上述方法服药，到第 10 天时腹腔注射 5%鸡红细胞，第 11 天时测定。结果：巨噬细胞吞噬指数和吞噬百分率、自然杀伤细胞活性，茯苓组比对照组都明显提高。

据陈春霞研究：羧甲基茯苓多糖能明显增强荷瘤小鼠腹腔巨噬细胞的吞噬功能，明显增加小鼠脾抗体分泌细胞数以及特异的抗原结合细胞数，明显增强小鼠对牛血清白蛋白诱导的迟发型超敏反应，明显增强小鼠脾 T 细胞生长因子的生长，这可能是其增强免疫应答功能及抑瘤率的机制之一。

据纪方、李鹏飞等研究：小鼠接种 HK 肿瘤细胞，再分别注射 2、4、6 毫克/毫升的 3 个剂量的羧甲基茯苓多糖，然后观察小鼠免疫功能变化状况。结果：3 个剂量的茯苓多糖都能提高淋巴细胞转化率和自然杀伤细胞杀伤能力。

（五）保肝

茯苓有保护肝脏、预防化学药物损伤肝脏的作用。陈春霞报道，羟甲基茯苓多糖(CMP)能减轻四氯化碳对鼠肝脏的损伤，使肝组织病理损伤减轻，血清丙氨酸氨基转移酶活性下降，还能使大鼠被部分切除的肝脏再生能力提高，再生肝重和体重之比增加。羟甲基茯苓多糖注射液能显著提高慢性肝炎患者血清 IgA 水平，降低 IgG、IgM 含量，并使 HBsAg 滴度下降。羟甲基茯苓多糖具有体外抗乙型肝炎病毒(HBV)作用，临床用于慢性乙型肝炎(CHB)和肝硬化的治疗取得一定疗效。羟甲基茯苓多糖能显著减轻四氯化碳所引起的肝纤维化大鼠的损伤程度。

据周维研究：羟甲基茯苓多糖可减弱肝纤维化大鼠肝脏转化因子 β(TGF-β)的表达，而减弱肝脏转化因子 β 对肝星状细胞(HSC)的活化作用及对胶原蛋白基因表达的促进作用。Smads 蛋白家族为肝脏转化因子 β 膜受体的特异性底物，据其功能可分为膜受体激活的 Smad(R-Smad)、通用型 Smad (Co-Smad)和抑制性 Smad (I-Smad)。羟甲基茯苓多糖可显著抑制 Smad-3(是传导肝脏转化因子 β 信号的主要信息分子，属于 R-Smad 类)的表达，从而减弱其对 HSC 的活化和对胶原合成的促进作用。羟甲基茯苓多糖还能上调 Smad-7(属于 1-Smad 类)的表达，抑制 R-Smad 磷酸化。可见，羟甲基茯苓多糖可调节肝脏转化因子 β-Samd 信号通路减弱的激活，降低肝纤维化、肝硬化甚至肝细胞癌的发生，但羟甲基茯苓多糖的保肝机制尚不是很清楚，有待进一步的研究。

（六）延缓衰老

据王海峰研究：胞浆内钙稳态失衡与中枢神经系统疾病的发生具有密切关系，其中胞浆内钙离子超载对细胞的结构和功能都能造成较大破坏。谷氨酸是一种兴奋性神经递质，若分泌过多，将会导致神经细胞发生结构异变甚至死亡。大量实验显示，胞浆内钙离子浓度可在谷氨酸浓度达到 31～1 000 微摩/升后升高，而当茯苓水提取液浓度达到 31～250 微摩/升时，胞浆内钙离子浓度也会升高，升高幅度约为9.9%～33.0%。若进一步升高茯苓提取液浓度则胞浆内钙离子水平也会升高，当浓度达到 500 微摩/升时，则不会发生明显变化。若茯苓提取液浓度达到 31～2 000 微摩/升时,对 500 微摩/升的谷氨酸提高胞浆内钙离子浓度有显著作用。当浓度超过 500 微摩/升时,将达到抑制高峰,并较为平稳。对谷氨酸提高钙离子能力抑制作用可由 76.2% 降至 23.2%。此外,还有研究显示,茯苓提取液还能在基因转录水平下对酪氨酸 RNA 的表达进行调整,可提高皮肤中的羟脯氨酸含量,而羟脯氨酸含量越高越不易衰老。

(七) 健脾养胃

何伟等用茯苓饮 500、1 000、2 000 毫克/千克灌胃,对大鼠胃黏膜损伤有良好保护作用,其中对盐酸和无水乙醇模型,茯苓饮高剂量组优于甲氰咪胍 $P<$ 0.05,或 $P<0.01$。结果提示茯苓饮增强胃黏膜屏障功能可能比抑制胃酸分泌作用更重要。

屈振壮等采用自拟方益胃饮(党参、白术、茯苓、陈皮、黄莲、丹参、枫实等)治疗慢性胃炎 251 例。总有效率 94.82%。该方具有健脾祛湿、消积理气、抑火逐瘀之功效。

高寿征等用中药胃宁冲剂(党参、茯苓、白术、木香、川楝子、乌梅等)对经纤维胃镜及病理证实为慢性浅表性胃炎的 408 例患者进行临床观察。结果:症状有效率 90.5%,胃镜有效率 81.9%,病理有效率 72.8%,与对照组相比有显著差异。

黄一梅采用健脾治疡汤(黄芪、党参、茯苓各 15 克,海螺蛸 30 克,当归 10 克,砂仁 8 克,甘草 6 克)治疗老年性消化性溃疡 87 例,总有效率 94.3%。对照组 45 例,服用甲氰眯胍片 0.2 克/次,每天 3 次,总有效率 80.0%。两组比较,有显著性差异($P<0.05$)。

王春桂等采用健脾益肠汤(木香、白芍、当归、白术、黄芪、陈皮、茯苓、升麻、厚朴、白花蛇舌草、甘草)治疗慢性结肠炎 153 例,总有效率 98%。提示本方具有健脾补气之作用。

(八) 茯苓的其他药理

茯苓有维护神经细胞的功能。羧甲基茯苓多糖能双向调节神经细胞中钙(Ca^{2+})离子浓度,保护神经细胞免受叠氮钠等化学药物的损伤。

茯苓有增强心血管系统的功能。茯苓能增强蛙离体心脏的收缩力,降低毛细血管的通透性,降低眼底血压,增加心肌营养性吸收量。

茯苓能保护肾脏免受氧自由基攻击而受损伤。体外用氧自由基攻击肾组织试验时,同时服用茯苓合剂,氧攻击明显受到抑制,自由基对冻融蟾蜍肾脏的损伤作用降低;血浆脂质过氧化物(LPO)和红细胞膜脂质过氧化产物丙二醛(MDA)含量也明显降低;谷胱甘肽过氧化物酶(GSH-Px)活力明显提高;肾脏组织、结构、肾皮质、髓质分辨清楚,肾小球、肾小管、毛细血管功能完好。据陈济琛、郑永标研究报道:茯苓发酵茶具有显著利尿作用。

茯苓能治疗脂肪肝。用以茯苓为主的复方中药治疗脂肪肝 52 例。结果:治愈 18 例,显效 21 例,有效 7 例,总有效率达 88.5%。

茯苓能治疗糖尿病。能保护生殖系统及精子免受药物的损害。

茯苓还能有增强机体正常细胞蛋白质、核酸合成的能力。茯苓能降低体内酪氨酸酶活性和消除皮肤黄褐斑。

二、 茯苓经验方

(一) 茯苓平悸方

[组方] 茯苓、茯神、石菖蒲、远志各 30 克,人参 45 克,白术、麦冬各 15 克,朱砂 3 克。

[制作] 将所有的原料均碾成粉末,用蜂蜜拌和。

[用法] 每日 2 次,每次 5 克服用。

[功效] 辅助治疗心悸。

(二) 茯苓化湿汤

[组方] 茯苓 12 克,半夏 9 克,甘草、陈皮各 3 克。

[制作] 原料放入砂锅,加水文火连煎 2 次各半小时,滤取合并两次煎液。

[用法] 每日 1 剂,早晚各 1 次服用。

［功效］ 健脾燥湿、化痰理肺,适宜慢性支气管炎患者服用。

（三）茯苓平喘方

［组方］ 茯苓 6 克,桂枝、厚朴各 3 克,杏仁 4 克,苏子、甘草各 2 克。

［制作］ 将全部原料放入砂锅内,加水用文火连煎 2 次,每次煎煮半小时,滤取煎液,合并两次煎液即可。

［用法］ 每日 1 剂,早晚各 1 次服用。

［功效］ 辅助治疗哮喘。

（四）茯苓消水方

［组方］ 茯苓 30 克,梅树叶 30 克。

［制作］ 将茯苓、梅树叶晒干碾磨成粉。

［用法］ 每日 1 剂,每次 3 克,早晚各 1 次,用温开水送服。

［功效］ 清利水肿。

（五）茯苓健胃方

［组方］ 茯苓 30 克,炙甘草、肉桂各 9 克,白术 12 克。

［制作］ 将全部原料放入砂锅内,加水文火连煎 2 次各半小时,滤取合并两次煎液即可。

［用法］ 每日 1 剂,早晚各 1 次服用。

［功效］ 辅助治疗消化道溃疡,胃脘胀痛、食少、纳呆,精神委靡、便溏等。

（六）茯苓云芝姬松茸多糖方

［组方］ 茯苓、云芝、姬松茸多糖各 200 克。

［制作］ 由有资质的企业加工成复合多糖产品。

［用法］ 每日 3 次,每次 10 克,饭后服用。

［功效］ 增强机体免疫力,适宜宫颈癌患者服用。

茶树菇

Agrocybe cylindracea

茶树菇,又名:杨树菇、茶薪菇、柳松菇、柱状田头菇、柱状环绣伞等。

茶树菇属于担子菌门、伞菌纲、伞菌亚纲、伞菌目、球盖菇科真菌,子实体单生、双生或丛生,自然条件下多生长于小乔木类油茶林腐朽的树根部及其周围,生长季集中在春夏之交及中秋前后,发生率受上年度降水量影响。茶树菇菌盖表面平滑,直径 5～10 厘米,呈暗红褐色;菌肉白色中实,菌柄黄白中实,长 10 厘米左右。主要分布在北温带和亚热带地区,我国福建古田、江西广昌多产。

茶树菇含有丰富的蛋白质,氨基酸种类齐全,还含有钙、镁、锌、铁等多种矿物质元素以及维生素,营养丰富,味道鲜美,气味香浓,是一种营养价值很高的食用菌。茶树菇还具有很好的药用价值。传统医学认为,茶树菇性平、甘温、无毒,具有滋阴补肾、健脾养胃、益气开胃的功效,有"中华神菇"美誉。现代研究也表明,茶树菇中的多糖类活性物质具有抗肿瘤、延缓衰老、抗氧化和调节机体免疫力等功能。

一、 茶树菇的药理作用

(一)抗氧化

茶树菇具有很强的抗氧化活性。胡晓倩等发现茶树菇多糖具有良好的抗氧化性能。郝龙分离出 EPS、IPS 和 ISPS 3 种茶树菇粗多糖组分,发现茶树菇的 3 种粗多糖均具有较强抗氧化活性,且添加硒元素能提高茶树菇多糖的抗氧化能力。

高赏等研究报道:茶树菇不同部位提取物的抗氧化活性具有明显的量效关系,随着浓度的增加,清除率也随之增加,抗氧化活性也增强。

包辰等从茶树菇原料中提取茶树菇多酚也具有抗氧化性,对羟基自由基和超氧负离子自由基具有一定的清除能力。以果蝇作为模式动物,探究茶树菇多酚对果蝇寿命的影响,结果表明茶树菇多酚能够提高果蝇平均寿命和半数死亡时间。

（二）免疫调节

茶树菇多糖具有免疫调节功能，主要通过激活免疫系统起作用。茶树菇多糖对小鼠巨噬细胞的吞噬活性具有明显的增强作用，能增加巨噬细胞数量、促进巨噬细胞的吞噬能力。

据陈少英等研究：通过水、酸、碱三种浸提法从茶树菇子实体提取粗多糖，分别腹腔注射（200 毫克/千克）免疫小鼠，观察三种提取物对小鼠免疫器官质量变化，探究对腹腔巨噬细胞吞噬功能的影响。结果显示，三种多糖提取物免疫组小鼠的脾指数、吞噬百分率均显著高于生理盐水对照组（$P<0.01$），吞噬指数明显高于对照组（$P<0.05$），提示茶树菇多糖对小鼠机体单核吞噬系统的功能有促进作用，明显增强巨噬细胞的吞噬活性。

据徐静娟研究：茶树菇提取物可促进 T 细胞活性，增强 T 细胞介导的迟发型超敏反应。茶树菇提取物可提高腹腔巨噬细胞的吞噬作用，吞噬百分率达 24%，吞噬系数提高37.6%。茶树菇提取物能同时促进机体的非特异性免疫应答和特异性免疫应答，可在抗感染、抗肿瘤过程中发挥重要作用，有助于机体抵御疾病和病后康复。

（三）抗肿瘤

茶树菇多糖和蛋白质有着明显的抑制肿瘤的功效。能显著抑制肿瘤细胞分裂、生长，还能减轻化疗药物的毒副反应。

据梁一等研究：向 H22 肿瘤模型小鼠体内注射茶树菇抗肿瘤蛋白 Yt，观察 Yt 对肿瘤的抑制活性，并再次向小鼠接种肿瘤细胞，检测机体是否产生免疫记忆功能。结果表明：体内注射 Yt 蛋白能显著抑制小鼠的肿瘤生长，并能激活机体的免疫记忆功能，表明茶树菇活性蛋白 Yt 具有作为肿瘤疫苗的潜力。

据徐静娟研究：茶树菇提取物对小鼠 S180 移植肉瘤的瘤重具有显著的抑制作用，其平均抑瘤率为 29.9%。茶树菇提取物对小鼠 S180 移植腹水瘤有显著抑制作用，对 S180 腹水瘤荷瘤小鼠的体重增重比的抑制率为 22.7%，存活期延长 3.4天。研究还发现茶树菇提取物对 S180 腹水瘤细胞的分裂指数也有影响。高剂量组(每天 1 600 毫克/千克)小鼠 S180 腹水瘤细胞的分裂指数比对照组下降 32.2%,中(每天 800 毫克/千克)、高(每天 1 600 毫克/千克)剂量的茶树菇多糖对化疗药物所致 S180 腹水瘤荷瘤小鼠的白细胞数下降有一定的恢复作用,其增高幅度为 20.1%。此外,茶树菇提取物还具有减轻化疗药物的毒副反应,发挥减毒增效的功能。

（四）改善心脑血管功能

ACE 抑制肽(Angiotensin Converting Enzyme Inhibitory Peptides),即降血压肽,是一类小分子肽的总称,是由蛋白水解酶在温和条件下水解蛋白而获得,食用安全。血管紧张素转换酶抑制肽的优点是对高血压患者可以起到降血压的作用而对血压正常的人无降压的作用,且有免疫促进作用,能减肥,易消化吸收。孙红娜研究报道:从茶树菇中提取降血压活性肽,发现茶树菇降血压活性肽对血管紧张素转换酶的抑制率可以达到 49.3%,能有效抑制血管紧张素转换酶的活性。表明食用茶树菇有调节血脂,降低血糖和血压的作用。

据顾可飞等研究:茶树菇中的多种成分具有改善心脑血管疾病的作用,其中不饱和脂肪酸可以有效地清除人体内自由基,减少胆固醇的含量和血液黏稠度,降低高血压、动脉粥样硬化和脑血栓等心脑血管疾病的风险。

（五）保护肾功能

张俊刚等研究茶树菇水煎液对糖尿病肾病模型小鼠肾功能的影响。用 KM 小鼠腹腔注射 150 毫克/千克链脲佐菌素(streptozotocin, STZ)构建糖尿病肾病小鼠模型。模型小鼠按空腹血糖随机分为 4 组,分别是模型对照组,茶树菇水煎液低、中、高剂量组,另设一个正常对照组。试验结束测定各组小鼠的血清尿素氮、血清肌酐含量。给药 6 周后,4 组糖尿病肾病模型小鼠血清尿素氮、血清肌酐均比正常对照组显著升高($P < 0.01$),茶树菇水煎液高剂量组血清尿素氮含量均值为 4.9 毫摩/升,显著低于模型对照组均值($P < 0.05$),茶树菇水煎液高剂量组血清肌酐含量均值为 46.7 毫摩/升,显著低于模型对照组均值($P < 0.05$)。表明茶树菇水煎液能降低糖尿病肾病小鼠血清尿素氮和血清肌酐的含量,对糖尿病肾

病小鼠的肾功能具有一定的保护作用。

（六）抗疲劳及耐缺氧

金亚香等研究茶树菇提取物对小鼠抗疲劳及耐缺氧活性的影响。将昆明小鼠随机分为 5 组，连续灌胃给药 28 天，观察小鼠力竭跑步时间、疲劳转棒时间、负重游泳时间，以及缺氧和中毒状态下的存活时间；小鼠游泳 20 分钟后，测定小鼠肝脏三磷酸腺苷含量、血浆及肝脏中超氧化物歧化酶和丙二醛含量。小鼠急性毒性实验结果显示，茶树菇提取物无急性毒性反应。同时，茶树菇提取物可以明显增加小鼠的运动时间，提高缺氧及中毒情况下小鼠存活时间，提高小鼠肝脏三磷酸腺苷含量，提高血浆及肝脏超氧化物歧化酶活力，降低丙二醛含量。茶树菇提取物具有显著的抗疲劳及耐缺氧能力，其作用可能部分是通过调节能量储备和提高抗氧化酶活性实现的。

二、 茶树菇经验方

（一）茶树菇蒸乳鸽

［组方］ 茶树菇 250 克，乳鸽 2 只，生姜片 15 克，茴香粉 1 克，鲜汤、盐、味精各适量。

［制作］ 将茶树菇去蒂洗净，改刀成块；乳鸽宰杀洗净焯水，捞入盆内。加茶树菇、鲜汤、生姜片、茴香粉、盐，上笼蒸烂，出笼放味精即成。

［用法］ 每日 1 剂，早晚各 1 次服用。

［功效］ 补肝肾、健脾胃、益气血、降脂渗湿、清热利尿。

（二）茶树菇枸杞子甜汤

［组方］ 茶树菇 200 克，枸杞子 30 克，冰糖适量。

［制作］ 茶树菇洗净切成粒，与冰糖、枸杞子入锅加水煮熟入味，起锅即成。

［用法］ 每日 1 剂,早晚各 1 次服用。

［功效］ 补肾明目、养血平肝、清热润肺。

(三) 茶树菇海带汤

［组方］ 茶树菇 200 克,水发海带 200 克,鲜汤、葱花、香油、鸡精、盐适量。

［制作］ 茶树菇、水发海带洗净改刀成片,一同入锅,加鲜汤、盐煮熟入味,起锅放香油、鸡精、葱花即成。

［用法］ 每日 1 剂,早晚各 1 次服用。

［功效］ 清热利尿、降脂降压、止咳平喘、补肾健脾、解毒明目。

香 菇

Lentinula edodes

香菇,又名:香蕈、香菰、香信、花菇、厚菇、椎茸、冬菰、冬菇、花冬菇、天白花菇、伞花菇、中国蘑菇等。

香菇属担子菌门、伞菌目、口蘑科、香菇属,起源于我国,是世界第二大菇,也是一种久负盛名的食药两用真菌。香菇由孢子萌发成菌丝,菌丝发育分化产生隔膜形成多细胞单核;香菇为异宗结合,当两个不同极性的单核菌丝接触,原生质融合后形成双核菌丝;然后在适当条件下形成十分密集的菌丝组织,形成子实体原基,发育成菇蕾,最后形成子实体。自然条件下,香菇需8～12个月甚至更长时间完成生活史,而人工栽培条件下其生活史可缩短3～4个月。

中医认为,香菇具有化痰理气、健脾开胃、治风破血及保肝等功能。据《医林纂要》《日用本草》《本经逢原》《现代实用中药》等记载,香菇益气不饥,大益胃气,有预防佝偻病、治贫血病等效用。民间常用以治疗痘疮、麻疹、头痛、头晕和预防感冒等病。

香菇中含有香菇多糖、香菇腺嘌呤、胆碱、麦角甾醇等有效成分,还含有维生素 B_1、维生素 B_2、维生素 C、维生素 D、维生素 F 等,富含许多不饱和脂肪酸。现代医药研究发现,香菇有调节 T 细胞数量、促进抗体形成、活化巨噬细胞、诱导产生干扰素、增强机体免疫力等功能,具有降血压、降血脂、抗肿瘤、抗病毒等功效,对肝炎及肝硬化、皮肤黏膜炎症及脱发、贫血及毛细血管出血、心脏病及动脉粥样硬化、高脂血症及神经衰弱等均有一定的辅助治疗和保健调节作用。同时,香菇是一种优质的碱性食品,能将人体体液调节成生理所需的弱碱性,有益于延缓衰老,调节饮食结构、预防现代"文明病"。1985 年,日本多家企业从香菇中提取香菇多糖制成肌内注射针剂,以作肿瘤的辅助治疗针剂。我国亦有研究单位和制药企业先后生产香菇多糖,用于辅助治疗肿瘤、肝炎等疾病。

一、 香菇的药理作用

(一) 增强免疫功能

机体的免疫系统是机体抵御外来病源菌、病毒侵袭的保卫者,可以保障机体在有病菌、病毒存在的环境中生存。香菇有提高机体免疫功能的作用。试验用小鼠连续服用香菇多糖后,其脾脏、胸腺(孵育 B 细胞和 T 细胞的免疫器官)质量增加,淋巴细胞转化能力提高。香菇多糖能增加小鼠脾重,使脾滤泡中心扩大,出现大量的浆细胞,这说明香菇有促进 B 细胞生成并转化为浆细胞、增加抗体生成的作用。香菇多糖能提高抗体溶血素的生成和脾抗体分泌细胞(PFC)、特异性玫瑰花(SRFC)形成的细胞数。香菇多糖能增强网状内皮系统活性,提高抗体识别抗原能力,并能提高血液碳粒的廓清速率及 T 细胞百分率。体外试验结果表明,香菇多糖能增强植物血凝集素(PHA)、脂多糖(LPS)引起的小鼠淋巴细胞增殖和对混合淋巴细胞反应。香菇多糖能降低氢化可的松引起的小鼠淋巴细胞抑制和混合淋巴细胞反应抑制,能使氢化可的松引起的小鼠腹腔巨噬细胞功能低下、外周血 T 细胞数减少和醋酸氢化泼尼松引起的网状内皮系统吞噬功能降低等恢复至正常。香菇多糖能诱生干扰素,其诱生干扰素的效价比正常鼠高 4 倍以上。

香菇多糖对免疫功能的作用具体表现在以下几个方面。

1. 提高机体抗病菌能力。试验一:用大鼠静脉注射香菇多糖,大鼠体内的 C_3 补体升高,因而可提高动物抗病菌能力。给大鼠感染李司特病菌,然后一半大鼠注射香菇多糖(2 毫克/千克),另一半注射生理盐水(对照),并以营养贫乏的饲料饲养,以降低其抗病能力。结果:对照组鼠存活 20%,香菇多糖组 100%存活。试验二:先使小鼠感染麻风杆菌,第 3 天将小鼠分成两组,一组腹腔注射香菇多糖,另一组腹腔注射生理盐水,连续 7 天,然后测定。结果:注射香菇多糖的小鼠麻风杆菌数显著少于对照组($P < 0.05$)。试验三:小鼠先接种结核杆菌,然后再用链霉素、异烟肼、利福平和香菇多糖配合治疗。结果:肺结核杆菌全部被抑制,菌检为阴性。

2. 抗抑病毒。试验用小鼠先接种 OK-432 病毒。24 小时后,小鼠体内最大毒性单位达 805.120 单位/毫升,然后注射香菇多糖。20 小时后小鼠体内最大毒性单位降至 80.160 单位/毫升。

3. 提高血浆中环腺苷酸(cAMP)含量和胸腺质量。环腺苷酸有促进胸腺细胞、脾细胞合成 DNA 的作用,因而有促进免疫细胞增殖的效果。胸腺是孵育 T 细胞的场所,脾脏是孵育 B 细胞的场所。胸腺、脾脏发达,免疫功能就强。香菇有促进机体环腺苷酸的合成能力和胸腺、脾脏增重的作用。据文献报道,试验用两组小鼠分别给予服用香菇多糖和蒸馏水。香菇组小鼠每天服香菇多糖 4 毫克，每天 2 次，连续 5 天，然后停药 1 天，第 7 天时取小鼠胸腺、脾检验。结果：服香菇多糖组小鼠胸腺质量比对照组显著增重，服香菇多糖小鼠的胸腺质量为 (0.087 ± 0.005) 克，对照组鼠胸腺质量为 (0.044 ± 0.005) 克，服香菇组小鼠比对照小鼠胸腺增重率高达 99.7%。同时，还检测了脾脏的质量，香菇多糖组为 (0.116 ± 0.026) 克，对照组为 (0.112 ± 0.02) 克，两者相差不显著。经解剖、电镜观察和生化测定，服香菇组鼠脾脏的环腺苷酸含量增加，环鸟苷酸含量下降，脾脏中浆细胞代谢活跃，胞浆内质网扩张，内质网内充满抗体颗粒，同时血液中凝集素增加（抗体总量增加）。观察结果表明，香菇多糖既能提高细胞免疫功能，又能提高体液免疫功能。环鸟苷酸含量上升，表明香菇多糖对免疫水平有调节作用，可防止过高免疫水平引起的免疫失调性疾病。

4. 香菇多糖能改善免疫抑制。香菇能纠正环磷酰胺对小鼠造成的免疫功能抑制状态，在一定剂量范围内促进白细胞介素-2 的产生，增加肿瘤坏死因子、干扰素 γ 的分泌，提高 CD4/CD8 比值，提高荷瘤小鼠 T 细胞、自然杀伤细胞的活性。

而香菇多糖调节机体免疫功能的作用机制探索也在深入进行。据王志芳等研究：GDP 化疗方案（吉西他滨＋地塞米松＋顺铂）联合香菇多糖注射液用于治疗难治性弥漫大 B 细胞淋巴瘤患者，能够增强免疫功能，机制可能与下调叉头框蛋白 P1（FOXP1）表达、上调凋亡抑制因子 Livin 蛋白表达有关（$P < 0.05$ 或 $P < 0.01$）。

Liu Q 等在香菇多糖对模型小鼠骨髓抑制的作用研究中发现，香菇多糖（标准品配制溶液）能够通过激活丝裂原活化蛋白激酶（MAPK）和 NF-KB 两个信号途径，减轻四氢吡喃介导的骨髓抑制（$P < 0.05$ 或 $P < 0.01$），由此可见，香菇多糖的免疫调节作用可能是通过 ERK、NF-KB 和 MARK 等多个途径实现的。

（二）降血脂

据王一心等研究：用高脂饲料喂养大鼠 30 天，同时分别灌胃云南野生香菇大、小剂量 30 天，分别测定血清总胆固醇（TC）、低密度脂蛋白胆固醇（LDL-C）、

高密度脂蛋白胆固醇(HDL-C)和三酰甘油(TG)的含量。结果显示：云南野生香菇能显著降低高脂血症大鼠的血清总胆固醇、低密度脂蛋白胆固醇和三酰甘油含量，并能显著升高高密度脂蛋白胆固醇含量。可见香菇具有降血脂作用。

（三）改善肝功能

香菇有促进肝脏细胞 DNA 合成、促进肝脏损伤细胞修复的作用，能促进肝脏代谢，因而有良好的解毒效果。香菇能抗有害药物对肝脏的侵害。四氯化碳、氨化泼尼松会造成肝损伤，使血清丙氨酸氨基转移酶升高，香菇多糖可使肝损伤小鼠的血清丙氨酸氨基转移酶值明显降低。试验用小鼠腹腔注射对肝脏有严重损伤作用的四氯化碳橄榄油，8 小时后，将其分成两组，一组腹腔注射香菇多糖，另一组腹腔注射生理盐水，分别在 4 小时和 24 小时后解剖观察。结果：对照组鼠在 4 小时后肝出现大面积坏死，发黑，有粘连，两次观察损伤面积、损伤程度基本相近。而服香菇组小鼠在 4 小时后肝小面积变黑，无粘连现象；24 小时时观察，肝脏已无变黑、粘连现象。

（四）抑制肿瘤

香菇有直接抑制肿瘤生长的作用，同时也有通过提高免疫功能，间接杀死肿瘤细胞的作用。用 LR/TCL 小鼠做试验。小鼠皮下接种 S180 皮肤肉瘤，次日起连续 10 天注射香菇多糖；对照组注射生理盐水。前 5 天，两组鼠的肿瘤生长速度基本相同，但第 5 天后，香菇多糖组小鼠的肿瘤开始萎缩，至第 15 天时，香菇多糖组小鼠 S180 肉瘤抑制率达 49.7%，无一小鼠死亡，而对照组鼠 80%死亡。

香菇多糖能拮抗癌细胞对免疫的抑制作用。据董浦江等研究：香菇多糖能使 A549 肺腺癌细胞产生对 T 细胞转化的免疫抑制因子消除。据王瑞、朱宴妍研究：香菇胞外粗多糖通过恢复免疫器官功能，增加血清中肿瘤坏死因子 α、白细胞介素-12、干扰素 γ 和白细胞介素-10 的含量，从而达到增强细胞免疫的作用，发挥抗肿瘤活性。

香菇多糖能抑制原发性肿瘤生长。给近亲交配繁殖的 C_3H/He 小鼠皮下注射致癌剂甲基胆蒽，2～3 个月后发生能触摸的自体瘤，然后分别用环磷酰胺、香菇多糖治疗。结果：没有发生有意义的效果。但在用环磷酰胺 2～3 周治疗后，再给予香菇多糖，结果显示，小鼠生存期有显著延长。据桂明杰、亢学平等研究：香菇多糖具有良好的体外肿瘤细胞毒作用；香菇多糖对体内肿瘤抑制率高于环磷酰胺，且肿瘤出现较大面积坏死，而小鼠体重并未发生明显变化。小鼠皮下接种艾氏腹水癌，然后将小鼠分成 3 组，第一组单独用香菇多糖，第二组以细菌脂多糖和香菇多糖联合使用，第三组单独用细菌脂多糖治疗。结果：肿瘤完全消失率，第一组为 30%，第三组为 20%，而第二组为 80%。

香菇多糖的抗肿瘤作用机制研究正在逐渐深入。Lin W 等研究了香菇多糖与紫杉醇联用对人非小细胞肺癌细胞 A549 的促凋亡作用，发现香菇多糖的促凋亡作用是通过激活活性氧-硫氧还蛋白相互作用蛋白-NL-RP3 炎性小体（ROS-TXNIP-NLRP3）通路实现的。据 Wang J 等研究：在无胸腺裸鼠中接种人结肠癌细胞 HT-29 后，香菇多糖提取物能抑制该细胞在体内和体外的增殖，其作用机制是通过 ROS 和肿瘤坏死因子 α 分别在胞内、胞外共同介导而诱导肿瘤细胞凋亡。由此可见，ROS 极有可能是香菇多糖抗肿瘤作用的靶点，而激活机体免疫系统可能是其抗肿瘤作用的另一个靶点。

（五）抗菌和抗病毒

香菇多糖的抗菌和抗病毒作用研究始于 20 世纪 80 年代，近年逐渐深入。侯爱萍等对香菇多糖提取物的抗菌和抗病毒作用进行了普适性研究，结果具有指导意义。该研究中，香菇多糖对所选择的 9 种细菌（溶血性链球菌、金黄色葡糖球菌、鼠伤寒沙门氏菌、枯草芽孢杆菌、大肠埃希菌、多杀性巴氏杆菌、痢疾志贺菌、伤寒杆菌、甲型副伤寒杆菌）和 7 种病毒（流感病毒、呼吸道合胞病毒、腺病毒、柯萨奇病毒 A、单纯疱疹病毒 1 型、轮状病毒、埃可病毒 2 型）都有抑制作用，但只对所选择的 7 种真菌（白假丝酵母菌、啤酒酵母、红色毛癣菌、青霉、绿色木霉、黑根霉、烟曲霉）中的 3 种（白假丝酵母菌、啤酒酵母、红色毛癣菌）有微弱抑制作用。可见，香菇多糖对细菌和病毒具有普遍抑制作用，而对真菌无普遍抑制作用。

（六）抗寄生虫

有部分研究者关注到香菇多糖的抗寄生虫作用。据陈代雄等研究：香菇多糖可引起卡氏肺孢子虫包囊形态的变化,对模型大鼠的卡氏肺孢子虫肺炎发生有一定的预防和保护作用。陈光等采用香菇多糖提取物对急性弓形虫感染BALB/c小鼠模型开展研究,发现香菇多糖提取物具有免疫调节作用,能有效激发 Th1/Th2 型免疫应答抵抗弓形虫感染,提高模型小鼠的抗寄生虫能力。代巧妹等通过动物实验对香菇多糖标准品抗急性弓形虫感染的机制进行深入研究,发现香菇多糖可通过对调节性 T 细胞的数量和功能的影响,调控 Th1/Th2 之间的动态平衡,从而发挥抗弓形虫的作用。据谢荣华等研究:黄芪多糖、香菇多糖(注射液)可促进弓形虫 wx2b4a 表位疫苗产生免疫应答,提高机体抗寄生虫能力。印度学者 Shivahare R 等研究了香菇多糖注射液结合低剂量米替福新对利什曼虫感染的模型小鼠 J-774A 细胞的作用,发现药物联用可以显著诱导巨噬细胞的吞噬作用,从而调节免疫系统。由此可见,香菇多糖抗寄生虫作用显著,可扩大这方面的研究范围和深度,为进一步开发人畜寄生虫病疫苗和抗寄生虫药物提供理论依据。

(七) 保护神经系统和抗抑郁

近年来,香菇多糖在神经系统保护方面的作用开始引起关注。逯爱梅等就香菇多糖提取物对谷氨酸损伤原代培养大鼠神经细胞的作用进行了研究,发现其能显著提高谷氨酸损伤神经细胞的生存率,降低乳酸脱氢酶(LDH)的漏出量,降低氧化亚氮(NO)含量及减少丙二醛的生成,提高超氧化物歧化酶(SOD)的活性。该课题组还通过研究香菇多糖提取物对过氧化氢(H_2O_2)损伤神经细胞的作用,发现其具有显著的神经细胞保护作用,并推测相关机制可能与其抗氧化作用有关。刘会芳等研究发现,香菇多糖注射液联合依地酸钙钠能改善铅中毒小鼠的学习记忆功能,其作用机制可能与降低总胆碱酯酶(TChE)活性、提高胆碱乙酰转移酶(ChAT)活性、增强中枢胆碱能神经系统功能有关。

抑郁症是一种常见的情绪障碍,随着社会生活的快速变化,抑郁症患者逐渐增多,抗抑郁药物也逐渐成为研究热点。蒲艳研究了香菇多糖注射液对慢性应激模型小鼠的抗抑郁作用,发现其能显著拮抗模型小鼠的抑郁症状,增加模型小鼠的自主活动时间。马倩等对慢性应激抑郁模型小鼠进行了香菇多糖注射液干预研究,发现其能够显著缩短模型小鼠在陌生环境中的摄食潜伏期,显著缩短模型小鼠在水中强迫游泳应激实验中的不动时间,使模型小鼠 5-羟色胺 1A 受体表达增强,超氧化物歧化酶水平升高,脂质过氧化物丙二醛含量减少,血清中肿瘤坏死因子 α 和白细胞介素-6 水平明显下降,从而显著缓解模型小鼠的抑郁症状,增加模型小鼠的自主活动时间,提示其具有显著的抗抑郁作用。孙丽娟研究发现,香菇多糖提取物通过增强模型小鼠大脑前额叶(PFC)谷氨酸 AMPA 受体突触的可塑性,而在抑郁模型小鼠中表现出抗抑郁作用。由此可见,香菇多糖的抗抑郁作用较明显,在未来可能成为抗抑郁药物的研究热点之一。

(八) 抗疲劳

香菇多糖也具有明显的抗疲劳作用。据胡苏林等研究:香菇多糖液口服给药能够明显提高模型小鼠对电信号刺激的反应能力,有助于增强其学习记忆能力;高剂量的香菇多糖能够增强模型小鼠的抗疲劳和耐缺氧能力。这初步证明了香菇多糖的抗疲劳作用。

李其久等就香菇多糖口服液缓解模型小鼠体力疲劳的作用进行了研究,发现其能够显著延长模型小鼠的负重游泳时间,增加肝糖原的储备量,降低血乳酸水平,并降低运动后血清尿素氮的增量,从而进一步证实了香菇多糖的抗疲劳作用。而香菇多糖的抗疲劳作用机制仍有待进一步研究。

(九) 抗氧化和延缓衰老

香菇多糖还具有显著的抗氧化和延缓衰老作用。王丽芹在体外抗氧化实验中发现,香菇多糖提取物及其降解产物能够清除羟基自由基和 DPPH 自由基,且降解后产物的抗氧化能力提高;体内实验证实香菇多糖降解产物能够明显提高模型小鼠组织中的总抗氧化能力(T-AOC)、谷胱甘肽过氧化物酶和超氧化物歧化酶活性,减少组织中丙二醛的含量,由此具有显著的延缓衰老活性。

据杨岚等研究:香菇多糖在小鼠体内能不同程度地提高血清和肝脏组织中超氧化物歧化酶及谷胱甘肽过氧化物酶活性,可减少丙二醛的含量,提高心脏过氧化物酶活性,以及降低全脑单胺氧化酶(MAO)活性,进一步证实了香菇多糖的抗氧化能力。据王凤舞等研究:大枣多糖和三七皂苷对香菇多糖的抗氧化能力有

协同增效作用。高桂凤研究还发现,香菇茯苓混合多糖的抗氧化作用强于单一的香菇多糖或茯苓多糖。由此可见,香菇多糖的抗氧化和延缓衰老作用已被证实,目前有多款相关药物制剂及其他功能产品(如化妆品等)已投入研发。

(十)抗辐射

香菇多糖的抗辐射作用近年来颇受关注。据刘玲等研究:香菇和黄芪复合多糖提取物可降低辐射对模型小鼠的损伤程度,维持较高存活率,具有一定的抗辐射作用,并且可以提高耐力,降低各种应激反应引起的疲劳程度。据宋秀玲等研究:香菇多糖提取物对电离辐射所致的模型小鼠损伤有明显的保护作用。任明制备了由松茸多糖、香菇多糖和人参多糖组成的复合多糖,通过对辐射模型小鼠的研究发现,复合多糖可以增强机体免疫功能、保护造血系统和调节氧化－还原平衡系统,这三方面来拮抗辐射对机体的损伤。由此可见,香菇多糖具有明显的抗辐射作用。

二、 香菇的疗效作用

香菇具有提高免疫功能、提高干扰素分泌量、提高免疫细胞识别病原物、降血脂、抑制肿瘤生长的作用,可以辅助治疗多种相关疾病。目前香菇多糖、香菇提取物主要用于辅助治疗肝炎、降血脂、辅助治疗肿瘤和预防感冒。

(一)香菇多糖辅助治疗慢性肝炎

香菇治疗肝炎有良好效果。肝炎患者服用香菇多糖后免疫功能提高,还可改善症状、降低血清丙氨酸氨基转移酶、天冬氨酸氨基转移酶,促进损伤肝细胞恢复健康。香菇还能使部分乙型肝炎患者的表面抗原和 E 抗体转阴。

1. 香菇多糖有改善肝炎患者症状的作用。据上海市传染病医院等多家医院研究,分别用香菇多糖和乙肝片、云芝片治疗两组慢性肝炎患者。第一组共 423 例,其中慢性迁移性肝炎 264 例(62.4%)、慢性活动性肝炎 120 例(28.4%),未分型 9 例(2.1%)、伴肝硬化 8 例(1.9%)、慢性乙肝表面抗原(HBsAg)携带者 22 例

(5.2%)、乙型肝炎病毒(HBV)阳性者共 418 例(98.8%);第二组(对照组)193 例,年龄、性别、病型、乙型肝炎病毒 5 项血清学指标和第一组相似。第一组用香菇多糖治疗,每天服香菇多糖 3 次,每次服 3 片,疗程 1 个月,然后再巩固治疗 2 个月;第二组(对照组)服常规肝炎治疗药物乙肝片或云芝片。经过 1 个月治疗,香菇多糖组患者的纳差(消化不良)、腹胀、乏力、关节酸痛、血清丙氨酸氨基转移酶和肝脾肿大等改善均较良好,疗效优于常规肝炎治疗药物。(见表 2)

表 2　肝炎患者服用香菇多糖治疗前后主要症状和体征变化

组　别	例数	乏力	纳差	恶心	腹胀	肝区痛	肝肿大	脾肿大
香菇组	总例数	266	266	40	63	255	157	49
	好转例	215	204	38	60	190	72	11
	有效率(%)	80.7	76.7	95	95.3	74.5	46.0	22.5
对照组	总例数	100	96	13	24	134	81	8
	好转例	69	68	10	12	96	24	3
	有效率(%)	69	70.8	77.0	50	71.6	29.6	37.5

2. 香菇多糖能改善肝炎患者生化指标和血清学成分。比较肝炎患者服用香菇多糖前后的生化指标改变,血清丙氨酸氨基转移酶试验香菇组有效率 83.3%,对照组有效率 79.8%;麝香草酚浊度试验(TTT),香菇组有效率 47.0%,对照组有效率 33.0%。肝炎患者服用香菇多糖前后乙肝病毒血清学有改变,治疗结果表明,香菇多糖有明显改善肝炎患者血清学指标的作用。(见表 3)

表 3　肝炎患者服用香菇多糖前后乙肝病毒血清学的改变

组　别	例数	HBsAg	HBeAg	抗 HBs	抗 HBe
香菇组	阳性例数	317	89	314	89
	转阴例数	54	33	11	17
	转阴(%)	17.0	38.2	3.5	19.1
对照组	阳性例数	63	24	0	24
	转阴例数	2	9	0	1
	转阴(%)	3.2	37.5	0	4.2

3. 香菇多糖对肝炎患者体液免疫指标的影响。免疫球蛋白是一种抗体,能识别和灭活抗原,但免疫球蛋白过高会损伤自身组织,会产生肾炎、脑功能障碍等疾病。总补体(CH_{50})、补体 3(C_3)是免疫辅助剂,能提高免疫细胞的杀伤力,调节免疫球蛋白含量。提高总补体和补体 3 含量,对于提高机体免疫力、保持机体平稳状态有着重要作用。(1)香菇多糖对免疫球蛋白(IgG)的影响。肝炎患者中 78 例免疫球蛋白高于最高正常值,服用香菇多糖 1 个月后,38 例患者降至正常范围,有效率为 48.7%。肝炎患者中有 14 例 IgM 高于正常值,服用香菇多糖 1 个月后,有 12 例患者降至正常范围,有效率为 85.7%。(2)香菇多糖对免疫复合物(CIL)、总补体、补体 3 含量的影响。治疗前总补体低于正常值有 25 例,服用香菇多糖 1 个月后,11 例转为正常,有效率为 44%。补体 3 在治疗前低于正常值有 14 例,服用香菇多糖 1 个月后,11 例补体 3 含量增高,有效率为 78.6%。

4. 香菇多糖对肝炎患者淋巴细胞转化率的影响。肝炎患者 78 例,其中有 67 例淋巴细胞转化率＜50%。服用香菇多糖 1 个月后,有 53 例淋巴细胞转化率＞60%,表明香菇多糖能提高肝炎患者淋巴细胞转化率。淋巴细胞转化率对机体免疫功能的强弱有重要作用,淋巴细胞转化率高,机体在受到病源物侵袭时能产生各种大量的淋巴细胞,消灭病原物。

5. 香菇多糖能提高肝炎患者植物血凝素(PHA)。植物血凝素是一种抗体,能帮助机体消灭病原物(病菌或病毒)。香菇多糖能提高植物血凝素皮内试验反应直径,反应圈(直径)增大,表示植物血凝素量提高。用植物血凝素皮内注射,24 小时后反应圈直径＜13 毫米的病例 61 例,服香菇多糖后,49 例反应圈直径增高至＞13 毫米,表明 80.3%的患者体液免疫恢复正常。

6. 香菇多糖能提高肝炎患者血小板(BPC)含量。肝炎患者中血小板低于正常值有 35 例,服用香菇多糖 1 个月后,25 例恢复至正常或好转,有效率达71.8%。据文献报道,香菇多糖配合乙肝疫苗治疗儿童乙肝,有效率可达 80%以上。

（二）辅助治疗频繁性感冒

据有关文献报道:频繁性感冒患者 60 例,一般情况下一年感冒 7～8 次,每次感冒病程达 15 天左右,症状较重,有头胀、体冷、流鼻涕、乏力等症状。对全部患者给予连续服用香菇多糖，2个月后，感冒发生率大大下降。6个月中仅有5例发生感冒，每人发生2次，病程7～8天；其余均良好。

（三）抑制肿瘤

香菇多糖有一定的抑制肿瘤的疗效，配合西药抗肿瘤药物使用效果更好。肿瘤患者的免疫功能一般均较为低下，尤其在化疗、放疗后，免疫功能会受到严重破坏，所以一旦放、化疗结束后，肿瘤细胞的生长就会失去抑制机制。若有肿瘤细胞残存就会迅速生长，从而导致治疗失败。香菇多糖能使放、化疗肿瘤患者的免疫功能恢复。

据郭成业等研究：选取40例肿瘤患者，男女都有，年龄在35～75岁，平均56.3岁，其中胃癌22例（初治14例、复治8例），均为四期肺癌18例。22例胃癌患者中，食欲不振21例，恶心14例，呕吐3例，低热6例，体重下降9例，便血2例，锁骨上淋巴转移6例，腹腔积液7例，胸水3例，肝转移4例，腹膜后淋巴转移6例。18例肺癌患者中，咳嗽16例，喘憋4例，胸痛9例，咯血8例，胸水6例，锁骨上淋巴转移5例，肝转移4例，其他转移17例。40例患者中一半患者用香菇多糖加放疗、化疗治疗，另一半患者单用放疗、化疗治疗，化疗时间6周。治疗结果：香菇组患者胃癌完全缓解8例，部分缓解6例，总有效率为77.7%，对照组患者完全缓解为0例，部分缓解13例，总有效率65%。经免疫指标测定，胃癌患者服用香菇多糖后，自然杀伤性免疫细胞活性和T_4/T_8细胞比值升高。自然杀伤性免疫细胞活性服香菇多糖前为20.0%，服香菇多糖后上升至28.6%；对照组自然杀伤性免疫细胞活性由治疗前的18.1%下降至14.1%。T_4/T_8细胞比值，服用香菇多糖组患者由治疗前的1.23上升至1.53；对照组T_4/T_8细胞比值与治疗前比没有变化。

曹平、姜朝晖等为降低放化疗对机体的不良反应，选取两组胃癌患者，对照组（51例）用5-氟尿嘧啶（5-Fu）、阿霉素、丝裂霉素治疗，香菇组用香菇多糖、5-氟尿嘧啶、丝裂霉素治疗。不良反应按世界卫生组织（WHO）校核评。结果：香菇组在血液学毒性、胃和肠道毒性、皮肤上的不良反应明显低于对照组，较对照组能耐更长时间的化疗疗程。表明香菇多糖可减少胃癌患者术后化疗的不良反应。

胡建兵、邬洪亮等研究认为，香菇多糖能提高胃癌化疗患者的红细胞免疫功能。研究用红细胞C_3B受体花环试验（RBC-C_3BR）、红细胞免疫复合物花环试验(RBC-ICR),检验 32 例胃癌化疗患者服香菇多糖前后红细胞免疫功能的变化,以 20 例不服香菇多糖的胃癌患者作对照。结果: 32 例胃癌患者化疗前红细胞 C_3B 受体花环试验显著低于正常对照组($P<0.01$)、红细胞免疫复合物花环试验显著高于正常对照组($P<0.01$)的患者,在化疗配合服用香菇多糖后,红细胞 C_3B 受体花环试验较治疗前提高,红细胞免疫复合物花环试验较治疗前降低。

香菇多糖能改善晚期肺癌患者胸腔积水状况。据曾谊等研究,29 例晚期肺癌恶性胸积液者,服用香菇多糖后,有 11 例完全缓解,13 例部分缓解,总有效率达 82.8%。据李志平研究报道,30 例癌性胸水患者,用单腔静脉导管穿刺置管引流后注入香菇多糖 4 毫克,必要时 1 周后重复注射 1 次。结果:30 例中完全缓解(CR)8 例,部分缓解(PR)18 例,稳定(NC)4 例,有效率达 86.6%,不良反应轻微。试验表明,微创曲管引流并腔内注射香菇多糖治疗癌性胸水是一种操作方便、安全有效的理想方法。

景岳对卵巢癌腹腔积液患者使用顺铂联合香菇多糖注射液腹腔灌注治疗,治疗组有效率显著高于对照组($P<0.05$)。王新涛开展了香菇多糖注射液联合 XELOX 化疗方案(奥沙利铂＋卡培他滨)治疗晚期胃癌的临床研究,治疗组有效率显著高于对照组($P<0.05$),并可明显改善患者的生存质量。由此可见,香菇多糖在肝癌、宫颈癌、卵巢癌、肺癌、纤维肉瘤、胃癌等多种癌症的研究中都表现出了抗肿瘤作用,故可考虑作为化疗方案的辅助用药联合使用。

(四) 治疗其他疾病

据李春研究,香菇中含有天然黑色素,白癜风患者多吃些香菇,可辅助治疗白癜风疾病。据英国牛津大学研究学者报道:老年人体内维生素 B_{12} 含量低于正常范围 1/3 者,患老年痴呆的可能性要增加 3 倍。植物性食物中的维生素 B_{12} 含量相对较少,而香菇中的维生素 B_{12} 的含量比肉类还高。因此,多食香菇可有效降低患老年痴呆症的风险。

三、香菇经验方

（一）香菇补血方

［组方］　香菇 20 克。

［制作］　将香菇放入砂锅内,加水文火连煎煮 2 次各 1 小时,滤取合并煎液。

［用法］　菇汁同服,每日 1 剂,连服 2～3 个月。

［功效］　改善营养性贫血、轻度失血性贫血,有预防肝病、防癌、降血压作用;
对食物中毒所致呕吐或腹泻有效。

（二）香菇益肝明目方

［组方］　鲜香菇 50 克,嫩枸杞头 30 克,调味品适量。

［制作］　将香菇、枸杞头洗净,如常法烹制食用。

［用法］　经常服用。

［功效］　滋肾益精,养肝明目,宁心安神。适宜眼涩痛、视力减弱、消化不良
及夜不入寐等症者食用。

（三）香菇治疗紫癜方

［组方］　香菇、仙鹤草各 30 克,红枣 10 枚。

［制作］　原料同入砂锅,加水文火煎煮 2 次各 45 分钟,滤取合并两次煎液。

［用法］　每日 1 剂,早晚各 1 次服用。

［功效］　适宜贫血、血小板减少性紫癜等症者食用。

（四）香菇清湿方

［组方］　水发香菇 60 克,豆腐皮 3 张,荸荠、冬笋片各 150 克,调料适量。

〔制作〕 如常法烹制。

〔用法〕 经常食用。

〔功效〕 清热消积,适宜黄疸、热淋、痞积、目赤、咽喉肿痛等症者服用。

（五）香菇松茸多糖方

〔组方〕 香菇多糖、松茸多糖各 200 克。

〔制作〕 由有资质的企业加工复配而成。

〔用法〕 每日 3 次,每次 10 克,饭后服用。

〔功效〕 增强机体免疫力,适宜肝癌患者服用。

（六）香菇安神方

〔组方〕 香菇 20 克,夜交藤 100 克,调味品适量。

〔制作〕 将香菇、夜交藤洗净,如常法煎制服用。

〔用法〕 经常食用。

〔功效〕 养心安神,通络祛风。适宜神经衰弱、心悸、失眠等症者食用。

（七）香菇平肝息风汤

〔组方〕 香菇 50 克,天麻、玉兰片各 20 克,草鱼头 500 克,调味品适量。

〔制作〕 将全部原料洗净,按常规炖汤服用。

〔用法〕 经常服用。

〔功效〕 平肝、祛风、止痛。适宜肝阳上亢、肝经风邪所致的头痛、眩晕、肢麻、失眠健忘等症者服用。

桦褐孔菌

Inonotus obliquus

桦褐孔菌,又名:白桦菌、黑桦菌、西伯利亚灵芝、白桦茸、桦树茸、斜生褐孔菌等。

桦褐孔菌为担子菌门、伞菌纲、锈革孔菌目、锈革孔菌科、桦褐孔菌属木腐菌,多寄生于白桦、银桦、赤杨、榆树等活立木的树干或树皮下,亦见于被砍伐后的枯干上,形成多年生不育性块状物菌核,常生长于树木疤痕处。桦褐孔菌属于寒带物种,主要分布在北纬 45°～50°的地区,如俄罗斯的西伯利亚、远东地区,中国的小兴安岭、长白山地区,日本的北海道等。桦褐孔菌具有极强的耐寒性,在零下 45℃的低温下仍可生长 15 年之久,故被称为"森林钻石"、"梦幻菇蕈"。桦褐孔菌产地不同功效存在差异。

桦褐孔菌含有约 215 种化学成分,其中已报道具有生物活性的化学成分有 20 多种,主要包括桦褐孔菌多糖、羊毛甾醇型三萜类、桦褐孔菌醇、桦褐孔菌素、黑色素、木质素、单宁化合物、类固醇、生物碱芳香物质等。还含有人体必需且易吸收的糖类、氨基酸、有机酸、多种无机盐类。桦褐孔菌已被应用到食品行业,相继制作出了桦褐孔菌的酸奶、保健饮料、饼干、针剂、胶囊等各类产品。在日本,人们喝的桦褐孔菌茶包主要是用桦褐孔菌与绿豆粉制成的。在韩国,桦褐孔菌粉被添加到糖果和面包当中。

一、 桦褐孔菌的药理作用

(一)抗肿瘤

桦褐孔菌的抗肿瘤作用在 16 世纪就被发现。桦褐孔菌主要抗肿瘤成分是多糖,无论是水溶性的还是非水溶性的,均被证实具有良好的抗肿瘤作用。桦菌孔菌主要通过抑制肿瘤细胞增殖,诱导肿瘤细胞凋亡,影响肿瘤细胞周期等途径发挥作用,研究证实桦菌孔菌提取物对肝癌、肺癌、胃癌、宫颈癌等均有疗效。王蔚等发现,桦褐孔菌醇提物在体外实验中能抑制胃癌 BGC-823 和 MGC-803、肝癌 HepG-2、胰腺癌 Bxpc-3 细胞的增殖,体内实验中可抑制荷瘤小鼠的肿瘤生长速度,尤其对胃癌 BGC-823 细胞作用最为明显。赵丽微等发现,桦褐孔菌可以上调 Bax,下调宫颈癌 Bcl-2 蛋白的表达,增加宫颈 HeLa 细胞的凋亡率。Hyun 等将桦褐孔菌作用于 HT-29 结肠癌细胞发现它能减少 CDK2、CDK4 等细胞周期蛋白生成,上调细胞周期负调控因子 p21、p27、p53 的表达,导致肿瘤细胞阻滞于 G1 期,从而起到抗肿瘤的作用。

(二) 降血糖

桦褐孔菌提取物具有降低模型动物空腹血糖、改善糖尿病临床症状、修复胰岛损伤等作用。有研究报道:从桦褐孔菌菌核和菌丝体中提取到一种糖蛋白(FIS-1)和一种水溶性多糖(F1),发现均有明显的降血糖作用。尤其是水溶性多糖,一次性给药 500 毫克/千克体重,3 小时后高血糖鼠的血糖含量下降近一半,且可维持 48 小时之久。据李天洙等研究,桦褐孔菌水提物可能是通过增强葡萄糖激酶(GK)的表达、降低 3-羟基-3-甲基戊二酰辅酶 A 还原酶(HMG-CoA)的表达,增强葡萄糖激酶(GK)的表达来加强葡萄糖的分解代谢过程从而达到降低血糖作用。

(三) 抗氧化

桦褐孔菌中含有多糖类和抗氧化剂超氧化物歧化酶(SOD),可清除体内自由基起到抗氧化的作用。黄纪国等用水、甲醇、乙酸乙酯提取桦褐孔菌各极性部位,发现 3 种提取物对 DPPH 自由基、羟基自由基、超氧阴离子自由基均具有一定的清除能力,且随浓度的增大而增强。其中乙酸乙酯提取物的抗氧化活性最强,对 3 种自由基的清除率均高于 85%,明显优于人工合成抗氧化剂。

(四) 免疫调节

桦褐孔菌含有的多糖物质具有改善免疫力的效果。据王伟等报道,研究桦褐孔菌多糖对小鼠的作用,发现桦褐孔菌多糖使试验小鼠的体内抗体细胞的分泌增加,吞噬能力增强,进而使小鼠的免疫能力加强。张泽生等通过研究发现,用水提法或碱提法提取的桦褐孔菌多糖使 BALb/c 小鼠的免疫器官指数与吞噬指数都显著增大。

（五）抗病毒

桦褐孔菌多糖能抑制病毒细胞在机体内的增殖，抑制病毒细胞与靶细胞结合，具有抗病毒活性。蒋月等研究结果显示，桦褐孔菌多糖安全性高，对新城疫病毒有较好的防治作用。桦褐孔菌提取物能抵制巨细胞病毒的活性且毒性很低，并在浓度为 35 微克/毫升时可以阻止人类免疫缺陷病（HIV）的感染。据 Ichinura 等报道，从桦褐孔菌中萃取出的物质能够抑制 HIV 病毒蛋白酶活性，并确认相对分子量较高的木质素类物质为发挥作用的关键物质。

（六）抗炎

桦褐孔菌具有很强的抗炎活性。王天等研究显示，桦褐孔菌多糖给药组能明显降低哮喘小鼠支气管灌洗液中炎症细胞数、肺组织中白细胞介素（IL-4、IL-5、IL-13）的水平、肺组织中 WNT5A 和血清中总免疫球蛋白 E 含量，减轻肺部炎症和降低气道高反应。李越等研究发现，桦褐孔菌能降低结肠炎大鼠血清中白细胞介素-6（IL-6）的含量，减轻白细胞介素-6 对肠黏膜的损伤作用，提高血清中白细胞介素-10 的含量，使大鼠体内抗炎、免疫调节作用增强。

（七）降压减脂

Park 等研究发现，桦褐孔菌中的三萜类化合物与类固醇对血压、血脂的调节、血液循环都具备良好的改善作用。张蕾等研究表明，桦褐孔菌多糖能有效减轻 HepG2 细胞内脂质堆积、降低细胞中三酰甘油的含量，其中 600 毫克/升的桦褐孔菌多糖对三酰甘油的清除率达 24.57%。

（八）保肝

据 Parfenov 等研究，桦褐孔菌对肝脏具有保护特性，体外试验证实桦褐孔菌可增强正常肝细胞活力，体内试验证实桦褐孔菌对肝损伤大鼠肝脏具有保护作用。

二、 桦褐孔菌的疗效作用

（一）抗癌

自 20 世纪 50 年代以来就有研究报道,桦褐孔菌在苏联时代即被应用于胃癌、食管癌、肺癌、喉癌、乳腺癌、白血病等恶性肿瘤的临床康复治疗。

1. 胃癌。1959 年 П.К. Булатова 教授在对照组治疗基础上,给予 47 例晚期胃癌(Ⅳ期)患者口服含 2%桦褐孔菌提取物溶液,15 毫升/次,3 次/天,发现患者腹痛、呕吐、嗳气、胃灼热、食欲不振、胃出血及情绪低落等症状均有改善。

2. 食管癌。Е.Я. Мартыновой 观察应用桦褐孔菌治疗 54 例无法手术的食管癌,除病情最严重的患者外,其他均在应用桦褐孔菌 1～3 周后病情得到改善。在重症患者中,3 例在服用桦褐孔菌 3 周至 1.5 个月后起效,其余无效。除病情最严重的患者外,其他患者预期寿命从 7 个月增至 2.5～3 年或更长,而当时食管癌患者的预期寿命不超过 8～19 个月。

3. 肺癌。Е.Я. Мартыновой 观察短期应用桦褐孔菌的 52 例肺癌患者,病情最重的 29 例中,除 5 例有短暂的症状改善外,其余未见改善;无恶病质的患者经治疗后,肺部干湿啰音减轻,咳痰、咳嗽、气短、乏力等症状有所缓解,患者食欲及情绪低落均改善,癌症病情进展情况似乎在 1 年或更长时间内放缓,部分患者暂时返回工作岗位;长期使用桦褐孔菌可改善肺癌患者生活质量,且平均预期寿命从 1 年增至 2～4 年(根据当时文献资料,Ⅳ期肺癌患者的预期寿命为 0.5～1 年不等,较少超过 2 年),应用桦褐孔菌超过 2 年时,患者预期寿命可增加 3～6 年。

4. 喉癌。М.Ф. Коровин 使用桦褐孔菌气雾剂治疗喉癌,3 年共观察了 25 例,患者喉部炎症完全控制,提示桦褐孔菌提取物气雾剂治疗喉部肿瘤有效。

5. 乳腺癌。И.И. Овчинникова 应用桦褐孔菌治疗 17 例Ⅳ期乳腺癌,患者情绪、食欲、睡眠和肠道功能均得以改善,疼痛减轻,且随应用时间延长,肿瘤进展减缓。在最初几个月治疗中,6 例患者受累乳房区域的肿胀减轻,肿瘤体积略有减小,转移倾向降低。长期使用桦褐孔菌的患者无体重减轻,血细胞计数良好。

6. 白血病。Я. Шнайд 观察了 10 例慢性淋巴细胞白血病及 3 例慢性粒细胞白血病,静脉注射 15～30 次桦褐孔菌制剂,直肠应用桦褐孔菌栓剂。慢性淋巴细胞白血病患者一般状况、食欲有改善,增大的淋巴结缩小,肝脏和脾脏略有缩小且得以软化。

(二) 治疗糖尿病

由俄罗斯 Komsomlski 制药公司生产的桦褐孔菌精粉被广泛应用于 2 型糖尿病科研和临床,对糖尿病的治愈最高可达 93%。

(三) 治疗胃溃疡

有报道,对 245 例消化性溃疡患者饮用桦褐孔菌 10～15 天后,所有患者疼痛减轻;90% 的患者胃镜检查提示胃溃疡瘢痕或十二指肠溃疡减少,胃黏膜皱褶水肿和充血减少;在组织学检查期间,黏膜浸润减少,腺体器官正常。所有患者均表现出健康状况改善且无任何并发症。

(四) 其他作用

桦褐孔菌对于多种疾病的防治康复均具一定疗效,除了被应用于多种肿瘤、糖尿病、胃溃疡、十二指肠溃疡的治疗,还广泛应用于慢性胃炎、胃息肉、皮肤疾病、口腔疾病、心血管疾病、结核病及戒烟综合征等疾病的康复治疗。

三、 桦褐孔菌经验方

(一) 桦褐孔菌灵芝方

[组方]　桦褐孔菌 50 克,灵芝 10 克,白糖适量。

[制作]　桦褐孔菌、灵芝切片加水文火煎煮 1 小时,滤取煎液,白糖调味。

[用法]　每日 3 次,长期服用。

［功效］ 防癌抗癌,可辅助治疗各种肿瘤。

（二）桦褐孔菌薄荷方

［组方］ 桦褐孔菌 3 克,薄荷叶 1.5 克。

［制作］ 桦褐孔菌开水冲泡 2 小时,热滤液冲泡干碎薄荷叶,保温 1 小时。

［用法］ 每日分多次饮用。

［功效］ 辅助治疗腹泻。

（三）桦褐孔菌五味子方

［组方］ 桦褐孔菌 3 克,五味子 1 克。

［制作］ 五味子打粉。桦褐孔菌开水冲泡 2 小时取滤液,餐前 20 分钟冲服。

［用法］ 每日 3 次。

［功效］ 辅助治疗胃及十二指肠溃疡。

桑　黄

Phellinus igniarius

桑黄，又名：鲍氏层孔菌、针层孔菌、火木层孔菌、桑臣、桑耳、胡孙眼、桑黄菇、真裂蹄、裂蹄针层孔菌等。

桑黄为担子菌门、伞菌纲、锈革孔菌目、锈革孔菌科真菌。因其在我国中南地区通常生长于桑属植物上，且子实体为黄褐色，故而得名。桑黄属多年生种类，产生马蹄形担子果，每个生长季形成一层新的子实层体，能够存活 80 年之久。人工培植桑黄较容易分离培养，菌丝体及子实体生长期受营养、温度、水分、光线、空气、酸碱度等理化因素影响。桑黄在我国西北、东北、中南等地区十五个以上省份有分布，集中分布区在黑龙江省乌苏里江至兴凯湖之间、陕甘交界的子午岭地区、东北长白山地区等。国外分布有东北亚及远东地区、北美及中南美、澳大利亚及东南亚等地。

桑黄的发现和药学应用距今已有 2 000 多年的历史。桑黄始载于《药性论》："桑黄味微苦，性寒。"《本草图经》云："桑耳一名桑黄，有黄熟陈白者，又有金色者，皆可用。"《本草纲目》记载："利五脏，宣肠胃气，排毒气。"《神农本草经》描述桑黄"久服轻身不老延年"。传统医药认为，桑黄其性寒微苦，归肝、肾经，具有活血、止血、化饮、止泻等功效，用于治疗盗汗、血崩、血淋、脱肛泻血、带下、经闭、症瘕积聚、癖饮、脾虚泄泻等症。日本《原色日本菌类图载》记载桑黄可治偏瘫中风及腹痛、淋病等。

现代研究表明，桑黄富含多糖、落叶松蕈酸、脂肪酸、甾醇类物质、三萜类、芳香酸及甘氨酸等多种氨基酸、木糖氧化酶、脲酶、酯酶、过氧化氢酶、蔗糖酶、乳糖酶、纤维素酶等多种酶类成分，具有抗肿瘤、免疫调节、抗纤维化、抗氧化、延缓衰老等多种功效。

一、 桑黄的药理作用

（一）抗癌和抗肿瘤

在已知的高等真菌中，桑黄是抗癌效果较好的菌类。韩国一直将桑黄作为名贵药材作抗肿瘤等方面的应用。1968 年,日本的 Ikekaw 等发现野生桑黄子实体的提取物对小鼠肉瘤 S180 的抑制率为 95.7%。Leo J. L. D. Van Griensven 等体外实验也表明,桑黄提取物可诱导白血病癌细胞 K562 凋亡。

桑黄抑制肿瘤的活性物质研究主要集中在子实体胞外多糖上,也有研究证实其胞内多糖具有抗癌活性,一般认为桑黄的抗癌作用可能是通过活化免疫系统实现的。Hui-Yu Huang 等在肝癌荷瘤小鼠试验中,桑黄可以刺激 CD4 细胞和自然杀伤细胞增殖,并诱导白细胞介素-12(IL-12),干扰素 γ(IFN-γ)和肿瘤坏死因子 α(TNF-α)等免疫细胞因子的表达,以抑制肿瘤生长。干扰素 γ 有明显的抗肿瘤活性,能抑制前癌基因表达,阻止肿瘤细胞从 G0 期进入 G1 期,抑制肿瘤细胞的增殖,这可能是桑黄的抗癌机制之一。

据 Yun-Hee Shon 等研究发现,桑黄多糖提取物能够特异性抑制肿瘤细胞中细胞色素 P450(CYP450)酶的活性,通过抑制能量代谢减缓肿瘤发展。Tsuji Takanori 等发现桑黄提取物还可以诱导多种癌细胞凋亡,如前列腺癌细胞 DU145 和 PC3,肝癌细胞 HepG2 和结肠癌细胞 SW480 等。Nakamura 研究发现,桑黄中主要的抗癌组分为蛋白多糖,抑癌效果超过 80%。

（二）免疫调节

桑黄在调节自身免疫方面具有很好的潜在药用价值。Maja Kozarski 等用体外实验表明,在过度活化的白细胞中,桑黄子实体提取物表现出较好的免疫抑制效果。

对免疫细胞的分化和凋亡,桑黄多糖也有一定的调节作用。Wu 等研究桑黄子实体的水提物、醇提物和多糖组分对内毒素诱导的人单核细胞的免疫调节性能,结果发现桑黄多糖有明显的免疫调节作用,水提物相较于醇提物,能更好地降低内毒素引起的细胞毒性。

Jung J. Y.和 Kozarski M.的研究表明,桑黄的多糖成分在缓解风湿性关节炎等自身免疫性疾病中具有一定疗效。其特有的 Hispidin 及其衍生物等抗氧化多酚成分,在调节免疫方面都具有巨大的药用价值。Lan Li 等发现桑黄还可以通过调节免疫细胞浸润缓解自身免疫病。在自身免疫性脑脊髓炎中,桑黄可以抑制免疫细胞在脊髓中的浸润,从而缓解疾病发展。Lee S.研究证实,桑黄提取物在抗流感病毒方面有很好的疗效。

(三) 抗氧化

Yuan 等研究发现,桑黄多糖能减少血液中丙二醛含量,同时增加血清中超氧化物歧化酶和谷胱甘肽过氧化物酶的活力。Kozarski 等以桑黄多糖为材料,通过测定其还原能力来研究抗氧化能力。结果显示,一定范围内,桑黄多糖提取物的还原能力随着样品浓度的提高而明显增加,随后还原能力保持稳定不变。

Lee 等认为桑黄的抗氧化能力与其含有大量的多酚类物质有关;王钦博等对桑黄的子实体中的抗氧化成分进行了分离纯化,将得到的化合物进行清除超氧阴离子、羟基自由基、DPPH 自由基、NO 自由基等抗氧化实验,发现分离得到的一种吡喃酮类化合物($C_{25}H_{18}O_9$)在清除自由基及其抗氧化方面均有显著活性,对损伤的 PC12 神经细胞也有很好的修复能力,并能延缓其衰老。

(四) 杀菌消炎

桑黄在消炎抗菌方面具有一定的药用价值。韩国 Hur J.M. 等有研究表明,桑黄甲醇提取物中的正丁醇羟化组分对于具有甲氧西林抗药性的金黄色葡萄球菌有很好的杀灭效果。因此桑黄在未来新的抗生素开发中提供了重要的思路。

Kim S.H.等研究发现,桑黄乙醇提取物组分具有一定的抗炎效果,其中正丁醇组的抗炎效果最好。Kim BC 等认为桑黄的抗炎作用与其通过蛋白激酶 Cδ(PKCδ)上调亚铁红素加氧酶 1(heme oxygenase-1)的表达并抑制基质金属蛋白酶 9(MMP9)合成有关。Huang G.J.等发现桑黄中的 Inotilone 组分,还具有抑制 NF-kB,p38 和 MAPK 信号通路的作用,从而缓解炎症的影响。

(五) 降血糖

Cho J.Y.等发现,桑黄多糖可以显著降低血糖水平,并且呈现剂量依赖关系。Kim D.H.等实验表明,桑黄多糖的摄入可以显著降低糖尿病大鼠血浆中的葡萄糖、三酰甘油和总胆固醇的含量,从而降低糖尿病和非酒精性脂肪肝导致的肝损伤。Cho E. J.等发现桑黄胞外多糖可以显著提高过氧化物酶体增殖剂激活受体 γ(PPAR-γ)的表达量。过氧化物酶体增殖剂激活受体具有转录因子的功能，参与胰岛素的降糖作用，提高机体对胰岛素的敏感性。Yayeh T 等还发现桑黄的酚类提取物 hispidin 可以有效清除细胞内的活性氧基团，防止过氧化氢对胰岛 β 细胞的损伤，从而提高胰岛素的分泌量。

（六）抗肝纤维化

张万国等证明，桑黄能减轻肝细胞损伤，预防大鼠肝纤维化的发生；随后研究发现桑黄能显著改善肝脏微循环，增加肝细胞营养供给。王华林等通过蛋白质组学研究表明，桑黄具有的抗肝纤维化作用，与其参与调控肝脏中与游离铁调控相关的结合珠蛋白(haptoglobin)和血液结合素(hemopexin)，以及与谷胱甘肽功能相关的谷胱甘肽 S 转移酶 A4(glutathione S-transferase A4)和甜菜碱高半胱氨酸 S 甲基转移酶 1(betaine-homocys-teine S-methyltransferase 1)等与抗氧化有关的蛋白表达有关。

二、桑黄经验方

（一）桑黄保健方

　　［组方］　桑黄 6 克，冰糖 5 克。

　　［制作］　桑黄洗净切片泡 15 分钟，文火煎煮两次各 1 小时，滤取合并煎液。

　　［用法］　每日 1 剂，早晚各 1 次服用。常服。

　　［功效］　免疫保健，抗癌防癌，预防糖尿病，保护肝脏，增强免疫力。

（二）桑黄灵芝方

　　［组方］　桑黄、灵芝各 6 克，冰糖适量。

　　［制作］　将桑黄、灵芝切成片，放入砂锅内，加水文火煎煮两次各 1 小时，合

并两次煎液,加入冰糖拌匀即可。

［用法］　每日 1 剂,早晚各 1 次服用。

［功效］　增强免疫力,尤适宜甲状腺、乳腺、前列腺疾病患者服用。

(三) 桑黄莲合瘦肉汤

［组方］　桑黄 6 克,莲子 30 克,百合 30 克,瘦肉 200 克。

［制作］　桑黄切片,与莲子、百合、瘦肉块入锅,文火熬制 1 小时,调味。

［用法］　日常服用。

［功效］　抑制尿酸,适宜痛风疾患者服用。

(四) 桑黄银耳方

［组方］　桑黄 5 克、银耳 6 克、冰糖适量。

［制作］　原料入锅,文火煮 2 小时呈粥状,取出桑黄残渣,加冰糖调匀。

［用法］　每日 1 剂,分 3 次服用。

［功效］　美容养颜,清热解毒,消除疲劳。

绣球菌

Sparassis crispa

绣球菌,又名:对花菌、马牙菌、绣球蕈、绣球蘑、地花蘑、白地花、白绣球花、花椰菜菌。

绣球菌为担子菌门、伞菌纲、多孔菌目、绣球菌科真菌。绣球菌幼嫩时,子实体洁白鲜嫩,食味鲜美可口,野生绣球菌是世界上非常珍稀名贵的药食两用菌菇。绣球菌子实体肉质,由一个粗壮的菌柄上发出许多片状分枝,再形成无数曲折的瓣片,形似巨大的绣球,直径 10～40 厘米,白色至污白或污黄色。瓣片似银杏叶状或扇形,薄而边缘弯曲不平,干后色深,质硬而脆。子实层生瓣片上。孢子无色,光滑,卵圆形至球形,4～5 微米×4～4.6 微米。绣球菌是较为独特的"阳光蘑菇",普通蘑菇生长不需要充足阳光,而绣球菇每天需要 10 小时以上的照射。

绣球菌中的超氧化物歧化酶含量位居各种食用菌之首,因其具有超高的激活免疫能力,故誉称"万菇之王",在日本有"梦幻神奇菇"之称。绣球菌子实体中含有人体易缺乏的矿物质铁、锌、锰等,钾元素的含量相当高,而钠的含量较低,这种高钾低钠食品有利尿作用,对高血压及心血管疾病患者有帮助。绣球菌还富含有大量维生素 C、维生素 D、维生素 E 等多种维生素,其维生素 E 含量位居菌藻类食物前列。绣球菌子实体中含有的 β-葡聚糖,是绣球菌主要的活性成分。绣球菌具有抗肿瘤、免疫调节作用,能提高造血功能,促进伤口愈合。

绣球菌在我国东北、华北、华南和西南林区均有分布,生长于云杉、冷杉、松林或混交林中。国外日本、英国及北美均有分布。20 世纪 90 年代,日本成功栽培这种梦幻神奇之菇,其后韩国和我国相继人工栽培成功,进入商业化规模化生产。

一、 绣球菌的药理作用

（一）抗肿瘤

绣球菌多糖具有良好的抗肿瘤活性。据 Hasegawa A.等研究,荷肉瘤 S180 小鼠喂食绣球菌粉 5 周后其肉瘤明显比对照组小,且存活时间延长。据 Ohno N. 等研究,绣球菌多糖组分对荷肉瘤 S180 小鼠有抗肿瘤活性。据 Yamamoto K.等研究,小鼠口服绣球菌多糖可以抑制肿瘤细胞的血管生成和转移。据 Petrova Roumyana D.等研究：绣球菌具有抑制乳腺癌细胞的活性。

Harada T.等研究绣球菌多糖(SCG)对由环磷酰胺诱导的白血病小鼠造血功能的影响,结果表明：环磷酰胺诱导的白血病小鼠腹腔注射绣球菌多糖后,小鼠腹腔、肝脏及骨髓中白细胞、单核细胞、粒细胞、自然杀伤细胞、$\gamma\delta T$、白细胞介素-6数量增加,而 CD4、CD8 细胞数量降低。

赵慧慧等研究表明,绣球 β-葡聚糖能够显著抑制人白血病细胞 K562、THP-1 的生长并可以诱导其凋亡;Nameda S.等研究表明绣球菌中具有抗肿瘤活性物质主要为 β-葡聚糖,其能够刺激细胞因子产生,从而起到抗肿瘤的作用。

Ohno N.等对患有肺癌、胃癌、结肠癌、乳腺癌等的 14 例癌症患者进行口服绣球菌粉临床试验,经过 1 个疗程的淋巴细胞转移免疫治疗后,其中 9 例患者体能状态得到改善。

(二) 免疫调节

Kim H.S.等研究表明,绣球 β-葡聚糖具有诱导树突细胞成熟的作用。Harada T.等研究报道：绣球 β-葡聚糖增加 DBA/2 小鼠脾脏巨噬细胞和粒细胞的数量。

Hasegawa A.等研究,喂食绣球菌 5 周后,荷肉瘤 S180 小鼠自然杀伤细胞的数量未增加,但是细胞毒性明显增强,且可以激活 Th1 细胞,抑制 Th2 细胞活性,并且可以促使 Th1/Th2 的平衡趋向由 Th1 起主导作用的免疫方向偏移。

Ohno N.等研究报道,绣球菌多糖能够促进血细胞中细胞因子的合成,并且呈绣球 β-葡聚糖剂量效应关系,绣球 β-葡聚糖可以促进释放补体片段 C5a,并且补体 C5a 的释放也呈绣球 β-葡聚糖剂量效应关系,表明绣球 β-葡聚糖具有激活白细胞和相关免疫系统的作用。Ohno N.等利用冷 NaOH 提取绣球菌多糖,得到 β-葡聚糖片段(CA1),研究结果：β-葡聚糖片段可以显著增加环磷酰胺诱导白血病小鼠的白细胞数量,调节模型小鼠的粒细胞、T 细胞、B 细胞,以及自然杀伤细胞的数量。

（三）促进伤口愈合

据 Kwon A.H.等研究,对由链脲佐菌素诱导的糖尿病小鼠建立皮肤损伤模型,小鼠口服绣球菌粉末,结果表明:绣球菌对伤口愈合有促进作用。这可能与绣球菌促进巨噬细胞和成纤维细胞的生成,β-葡聚糖促进Ⅰ型胶原的合成有关。

（四）抑菌

绣球菌会产生一些抑制其他微生物生长的抗菌素,对耐药性金黄色葡萄球菌有抑制作用。亢爽等研究报道:绣球菌水溶多糖对酿酒酵母、根霉菌、黑曲霉具有抑菌效果;去蛋白水溶多糖抑菌效果较水溶粗多糖好。研究结果:绣球菌水溶多糖对不同菌具有不同的抑菌效果。

（五）抗氧化

据楚杰、王莹等研究的报道:绣球菌菌丝体多糖体外对 DPPH 自由基、羟基自由基、超氧阴离子均具有一定的清除作用。王萌皓等采用微碱法提取绣球菌多糖并测定其抗氧化活性,结果显示:绣球菌多糖在 0.06 毫克/毫升时对羟自由基清除率达到最大,为 10.5%;在 0.08 毫克/毫升时对超氧阴离子自由基清除率达到最大,为 21.5%。

二、 绣球菌经验方

（一）绣球菌祛湿方

［组方］ 鲜绣球菌 50 克。

［制作］ 将绣球菌捣碎,贴在敷料上。

［用法］ 包敷在患处。

［功效］ 防风祛湿,适宜风湿性关节炎、皮癣、脚癣者使用。

(二) 绣球菌火腿方

［组方］ 绣球菌 50 克,熟火腿丝 50 克,拉皮 350 克,蒜末等调味品适量。

［制作］ 将绣球菌洗净切丝,拉皮切段。油锅烧热,放入火腿丝煸炒片刻,加入绣球菌煸炒,放入拉皮炒匀,放入蒜末等调味品炒至入味即可。

［用法］ 佐餐食用,常食。

［功效］ 营养丰富,具有舒筋、散寒、滋补、养胃之功效。适宜各种肿瘤患者服食。

姬松茸

Agaricus brasiliensis

姬松茸,又名:巴西蘑菇、巴氏蘑菇、小松菇、小松口蘑、阳光蘑菇、柏氏蘑菇、巴西菇等。

姬松茸为担子菌亚门、层菌纲、伞菌目、蘑菇科、蘑菇属、姬松茸种的真菌。姬松茸是一种夏秋生长的腐生菌,生长于高温多湿通风的环境中,原产于巴西、秘鲁等南美地区和北美南部地区,后被日本和中国等国家引进。在圣保罗市,姬松茸作为传统食品,人们又叫它"Cogmelo de Deus",即"上帝的蘑菇"的意思。

姬松茸菌盖嫩,菌柄脆,具有杏仁香味,口感极为脆嫩,是一种美味的食药用菌。姬松茸营养丰富,干菇蛋白含量高达43.19%,糖类含量达41.56%,氨基酸含量达干重的19.22%,其中有促进儿童生长发育的赖氨酸,含量占氨基酸总量的39.7%。姬松茸的总脂质以亚油酸为主,不饱和脂肪酸的含量很高。测得姬松茸子实体干品中,含脂肪2.05%～2.40%(其中不饱和脂肪酸占78.5%～79.5%);粗纤维5.60%～6.73%;富含维生素 B_1、维生素 B_2、维生素C、烟酸、硫胺素、核黄素,含有丰富的矿物质元素铁、锌、铜、锰等。姬松茸所含的甘露聚糖对抑制肿瘤、辅治痔瘘、增强精力、防治心血管疾患有功效。

一、 姬松茸的药理作用

(一)抗肿瘤

大量研究表明,姬松茸有良好的抗肿瘤效果。姬松茸多糖是姬松茸的主要抗肿瘤活性成分,其可通过抑制肿瘤细胞转移、抗突变或降低肝线粒体中药物代谢酶等活性对肿瘤起到抑制和预防作用,还可以在细胞周期不同阶段破坏细胞壁的形成,对肿瘤细胞起到直接杀伤作用。

据日本三重大学医学部、冈本大学等研究:将多形细胞肉瘤(非上皮性恶性肿瘤)细胞接种到小白鼠体内,24小时后确认该肿瘤细胞接种存活,然后分别用姬松茸、香菇、云芝、滑菇等15种食用菌多糖饲喂。姬松茸多糖每天饲喂10毫克,其他14种食用菌多糖每天饲喂30毫克。10天后小白鼠的生存率:姬松茸组为 90.1%,而其他食用菌组为 20%～90%。然后这些存活的小白鼠用多形细胞肉瘤癌细胞再次接种,观察小白鼠存活率:姬松茸组为 99.4%,其他各种食用菌组分别为 77.8%～98.5%。

席孝贤等研究发现,姬松茸菌丝体及孢子中提取的多糖有促进胃癌大鼠免疫功能及抑制肿瘤生长的作用,效果优于香菇多糖。辛晓林等发现姬松茸发酵全液多糖对荷 S180 小鼠肿瘤的抑制率可达 54.34%,同时能提高荷瘤小鼠的胸腺指数和脾指数。

秦晓飞等通过姬松茸多糖对体外培养小鼠树突状细胞(DC)影响的研究发现,姬松茸多糖能促进树突状细胞分化成熟,增强树突状细胞的抗肿瘤作用。

据范雷法、潘慧娟等研究:姬松茸深层发酵产生的胞外多糖对小鼠接种腹水瘤 S180 有较强的抗性,肿瘤抑制率达到 44.53%,完全抑制率达到 50%。

据王彩霞等研究,姬松茸粗多糖抑制急性早幼粒细胞白血病细胞株 HL-60 的细胞增殖具有浓度依赖性,可通过抑制 NF-κB 通路的异常激活来诱导 HL-60 细胞凋亡。姬松茸的脂溶性麦角固醇作为抗血管生成物质,可抑制肿瘤的生长及在肉瘤和肺癌荷瘤小鼠体内的转移。

（二）抗氧化

姬松茸多糖可以抑制脂质过氧化、提高氧化酶活性和清除过量自由基。据吕喜茹、郭亮等研究报道:姬松茸多糖具有一定的抗氧化能力,且随浓度的增加而提升。据刘晓庆、秦春青等研究报道:姬松茸的 3 个多糖组分均表现出良好的 ABTS 自由基和 DPPH 自由基的清除能力,且具有一定的还原力。据胡振宇研究报道:姬松茸发酵液能提高小鼠抗运动疲劳功能,加强肝组织抗氧化能力。据程红艳、常鼎然等研究报道:巴西蘑菇多糖对铅致大鼠免疫损伤具有保护作用。

赵扬帆等发现,姬松茸酚对羟基自由基的清除能力与茶多酚相当;对超氧阴离子自由基的清除能力优于茶多酚;同时姬松茸酚还具有一定的抗油脂氧化活性。

温明等也发现姬松茸水溶性多糖可清除机体过多的自由基,明显改善镉中毒小鼠的脂质过氧化指标如脂质过氧化物丙二醛、还原型谷胱甘肽、谷胱甘肽过氧

化物酶,减轻脂质过氧化损伤,对组织细胞结构的完整性有保护作用。

陈体强等实验表明,姬松茸提取物具有较强的 DPPH 自由基清除能力,并且呈明显的剂量效应关系。半数清除浓度达到 0.417 毫克/毫升,还具有较强的还原能力和总抗氧化能力,其半数有效浓度达 0.565 毫克/毫升和 0.850 毫克/毫升。体外抗氧化活性研究表明,姬松茸多糖对 DPPH 自由基、ABTS 的自由基清除能力和还原力的半抑制浓度(IC_{50})值分别为 0.104、0.237 和 0.013 6 毫克/毫升,说明姬松茸多糖具有较好的抗氧化活性。体内抗氧化性实验结果表明,姬松茸能显著增强小鼠血清和肝脏中 T-AOC、超氧化物歧化酶活性和谷胱甘肽过氧化物酶活性,降低血清和肝脏中的脂质过氧化物丙二醛含量。此外,姬松茸中的酚类物质也具有很强的氧自由基清除能力。

（三）免疫调节

姬松茸多糖具有免疫调节活性作用,在多途径和多层面显示出免疫活性,对特异性免疫、非特异性免疫和细胞免疫体系均有增强作用,还可防治血管内疾病、免疫失调和神经肌肉障碍等自身免疫性疾病。姬松茸水提多糖提高免疫细胞的活性,刺激 T 细胞和巨噬细胞释放白细胞介素-2 和白细胞介素-6,产生 SRBC 的抗原抗体,诱导大鼠骨髓巨噬细胞分泌肿瘤坏死因子 α,体外诱导 NO 分泌。

赵学梅等发现姬松茸子实体多糖能减轻放疗引起的外周血白细胞数量下降,增加骨髓 DNA 含量,对荷瘤小鼠的放疗后造血系统损伤具有一定保护作用。

王丽娟等发现姬松茸多糖(77～150 毫克/千克,灌胃,连续 7 天)能促进小鼠胸腺和脾脏的增殖,120 毫克/千克的姬松茸多糖能使幼鼠胸腺增长 13.1%,脾脏增长 8.5%,使成年鼠胸腺增长 4.0%,脾脏增长 18.3%;150 毫克/千克姬松茸多糖使小鼠碳粒吞噬指数提高 21.7%,吞噬系数增加 11.8%,说明姬松茸多糖能促进小鼠的免疫功能。

房雷雷等发现姬松茸多糖可通过激活 NF-κB 信号转导通路,上调 iNOS 蛋白的表达,促进 NO 释放,发挥免疫调节作用,效果显著且具有良好的时效和量效性。

（四）调节血糖

姬松茸对血糖、胰岛素敏感性、炎症因子及血脂水平具有调控作用。美国姬松茸研究专家 Dr.F.J. Leser 指出,姬松茸的神奇之处在于:独特的活性物质能促进细胞增强活力,能调节血糖、降低血脂,有免疫调节作用,对糖尿病、动脉粥样硬化、高血压、高脂血症、肝炎与肝硬化、痔瘘、便秘以及肿瘤都有作用。

据杨旭东、张杰等研究:姬松茸多糖可抑制体外高糖培养的乳鼠心肌的凋亡,其机制可能与抑制 caspase-3,激活 bcl-z 表达有关。据何兴师、欧阳玉倩等研究报道:巴氏蘑菇多糖能够调节糖尿病小鼠体内的糖代谢,降低血糖。吕娟等发现姬松茸多糖能改善糖尿病大鼠的临床症状,减轻糖尿病大鼠肾组织氧自由基损伤,降低血糖和炎症反应,增强免疫功能。

（五）保肝护肾

姬松茸对肝组织、肝细胞器、肾组织等具有保护作用。姬松茸多糖可抑制糖尿病大鼠的肾组织氧化应激和肾细胞凋亡,从而保护其肾脏功能。董爱国等发现姬松茸水溶性粗多糖溶液可显著降低镉中毒小鼠的肝指数、肾指数,恢复肝功能,对镉引起的小鼠机体脂质过氧化损伤有显著的治疗作用。

姬松茸多糖对糖尿病大鼠肾脏有明显的保护作用,其机制可能是通过抑制肾脏 TGF-β1 和 Smad7 mRNA 的表达。杨旭东等研究表明,姬松茸多糖能显著改善糖尿病大鼠肾脏功能并显著降低 TGF-β1 和 Smad7 mRNA 表达,降低糖尿病小鼠尿素氮、肌酐、24 小时尿蛋白含量,减少肾组织细胞凋亡数。

（六）其他作用

张艳荣等观察发现姬松茸的 ω-6 多不饱和脂肪酸能延长小鼠凝血时间,增加血液的流动性,具有很好的改善血液黏度、抑制血栓形成及活血化瘀作用,效果优于市售预防及缓解该类疾病的天然大豆磷脂胶囊。姜成等报道姬松茸粗多糖具有抗突变功效,人们有可能通过食用姬松茸或其粗多糖保健食品,可以减少环境污染物诱导的机体细胞突变。姬松茸含有在日光或紫外线照射下可

转化为维生素 D 的麦角甾醇,经常食用能预防人体因缺乏维生素 D 引起的血磷和血钙代谢障碍所患的佝偻病,对儿童的骨骼、牙齿发育有一定的保健作用。

二、 姬松茸的疗效作用

(一) 抗癌

白血病:田晓慧等对 20 例急性非淋巴细胞白血病患者服用姬松茸(每天 20 克,水煎 2 次,合并煎液,分 2 次口服,连服 3 个月)进行临床观察,发现患者的外周血红蛋白浓度、血小板及白细胞总数明显提高,表明姬松茸能促进骨髓造血,改善化疗后的骨髓抑制,提高机体体液免疫。

胃癌、消化道肿瘤:姬松茸复合颗粒 ABPC 用于辅助治疗胃癌,能有效缓解患者临床症状,调节机体的免疫功能,提高胃癌患者的生活质量。王镜等报道姬松茸(每天 20 克,水煎分两次口服)可改善消化道肿瘤患者的临床表现,精神、食欲好转,恶心呕吐等症状减轻,患者外周血象(血红蛋白、白细胞、血小板)有明显提高,血浆蛋白与球蛋白比例保持正常,血清免疫球蛋白(IgG, IgM, IgE)显著提高。说明姬松茸可促进正常造血,增强机体免疫功能。

妇科癌症:王珊珊报道姬松茸提取物可改善子宫癌、乳腺癌和子宫内膜癌患者的生活质量。

(二) 保肝

王立荣等发现姬松茸(每天 20 克,水煎 2 次,合并煎液,分 2 次口服)可改善慢性乙型肝炎患者的腹胀、无力、肝痛等临床症状,促进患者肝功能恢复和造血细胞生成。

三、 姬松茸经验方

（一）姬松茸豆腐方

[组方] 姬松茸 60 克,水豆腐 400 克,笋、青豆各 60 克,各种调味品适量。

[制作] 笋丁与青豆焯水,姬松茸洗净切方丁,豆腐划成小块;锅内放油烧热,倒入高汤烧沸,放入豆腐、姬松茸、笋丁、青豆烧沸,加入调味品,用水淀粉勾芡,淋上香油即可。

[用法] 佐餐。

[功效] 清淡素雅,香鲜嫩爽,具有减肥、降压、抗癌作用。适宜肿瘤、高血压、高血脂患者与肥胖者服用。

（二）姬松茸鲍鱼方

[组方] 姬松茸 130 克,水发鲍鱼 400 克,鸡汤 400 毫升,调味品各适量。

[制作] 姬松茸泡发洗净切片,鲍鱼洗净切片。起锅烧油,放入鲍鱼煸炒片刻,倒入鸡汤烧沸,放入姬松茸,加入调味品,淋上香油盛入即可。

[用法] 佐餐。

[功效] 健脾益胃,帮助消化,抗癌防癌,适宜肿瘤及体虚、精神不佳者服用。

银　耳

Tremella fuciformis

银耳,又名:白木耳、雪耳、白耳子等。

银耳为担子菌门、银耳纲、银耳目、银耳科真菌。作为"参、茸、燕、耳"四大珍品之一,银耳有"菌中之冠"的美称。银耳所含营养成分非常丰富,其中含蛋白质6.7%~10%、糖类65%~71.2%、脂肪0.6%~12.8%、粗纤维2.4%~2.75%、无机盐4.0%~5.4%、水分11%~13%,以及少量的B族维生素和卵磷脂等。银耳蛋白质中含有亮氨酸、异亮氨酸、苯丙氨酸、甘氨酸、丝氨酸、谷氨酸、脯氨酸、精氨酸、赖氨酸、丙氨酸、苏氨酸、天冬氨酸、酪氨酸、胱氨酸、甲硫氨酸等17种氨基酸;无机盐中主要含硫、铁、镁、钙、钾等离子。银耳多糖是银耳的重要有效成分,其中有酸性多糖、中性杂多糖、酸性低聚糖等。

我国是世界上最早认识和利用银耳的国家,古代典籍中就有关于银耳的记载。作为著名的食药两用真菌,银耳是延年益寿的滋补佳品,系中医传统的"扶正固本"药物。银耳的药用记录始见于先经秦汉医家后经梁代陶弘景编撰的《名医别录》《神农本草经》《本草纲目》及《中国药学大辞典》均记载了银耳的功效,《中国药物大辞典》记载,银耳性平,味甘,入肺、脾、胃、肾、大肠五经,有"强精补肾、强肺、生津止咳、降火、润肠益胃、补气和血、强壮身体、补脑提神、美容嫩肤、延年益寿"之功效。张仁安所著《本草诗解药性注》中说,此物有麦冬之润而无其寒,有玉竹之甘而无其腻,是润肺补阴之上品,可与人参、鹿茸、燕窝媲美,有防治肺热咳嗽、肺躁急咳、久咳喉痒、咳嗽带血、久咳络伤胁痛、肺痛、胃炎、便秘、便血及妇女月经不调的功效。现代研究证明,银耳多糖绝大多数为β-型结构的多糖,能显著抑制肿瘤生长,具有升高白细胞、增强巨噬细胞吞噬能力、调节免疫功能等作用。

中国是银耳栽培的发源地,也是银耳生产大国。作为中国的特产,银耳在我国主要有袋料和段木两种栽培方式,目前国内80%以上的银耳出于袋料栽培,袋料栽培所需银耳原料易得,生长周期短,产量高,而且袋料栽培银耳的氨基酸比段木栽培银耳含量高。传统银耳产地以福建和四川通江为主,近年山东、江苏、江西、河南、河北、安徽、湖南、湖北等地的生产均有不同规模的发展。

一、 银耳的药理作用

银耳多糖具有多种药理活性,有调节免疫功能、抗肿瘤、抗化疗、抗放射、延缓衰老、抗炎症、抗溃疡、降血糖、降血脂、保肝脏和治疗慢性支气管炎等作用。

(一)增强和调节免疫功能

1. 增强吞噬细胞吞噬功能。银耳多糖能增强单核巨噬细胞系统的免疫功能,提高自然杀伤细胞活性。试验用小鼠服银耳后,杀伤细胞活性可提高 15%～25%。银耳多糖还能消除应激反应对免疫的抑制作用,使冷水应激小鼠的抗绵羊红细胞(SRBC)、空斑形成细胞(PFC)反应、迟发性超敏反应达到正常。

据夏尔宁等研究:小鼠腹腔注射银耳多糖或银耳孢子多糖,每只鼠注射 2 毫克,对照鼠注射生理盐水,连续 7 天。开始给药后第 5 天,注射蛋白胨淀粉浆 1 毫升/只;第 8 天注射 3 毫升/只。然后测定吞噬细胞所吞噬的鸡红细胞数,求出吞噬指数及吞噬百分数。结果:注射银耳多糖和银耳孢子多糖的吞噬指数分别是对照组的 3.71 倍和 2.60 倍;吞噬百分率是对照组的 1.57 倍和 1.54 倍。结果证实,银耳多糖和银耳孢子多糖能激活小鼠腹腔巨噬细胞,增加其吞噬能力。银耳多糖腹腔注射 4 天,腹腔巨噬细胞体积增大,胞浆中酸性磷酸酶活性和对鸡红细胞的吞噬率提高,巨噬细胞与肿瘤细胞接触后,肿瘤细胞肿胀变圆,胞内细胞器溶解、核仁消失、核膜分离。

据林志彬等研究:给小鼠连续 7 天皮下注射银耳多糖 100 毫克/千克,可增加正常鼠或醋酸可的松小鼠的血清炭粒廓清率。这表明银耳多糖能增强小鼠单核巨噬细胞系统的免疫功能。

蒋铁男等证明,小鼠腹腔注射银耳制剂可使小鼠腹腔巨噬细胞体积增大,胞浆中酸性磷酸酶活性和对鸡红细胞吞噬率均增高,特别是与小鼠腹水型肝癌细胞共同培养 3 小时后,透射电镜下可见巨噬细胞与肿瘤细胞接触后,肿瘤细胞肿胀变圆,内部细胞器溶解,核蛋白体消失,以及细胞核内染色质溶解,核仁消失,核膜分离等变化。这表明银耳及其多糖确有激活小鼠单核巨噬细胞系统的功能,不仅使巨噬细胞增生,激活其吞噬活性,促进抗体形成,且被激活的巨噬细胞还可吞噬小鼠腹水型肝癌细胞。

2. 调节体液免疫水平。银耳多糖调节体液免疫水平(免疫球蛋白含量)。免疫球蛋白 IgG、IgM、IgA 有杀伤病原菌和病毒的作用,但 IgG、IgM、IgA 含量过高时,会产生过多免疫复合物,沉积于肾脏、血管和其他组织并使之发生变性。银耳可以调节动物体液免疫水平,升高体液免疫水平过低者的免疫球蛋白含量,平衡体液免疫过高者的免疫球蛋白水平。体液免疫水平低者服银耳多糖后,可提高免疫水平;体液免疫水平过高者服银耳多糖后,可调适体液免疫水平。

据林志彬等研究:银耳多糖对绵羊红细胞(SRBC)致敏小鼠溶血素形成的影响时,发现银耳多糖 100 毫克/千克,连续 7 天皮下注射能使正常小鼠和注射环磷酰胺 10 毫克/千克小鼠的半数溶血值(HC_{50})分别增加 92.2% 和 112.9%。表明银耳多糖能促使正常小鼠和免疫功能受抑制小鼠的溶血素形成。溶血素值的提高表明巨噬细胞杀伤病毒、杀伤肿瘤细胞的能力有了提高。

另有试验证实,如 3 天连续给恒河猴注射银耳粗提取物 9 克(孢子多糖),IgA、IgM、IgG 都有不同程度的提高,显著增加 E-玫瑰花结形成细胞,提高淋巴细胞转化率,增加补体滴度,促进小鼠脾细胞白细胞介素-2 的产生,祛抗环孢霉素-A 对白细胞介素-2 生成的抑制作用和促进干扰素的产生。

3. 对淋巴细胞的影响。银耳多糖有促进淋巴细胞转化、增加 E 玫瑰花结的形成和具有凝集素样的作用。有文献报道,银耳多糖 50 微克/毫升、100 微克/毫升、150 微克/毫升和 200 微克/毫升,能不同程度地促进刀豆素 A(ConA)诱导的淋巴细胞增殖,并能消除氢化可的松对淋巴细胞的抑制作用。用银耳多糖 50 毫克/千克和 100 毫克/千克腹腔注射,连续 4 天,能使绵羊红细胞诱导的小鼠空斑形成细胞(PFC)增加 77.6% 和 81.8%;150 微克/毫升、200 微克/毫升的银耳多糖能使小鼠脾细胞培养上清液中过高的白细胞介素-2 活性降低。空斑形成细胞含量的增加,表明 T 细胞对病菌的杀伤力有了提高;过高白细胞介素-2 的降低,表明银耳多糖有抑制变态反应的作用。银耳多糖(50 克/毫升、100 克/毫升、150 克/毫升及 200 克/毫升)体外应用可显著增强正常小鼠经刀豆素 A 诱导的脾淋巴细胞增殖反应。

高其品等从银耳的子实体中分离纯化出 3 种杂多糖 Tla-Tlc,研究表明,Tla-T1c 可显著激活人单核细胞,促进其产生大量白细胞介素-1、白细胞介素-6 和肿瘤坏死因子。

陈子齐等证明银耳多糖在体外能促使正常人淋巴细胞转化,其活性类似于植物凝集素;在体内能提高白血病患者淋巴细胞的转化率,且能促进 ^{3}H-TdR 渗入体外培养的心肌炎、大动脉炎、肾病和白血病患者的 T 细胞转化;也能提高肿瘤患者外周血 T 细胞水平。银耳多糖还能促使恒河猴和小鼠 E-玫瑰花环细胞形成增多和 T 细胞转化率显著提高。

夏冬等将银耳多糖与正常小鼠经有丝分裂原 ConA 诱导的脾淋巴细胞体外培养,结果发现银耳多糖能显著增强小鼠脾淋巴细胞增殖反应,同时可明显拮抗 6-巯基嘌呤所致的细胞免疫抑制,但不影响氢化可的松对淋巴细胞增殖反应的抑制作用。

4. 提高免疫器官的质量。脾脏是一个免疫器官,脾脏质量的提高表明机体免疫能力有了提高。有文献报道,鼠腹腔注射银耳多糖 2 毫克/只,连续 7 天。结果:与对照组比较,脾指数增加 0.46 倍,说明银耳多糖可增加小鼠脾脏质量。据林志彬等研究报道:银耳多糖皮下注射 100 毫克/千克,连续 7 天,对正常小鼠的胸腺及脾重均无显著影响,而腹腔注射 200 毫克/千克,连续 7 天时,可使脾脏质量明显增加。说明银耳多糖对脾重的影响与给药方式和剂量有关,而对胸腺作用表现不明显。

5. 对网状内皮系统的影响。银耳多糖能显著增强小鼠对血流中胶体惰性碳粒及 ^{32}P 标记之金黄色葡萄球菌的吞噬廓清,并可增加正常或醋酸可的松小鼠的血碳廓清率。邓文龙等发现银耳多糖 12.5～25.0 毫克/千克连续 4 天静脉注射,对小鼠 RES 有明显的激活作用,并随剂量增大而增强,而且对可的松、环磷酰胺、四环素所致的免疫功能抑制均有明显提升作用,使其接近正常或保持正常甚至高于正常。对可的松及环磷酰胺所致小鼠脾脏萎缩,银耳多糖也有明显拮抗作用。

6. 对促细胞因子活性的影响。Gao 等分离、纯化的 4 种酸性杂多糖(T2a-T2d),含有 1.9%～2.9% 的乙酰基,由甘露糖、葡萄糖醛酸、少量木糖、葡萄糖和岩藻糖组成。体外能诱导人单核细胞产白细胞介素-1、白细胞介素-6 和肿瘤坏死因子。T2a 的 S 降解产物、L 降解产物和 T2b 的脱乙酰基产物,也能有效地诱导单核细胞分泌 IL-1,提示木糖和葡萄糖醛酸残基同乙酰残基一样对提升细胞因子活性作用不明显。Gao 等将由酸性多糖 T3 制备的甘露糖和杂多糖,通过氨基化还原形成共轭复合物白蛋白微粒(AM),共轭复合物白蛋白微粒在体外明显表现出促细胞因子活性,而未共轭的复合物白蛋白微粒却没有此活性。

(二)抗肿瘤

1. 抑制肿瘤生长作用。据日本学者 Ukai 等研究,从日本和中国产的银耳子实体中提取的酸性异多糖能抑制鼠 S180 肉瘤生长,抑制率在 45%～91.7%之间。其抗瘤机制是通过增强机体的抗肿瘤免疫能力,间接抑制肿瘤生长实现的。

据周爱如等研究,银耳多糖对小鼠艾氏腹水癌细胞生长有抑制作用,平均抑制率为 67.3%。对 H22 肝癌,在 6 毫克/千克剂量时,间隔给药效果最明显,抑瘤率达 72.3%。与 γ 射线合用,抑瘤率达 72.6%。蛹虫草配合 γ 射线联合应用,肿瘤抑制率可明显提高,不良反应也比单用 γ 射线轻微。由此可见,银耳多糖能明显抑制大鼠腹水癌的生长。

韩英等提取得到一种均一体银耳孢子多糖,将其作用于 H22 肝癌模型小鼠后,处死小鼠并称取其质量和瘤质量,计算肿瘤抑制率来对疗效进行评价,结果表明银耳多糖对 H22 肝癌具有一定抑制作用。随后提取肿瘤组织中 mRNA,逆转录标记 cDNA 探针并纯化,与基因芯片杂交固定后进行扫描检测,发现其中 324个基因有表达差异,其中不少基因都与银耳多糖增强免疫和抗肿瘤作用一致。

2. 抗射线作用。银耳粗提取物能提高 γ 射线照射鼠的存活率,恢复照射鼠的骨髓造血功能,可使 30 天时小鼠的死亡率降低 39.4%,畸变细胞百分率和染色体断裂数降低31.7%,股骨有核细胞数增加。

3. 减轻化疗放疗疗毒性反应。银耳是一种有较好"扶正固本"功能的抗肿瘤辅助治疗药物,能增强放疗化疗的疗效,提高癌症患者生存质量,延长生存期等效果。在临床上,银耳常与药物配伍,用于晚期肺癌及肝癌患者,手术前用药效果更好。

谢昊霖通过对肿瘤模型小鼠进行口服和静脉注射银耳多糖,考查肿瘤生长抑瘤率、动物体重差异、计算脏器指数、小鼠免疫器官质量和外周血白细胞数,发现银耳多糖对化疗药物环磷酰胺具有增效减毒的作用。

杨萍等将磷酸酯化银耳多糖作用于阿糖胞苷和环磷酰胺引起的化学损伤模型小鼠,检测发现其能拮抗阿糖胞苷和环磷酰胺,降低白细胞数量,且能增加骨髓DNA含量,说明磷酸酯化银耳多糖可减轻化疗药物对小鼠造血功能的损伤。

(三)延缓衰老

1. 抗氧化清除自由基。银耳多糖是银耳具有抗氧化功效的主要活性物质,且通过抗氧化可以达到延缓衰老作用。大量研究结果发现银耳多糖通过3种方式产生抗氧化作用,包括去除自由基、提高抗氧化酶活性、促进细胞增殖。吴振亚经过分离纯化得到3种银耳多糖(TF-PA,TF-PB和TF-PC),证实了这3种银耳多糖均具有还原性及对自由基的清除能力。尤其对羟基自由基的清除能力最强。张先廷发现银耳多糖可明显清除DPPH自由基和超氧阴离子自由基,由此证明其有抗氧化性。Wang等将碱提银耳多糖(ATP)进行羧甲基化,得到羧甲基化的银耳多糖(CATP),通过检测发现银耳多糖与羧甲基化的银耳多糖均能提高超氧阴离子自由基和羟基自由基的清除率,且羧甲基化的银耳多糖的活性比银耳多糖高,证明两者均具有抗氧化活性。

2. 延缓衰老,延长寿命。超氧化物歧化酶(SOD)、谷胱甘肽过氧化物酶(GSH-Px)是抗氧化酶,脂褐质(LP)、脂质过氧化产物丙二醛(MDA)是过氧化反应产生的有害物质。通常脂褐质、脂质过氧化产物丙二醛增多和超氧化物歧化酶、谷胱甘肽过氧化物酶活力降低都是衰老的标志。银耳是一种比较全面和理想的延缓衰老食品。中老年人常食银耳和银耳多糖,能提高生活质量,延缓衰老,延长寿命。

李燕等使用银耳多糖灌胃小鼠,结果发现银耳多糖可以显著增加脏器内的超氧化物歧化酶和谷胱甘肽过氧化物酶的活性、降低丙二醛和脂褐质的含量。李燕在体外利用基因重组技术将细胞周期负调控因子P12整合到人胚肺成纤维细胞基因组中来建立细胞衰老模型,用银耳多糖进行干预。结果发现银耳多糖具有促进模型细胞增殖分裂的作用,且能减少衰老细胞的数量。

陈依早等报道:银耳多糖能明显延长果蝇的平均寿命,使其脂褐质含量降低

23.95％。Shen 等用过氧化氢诱导人皮肤成纤维细胞建立损伤细胞模型,实验中发现银耳多糖能降低模型细胞的氧化应激反应和凋亡率。此外,还发现 P16、P21、P53 和 caspase-3 的表达均受到了显著抑制,而细胞外信号调节激酶和丝氨酸/苏氨酸激酶 1 则被激活。这表明银耳多糖能通过上调 SIRT1 的表达来降低模型细胞的氧化应激反应和凋亡率,证明银耳多糖可作为一种潜在的与氧化应激相关的皮肤疾病和衰老的治疗剂。

(四) 抗溃疡

据薛维建等研究:银耳多糖具有抗应激型溃疡和醋酸型溃疡的作用。

试验一:用大鼠随机分成服银耳组和对照组两组。银耳组用银耳提取液灌胃并禁食,次日再给药一次,共两次;对照组服蒸馏水并禁食。末次给药后 1 小时,将大鼠头朝下,四肢绑在木架上,16 小时后处死、剖腹,结扎幽门,取出全胃,注入 10 毫升生理盐水,然后先将全胃浸泡于 1％甲醛溶液中固定,沿胃小弯剪开胃,平展于玻璃板上,测评胃溃疡等级。实验结果为:银耳多糖组小鼠的溃疡面积(1.66±2.3)平方毫米,对照组的溃疡面积(4.33±0.5)平方毫米,显示银耳多糖对大鼠应激型溃疡有明显的抑制作用。

应激型溃疡的形成与神经因素有关,醋酸型溃疡是醋酸对胃壁腐蚀造成的,与人类慢性溃疡较相似。试验二:用大鼠禁食 24 小时,在乙醚麻醉下剖腹,将内径 5 毫米的玻璃管放在胃腺部上面,向玻璃管内注入 100％醋酸 1 毫升,作用 1 分钟。然后将醋酸吸出,用生理盐水冲洗后缝合。手术完毕后,将动物随机分为两组,每组 6 只,术后次日试验组给银耳提取物,对照组给等体积生理盐水,连续给药 12 天。末次给药 24 小时后处死动物,取出全胃,用微卡尺测定溃疡横径和竖径,求出平均半径,计算溃疡面积。实验结果:银耳多糖组溃疡面积(10.69±6.11)平方毫米,对照组(19.95±7.46)平方毫米,显示服用银耳多糖的大鼠溃疡面积明显小于对照组。实验证明,银耳多糖能明显抑制精神因素形成的溃疡,促进慢性溃疡愈合。

(五) 降血糖

有文献报道,试验用小鼠注入四氧嘧啶使其胰岛损伤,产生糖尿病,然后分别

给予口服银耳孢子多糖和蒸馏水(对照),连续 7 天。结果:服银耳孢子多糖小鼠的血糖比服蒸馏水小鼠的血糖明显减低;同时,小鼠饮水量也明显减少。

据秀莲等研究:银耳多糖能明显降低四氧嘧啶糖尿病小鼠的血糖水平,也可显著降低高血糖动物及正常动物血糖含量,升高血清胰岛素水平。

姜瑞芝等对银耳多糖的纯化、结构与其降血糖活性进行了研究,经初步分离纯化得到 3 种多糖(Sel-Se3)。甲基化分析结果表明,Sel-Se3 的结构相似,主链由 1-3 连接的甘露糖组成,它们均能拮抗肾上腺素引起的小鼠血糖升高,抑制肝糖元分解。

Cho 等对肥胖症小鼠进行口服银耳胞外多糖 52 天,PPAR-γ mRNA 及血浆 PPAR-γ 蛋白的表达量有明显增加,其机制是通过调控 PPAR-γ 介导的脂类代谢来降低血糖、提高胰岛素的敏感性的。肥胖症小鼠经银耳胞外多糖处理,6 种与肥胖、糖尿病有关的血浆蛋白水平恢复正常,Western blotting 图谱分析表明胞外多糖使与小鼠糖尿病和肥胖有关的抵抗素和脂联素水平趋于正常,PCR 阵列图谱显示与糖尿病的发病、发展、恶化有关的 84 个基因在肝脏、脂肪组织及肌肉组织中的表达都有明显降低。

薄海美等研究证实,银耳多糖可显著地降低大鼠的空腹血糖和血浆糖化血红蛋白含量,并增加血清胰岛素水平,改善胰岛素抵抗。

(六)降血脂

银耳多糖可明显降低高脂血症大鼠血清游离胆固醇、小鼠血清总胆固醇和 β-脂蛋白含量,还可防止因摄入高胆固醇食物而引起的高胆固醇血症的形成。试验用小鼠高脂饲料中加入 1%、2%、4% 的银耳多糖,连续饲养 3 天。结果:试验组小鼠血浆三酰甘油和胆固醇比对照组小鼠明显降低。表明银耳有降脂效应。

侯建明等报道:银耳多糖抑制大鼠和小鼠肠道对脂类的吸收并能降低血脂,可能是银耳多糖分子中饱含羟基、羧基和氨基,有很强的亲水性和吸附脂类、胆固醇的作用,从而阻止脂类的吸收;银耳多糖又能与胆酸结合,促进胆酸排出,阻断肝肠循环,使胆固醇的代谢能单向顺利进行而降低血脂。

Cheung 等证明银耳多糖明显降低血清总胆固醇、低密度脂蛋白含量及甘油二酯水平,但对血清高密度脂蛋白、肝脏总胆固醇总脂水平作用不明显,而且多糖可增加小鼠中性甾类激素和胆汁酸的排泄,其作用是通过降低消化道对胆固醇的吸收来实现的。

(七)抗突变抗辐射

细胞遗传物质突变往往会引发肿瘤或产生遗传性疾病,银耳有抗有害化学物致机体突变的作用。试验用小鼠用有害化学药物环磷酸胺(cy)连续腹腔注射 2 天,分别注射银耳多糖和生理盐水对照。结果:注射银耳多糖小鼠的微核千分率只有对照组的 35.73%,表明银耳能显著降低有害化学物致突变的作用。

王晓琳等将磷酸酯化的银耳多糖作用于模型小鼠,发现其骨髓的核细胞数、白细胞数、脾指数和胸腺指数均有升高,说明磷酸酯化银耳多糖对辐射损伤小鼠的造血功能具有一定的保护作用。

韩英等通过观察模型小鼠 30 天的存活率和外周血液学参数,发现银耳多糖能增强小鼠存活率、延长存活天数,且小鼠外周血中血红蛋白含量、白细胞数及红细胞数也能保持较高水平,证明银耳多糖对辐射损伤小鼠具有保护作用。

(八)降血黏、抗血凝

血液黏度升高,血液在血管中的流动性就差,降低血液黏度有利于改善血液循环。据申建和陈琼华等研究:银耳有良好的降血黏度作用。小鼠用静脉注射、腹腔注射和口服方法服用银耳多糖,结果:凝血时间比服用银耳多糖前延长 70% 左右。银耳还有降低正常小鼠血栓物长度和血栓物质量的作用。试验用家兔腹腔注射银耳多糖 27.8 毫克/千克和 41.7 毫克/千克,可明显延长特异性血栓和纤维蛋白血栓的形成时间,缩短血栓长度,降低血小板数目、血小板粘附率和血液黏度,降低血浆纤维蛋白原含量,升高纤溶酶活性,这表明银耳多糖具有明显的抗血栓形成作用。

（九）保护细胞膜

细胞膜是细胞的功能单位,许多生物化学反应都是在细胞膜上进行的,胞外的营养物质进入胞内是通过膜上受体而实现,这是一种主动吸收过程。细胞膜活性强,细胞生理活性也强。细胞膜健康状况有多种指标,膜流动性是膜健康的标记之一。膜流动性强,表明细胞膜健康;膜荧光偏振度小,微黏度低,表明膜流动性高。膜上蛋白质铰链度低或没有铰链,膜流动性就强。试验从小鼠红细胞中提取红细胞膜,分别加或不加银耳提取液,再用会伤害细胞膜的邻苯三酚处理,然后测定。结果:加银耳组的红细胞膜在扫描图上几乎不见 HMP 带,表明加银耳后,细胞几乎没有受到伤害;而对照组 HMP 带明显。测定荧光偏振度、微黏度,加银耳组的红细胞膜和正常红细胞膜接近;不加银耳组,荧光偏振度、微黏度明显高于正常组,表明不加银耳的红细胞膜流动性降低。

（十）其他作用

1. 抗疲劳作用。银耳多糖还能延长受试动物的游泳时间,增强运动后的抗疲劳能力。

2. 抑制病毒作用。Zhao 等用新城疫病毒(NDV)对鸡胚成纤维细胞(CEF)进行感染建模后,用 3 种银耳粗多糖组分(TPStc、TPStp 和 TPS70c)和 2 种银耳硫酸化多糖(sTPStp、sTPS70c)进行抗病毒实验。通过测试病毒的抑制率,发现这 5 种银耳多糖在适当的浓度下均能显著抑制新城疫病毒的活性,其中硫酸化的银耳多糖对病毒的抑制率显著高于其他 3 种未修饰的多糖。

3. 改善记忆功能。马素好等通过针灸来建立脑缺血学习记忆障碍小鼠模型后,用避暗法对其行为学进行检测,观察小鼠首次进入暗室的潜伏期和 5 分钟内进入暗室遭电击的次数,检测乳酸(LD)、乳酸脱氢酶(LDH)等含量。检测发现,大剂量银耳多糖能够显著增加潜伏期,显著降低电击次数,且显著升高小鼠乳酸脱氢酶活力,小剂量银耳多糖则能显著减少乳酸含量。由此推测银耳多糖对反复脑缺血再灌注的小鼠的学习记忆功能有一定的改善作用。

二、 银耳的疗效作用

（一）防治肝炎

银耳多糖能降低肝炎患者的血清丙氨酸氨基转移酶值，减轻纳差、腹胀、腹痛、腰腿酸软、睡眠不良等症状，甚至消除这些症状。据文献报道，银耳多糖治疗急性肝炎有效率可达 80% 以上；对慢性迁延性肝炎、慢性活动性肝炎有效率可达 66%～75%。银耳治疗肝炎的机制可能是通过提高机体免疫功能、降低病毒对机体细胞表面黏着力的结果。据薛莉研究报道：银耳提取物对酒精性肝损伤有辅助保护功能。

据熊汇总等研究，用银耳孢子多糖治疗慢性肝炎 45 例，其中慢性迁延型肝炎 13 例、慢性活动型肝炎 32 例；男 29 例，女 16 例；年龄在 25～51 岁；病程在 1～18 年（多数为 1～3 年）；乙肝表面抗原 HBsAg 阳性者 30 例。治疗：每天口服银耳孢子多糖 3 次，每次 10 克，连服 3 个月为 1 个疗程。观察方法：治疗前和治疗后每月检查一次，逐月登记症状、体征、药物反映、肝功能、蛋白尿、乙型肝炎表面抗原（HBsAg），多数患者检测乙肝表面抗体、核心抗原、免疫球蛋白、白细胞、血小板、凝血酶原时间及 PHA 皮试。疗效标准：症状基本消失或显著好转、肝功能及 γ 球蛋白(Gr)恢复正常者为显效；症状、肝功能及 γ 球蛋白均明显改善者为好转；未达上述标准者为无效。结果显示，总有效率：慢性活动性肝炎为 56.3%，慢性迁延性肝炎为 76.9%；症状缓解、增加食欲为 73.3%；腹胀消失为 70.3%；肝痛减轻为 63.4%。治疗前后有显著性差异（$P < 0.05$）。治疗前后肝功能变化：多数患者在治疗 3 个月后恢复正常或改善（59.0%～83.8%），但也有少数病例肝功单位或 γ 球蛋白由正常转为异常。免疫功能：45 个病例中，治疗前 HBsAg 阳性 30 例，治疗 3 个月后，HBsAg 转阴和滴度下降者 15 例；治疗前抗-Hbs39 例，治疗后 35 例转阴性（89.7%）；抗-Hbe24 例，治疗均转为阴性；抗-Hbc21 例（1∶1 000）治疗后 3 例转阴（14.3%）。其他：白细胞及凝血酶原时间恢复正常者 75%；血小板低下恢复正常者 26.7%。

（二）治疗哮喘和慢性支气管炎

银耳有化痰、止咳、润肺和减轻哮喘等功效,是治疗哮喘病的一种辅助良药。据有关文献报道:102 例哮喘患者服用银耳多糖,疗程 30 天。结果:咳嗽临床控制率 36.2%,显效率 16.7%,好转率 30.3%,无效率 16.8%,总有效率83.2%;咳痰临床控制率 40%,显效率 16.8%,好转率21.1%,无效率 21.1%,总有效率77.9%;哮喘临床控制率 33.3%,显效率 4.8%,好转率 14.3%,无效率 47.6%,总有效率52.4%。绝大部分患者哮喘得到了好转。按不同程度的哮喘病银耳多糖疗效评价,轻度临床控制率 35.5%,显效 41.9%,好转9.7%,无效 12.9%,总有效率87.1%;中度临床控制率 27.5%,显效 45.1%,好转 17.6%,无效 9.8%,总有效率91.2%;重度临床控制率 10%,显效 30%,好转 30%,无效 30%,总有效率 70%。

银耳对慢性支气管炎也有良好疗效。福建省三明真菌研究所等研究报道:用银耳芽殖体配合蜜环菌制成银蜜片,治疗 160 例慢性支气管炎患者,其中男性119 例,女性 41 例;50 岁以下 58 例,50～59 岁 59 例,60 岁以上 43 例;病程在 10年以下 46 例,10～19 年 64 例,20 年以上 50 例;病情轻度者 11 例,中度者 108例,重度者 41 例。西医分型:单纯型 134 例,喘息型 26 例。中医分型:肺气虚74 例,脾阳虚 34 例,肾阳虚 48 例,肾阴虚 4 例;其中合并肺气肿 26 例,合并肺心病 6 例。每天口服银蜜片 3 次,每次 4 片,疗程 90 天。结果:100%有效。临床控制 35 例占 21.88%,显效 67 例占 41.88%,好转 58 例占 36.25%。

（三）治疗颗粒性白细胞减少症

银耳多糖能使白细胞低下症患者的白细胞数量上升,免疫功能提高。据文献报道,给 15 例白细胞低下症(均<4 000 个/毫升)患者服用银耳多糖,连续 2 个月。结果:绝大部分患者白细胞数上升,症状好转,其中显效 6 例占 40%,有效 7例占 46.6%,无效 2 例占 13.4%。显效是指白细胞总数超过服银耳多糖前 50%以上;有效是指白细胞总数超过服银耳多糖前 25%～50%;无效是指白细胞总数超过服银耳多糖前 25%以下。银耳多糖对乏力、纳差、腹胀、头晕、失眠等症状的有效率为 66.6%。

据黄宗干等研究,用银耳多糖治疗白细胞减少症 58 例,疗程 4 周。结果:头晕、乏力、失眠、多梦症状均有明显改善,白细胞回升至 4 000 个/毫升以上者达 100%。另对放射性射线和其他原因及原因不明引起的白细胞减少者 82 例,服用银耳多糖后,白细胞也明显上升,显效 35 例,有效 30 例,无效 17 例,总有效率为 79.2%;其中以肿瘤放、化疗组和原因不明组效果较好,总有效率分别为 86.2% 和 81.8%。白细胞数回升 4 000 个/毫升或达到显效的时间:35 例中治疗 1 周后达显效者 7 例(20%);第 2 周达到显效的 10 例(28.6%);第 3 周达到显效的 10 例(28.6%);第 4 周达到显效的 8 例(22.9%)。

(四)辅助治疗肿瘤

据杨树等研究:给 9 例正在进行放疗、化疗的肿瘤患者服用银耳多糖,结果白细胞数均有不同程度的增加,从原来的(3 333 ± 719.37)个/毫升,增加到 6 608.33 个/毫升,增殖率达 87.19%。

有文献报道,某男病例,26 岁,腹腔淋巴细胞肉瘤,手术后放疗,服用银耳多糖。结果:免疫功能各项观察指标有明显改善。服药前白细胞 3 500 个/毫升、淋巴细胞 560 个/毫升、E-花结 50.4 个/毫升、淋巴细胞转化率 27.72%;服药后半月白细胞 4 900 个/毫升、淋巴细胞 980 个/毫升、E-花结 176.0 个/毫升、淋巴细胞转化率 42.15%;服药后 1 个月白细胞 6 500 个/毫升、淋巴细胞 845 个/毫升、E-花结 236.6 个/毫升、淋巴细胞转化率 89.9%。

另有文献报道,某女病例,甲状腺癌,服用银耳多糖前已进行过 19 次放疗,曾因白细胞下降而两次停止放疗;之后用沙肝醇、辅酶 A 等药物后再进行化疗,结果白细胞降到 3 700 个/毫升,淋巴细胞 999 个/毫升。后用银耳多糖治疗,服用半个月后白细胞回升到 4 500 个/毫升,服用 1 个月后,白细胞数上升到 6 700 个/毫升,淋巴细胞升至 1 340 个/毫升。

(五)辅助治疗口腔溃疡

据陈小花等研究:从门诊选取 50 例患者,其中男性 30 例,女性 20 例,年龄最大 73 岁,最小 17 岁;溃疡病史最短 3 天,最长 20 多年;溃疡部位不一,有在舌尖、舌两侧、舌面、口唇呈散在性或单个点溃疡;面积最小的如芝麻粒,最大者状如蚕豆片,有的状如菜花样。用银耳治疗,每日服 8 克。制作方法是先用清水浸泡 15 分钟左右,然后剪去耳柄,炖烂成半流质胶状液,加入冰糖或白糖少许,或与 100 克瘦猪肉炖食,每天 1 次,两周为 1 个疗程。服用银耳期间不服用其他药品,并避免食用燥热、辛辣的食物。治疗结果: 50 例中显效 38 例,显效率占 76%;有效 8 例,有效率占 16%;无效 4 例,无效率占 8%。总有效率为 92%。

有文献报道,某男,40 岁,反复多发性口腔溃疡,病史 20 年,就诊前一周病情加剧。20 年来,患者每天因工作劳累,睡眠不足,稍吃燥热油炸食物或感冒就会出现口腔溃烂,溃疡点无定处,溃疡面大小不一。因天气炎热出差劳累发病,3 个多月未能愈合,溃疡面日益扩大,如黄豆大,且凹凸不平,形状如菜花样,疼痛难忍。两所医院切片检查均拟诊为癌变,外敷、内服中西药均不见效。改服银耳,前 3 天每天 35 克炖服,患者大便变通畅,口干感觉明显减轻;第 4 天开始每天服 18 克左右,连服 2 周,口唇溃疡愈合,随访两年未见复发。

三、 银耳经验方

(一) 银耳槐叶方

[组方] 银耳 6 克,槐树叶 60 克。

[制作] 将银耳、槐树叶洗净,烘干,碾成细末。

[用法] 每日 1 剂,空腹服用,用温开水冲服。

[功效] 适宜肝硬化症者服用。

(二) 银耳祛斑方

[组方] 银耳、黄芪、白芷、茯苓、玉竹各 50 克。

[制作] 原料烘干碾末,每晚取药粉 5 克,加精白面粉 5 克,用水调和。

[用法] 晚上涂于面部,次日早晨洗去。

［功效］ 滋润皮肤、祛斑痕。

（三）银耳红枣冰糖方

［组方］ 银耳 20 克,大红枣 5 枚,冰糖 15 克。

［制作］ 银耳、大枣洗净入锅,加水文火煮至浓稠,拌入冰糖即可。

［用法］ 每日 1 剂,分早晚空腹服用,连服。

［功效］ 滋阴润肺、养胃生津、益气和血、补肾健脑,提高人体免疫力。适宜阴虚所致干咳及咳痰带血、百日咳、习惯性便秘、痔疮出血、神经衰弱、心悸烦躁、动脉硬化、高血压等症者服用。

（四）银耳枸杞子益肾养阴方

［组方］ 银耳、枸杞子、龙眼肉各 15 克,冰糖 50 克。

［制作］ 原料一同入锅加水煮至龙眼肉酥烂,加冰糖拌匀溶化即可。

［用法］ 每日 1 剂,早晚各 1 次,空腹服用。

［功效］ 补肺、益肾、养阴润燥。适宜阴虚所致干咳、虚劳久咳、肠燥便秘、虚烦不眠等症,对高血压、神经衰弱、老年体弱、病后产后虚弱者有滋补作用。

（五）银耳鹿角胶补肾方

［组方］ 银耳 15 克,鹿角胶 7.5 克,冰糖 15 克。

［制作］ 银耳洗净入锅,加水煮至浓稠,加鹿角胶、冰糖煨煮片刻,搅拌至完全溶化即可。

［用法］ 每日 1 剂,早晚各 1 次,空腹服用。

［功效］ 适宜肾精虚衰之阳痿、男子不育等症者服用。

（六）银耳番茄方

［组方］ 银耳 5 克,番茄 50 克,冰糖 60 克。

[制作] 银耳洗净入锅,加水煮至汤黏稠;番茄沸水冲烫剥皮切成块,放入银耳中,加入冰糖,搅拌至溶化即可。

[用法] 每日1剂,分早晚2次。

[功效] 适宜高血压、瘀血、紫癜、手足心发热或低热等症者服用。

(七) 银耳五味子补肾生精方

[组方] 银耳250克,五味子125克,蜂蜜适量。

[制作] 五味子加水文火连煎煮2次各30分钟,合并两次煎液;加入银耳文火煨炖至黏稠,加入蜂蜜拌匀,得银耳五味子浆5 000毫升。

[用法] 每日服2次,每次饮服200~300毫升,用温开水送服。

[功效] 适宜肺肾两虚之梦遗滑精、精神疲乏、午后颧红、自汗盗汗等症者服用。

(八) 银耳姬松茸多糖方

[组方] 银耳、姬松茸多糖各200克。

[制作] 有资质的企业加工成复合多糖产品。

[用法] 每日3次,每次服用10克,饭后服用。

[功效] 提高患者机体免疫力,适宜化疗、治疗的肿瘤患者服用。

黑木耳

Auricularia auricula

黑木耳,又名:红木耳、光木耳、云耳、木耳菇、川耳、细木耳、黑耳子等。

黑木耳为担子菌门、伞菌亚纲、木耳目、木耳科真菌,其生活史属于单倍体-双核化型,经历成熟子实体产担子并生担孢子,担孢子萌发单核菌丝,两条异质单核菌丝质配成双核次生菌丝,发育成原基,逐渐胶质化为子实体。黑木耳是我国著名的食药两用真菌,有"菌中之冠""素中之荤"的美称。

我国食用黑木耳的历史已逾千年,后魏贾思勰所著《齐民要术》详载黑木耳的食用方法:煮五沸、云腥汁、置冷水中。宋朝著名诗人苏轼曾留有"黄菘养土羔,老楮生树鸡"句,以诗的形式记述了木耳的生境。我国黑木耳的生产先后经历了天然野生、原木砍花、段木接种、代料栽培四个阶段。人工栽培可追溯到唐朝,近代运用原木砍花或碎木耳接种产量并不稳定,中华人民共和国成立以后成功研制黑木耳担孢子液接种发展到人工接种阶段,20 世纪 70 年代培育出纯固体菌丝体菌种,现代代料栽培技术世界领先,产业发展加速,产地遍布 20 多个省份。

黑木耳的食用价值和利用程度一直很高。分析表明,黑木耳含有木耳多糖、人体所必需的多种氨基酸和微量元素等营养成分。据测定,每千克干黑木耳含蛋白质 106 克、脂肪 2 克、糖类 650 克、粗纤维 70 克,还含有卵磷脂、脑磷脂、麦角固醇等物质,铁含量达 0.1%。黑木耳铁含量是肉类的 100 倍,钙含量是肉类的30～70 倍,黑木耳也因此被誉为"黑燕窝"。

黑木耳的药用价值为传统医学所充分肯定。《神农本草经》记载黑木耳:"味甘、性平,具补气益肺、活血补血之功。"明朝李时珍在《本草纲目》记载:"木耳生于朽木之上,性甘平,主治益气不饥,轻身强志,疗痔疮、血痢下血等。"古医书中还记载黑木耳有活血止血、补气强身、补血通便、润肺、清涤胃肠等作用,对寒湿性腰腿疼痛、手足抽搐、产后虚弱、外伤疼痛、血脉不通、痢疾便血、毒菌中毒、高血压、血管硬化、痔疮出血、眼底出血、不能结痂和妇女白带过多、子宫出血等有功效。

现代药理研究发现,黑木耳具有降血脂、抗氧化延缓衰老、降血糖、抗血栓、增强免疫力、抗肿瘤、抗辐射、抗突变、抗炎症、提高机体耐缺氧能力、改善缺铁性贫血、抑菌、维持白细胞水平的平衡等作用。

一、 黑木耳的药理与疗效作用

（一）降血脂

黑木耳具有降血脂作用，并进一步改善动脉粥样硬化，其作用主要体现在改变三酰甘油、总胆固醇、动脉粥样硬化指数、肝脏指数及相关酶的表达等方面。于美汇等发现黑木耳酸性多糖可降低高脂小鼠三酰甘油、总胆固醇、动脉粥样硬化指数和肝脏指数；提高高密度脂蛋白胆固醇、谷胱甘肽过氧化物酶及总超氧化物歧化酶活性。

Ma 等用通过 Box-Behnken 实验制备的黑木耳多糖喂食高脂肥胖鼠，发现小鼠血液中高密度脂蛋白胆固醇、心肌和血液的超氧化物歧化酶、过氧化氢酶和谷胱甘肽过氧化物酶等水平明显升高；血液总胆固醇、低密度脂蛋白胆固醇和三酰甘油水平明显降低。

杨春瑜等通过对比发现，黑木耳粗粉多糖与超微粉多糖均可显著提高小鼠血清高密度脂蛋白的含量，并可降低实验组小鼠血清中三酰甘油水平，但黑木耳粗粉多糖在降低血清总胆固醇表现出的作用不如黑木耳超微粉多糖明显。

刘荣等观察黑木耳多糖对高血脂模型小鼠相关酶类及脂肪指数的影响，发现黑木耳多糖能提高小鼠的卵磷脂胆固醇酰基转移酶、激素敏感性脂肪酶及粪便中的胆酸盐含量；降低小鼠胰岛素活性、3-羟基-3-甲基戊二酸单酰辅酶 A 还原酶（HMG-CoA 还原酶）含量及脂肪指数，推测黑木耳多糖可通过调节相关酶的活性，达到降血脂效果。利用雌性昆明小鼠建立高脂血症模型，发现黑木耳多糖会促使卵磷脂胆固醇酰基转移酶活性增强，增强肝脂酶和脂蛋白脂酶的活性，同时抑制 HMG-CoA 还原酶活力，检测结果显示活化的卵磷脂胆固醇酰基转移酶，抑制 HMG-CoA 还原酶，促使血清总胆固醇降低和高密度脂蛋白胆固醇增加。

范亚明等观察了 50 名高脂血症患者连续服用 1 个月黑木耳的临床效果，结果发现患者血脂显著降低。

(二) 抗氧化延缓衰老

侯若琳等发现黑木耳黑色素对 2,2′-联氮-双-3-乙基苯并噻唑啉-6-磺酸 (ABTS)、DPPH 和羟基自由基具有较强的清除能力。史亚丽等建立力竭小鼠模型(负重游泳),发现给喂黑木耳提取物的小鼠力竭后,与空白对照组相比,血浆中谷氨酸草酰乙酸转氨酶、谷氨酸丙酮酸转氨酶等酶的活性明显降低,且小鼠心肌、肝脏等组织内的超氧化物歧化酶活性显著升高,脂褐素水平下降。实验表明,黑木耳提取物可提高超氧化物歧化酶等氧自由基清除酶的活性,有效防治心肌、肝脏等组织因缺氧、脂质过氧化受到的损伤。

据肖瑛等研究:试验用体重 2 000 克左右的雄性日本大耳白兔,以麦麸、豆渣、青草为基础原料,分为 3 组各 8 只:一组为对照组,喂单一基础饲料;一组为胆固醇组,每日喂胆固醇 0.5 克/只及基础饲料;另一组为胆固醇加黑木耳组,即除喂胆固醇及基础饲料外,每日加喂黑木耳 2.5 克/只。动物喂至 90 天,自背部毛根部 0.2 厘米处剪下并采血样,然后用空气梗塞法处死,立即取肝、心、脑组织样品测定。实验表明,黑木耳组家兔血浆胆固醇、过氧化脂质、自由基及组织脂褐质含量显著低于胆固醇组。

据陈依军、夏尔宁等研究:10 小时内羽化的美国野生型雄性果蝇成虫用乙醚麻醉后分成 4 组,即空白对照组、0.1% 黑木耳多糖(AA)组、0.5% 银耳多糖(TF)组和 0.5% 银耳芽殖体多糖(TFS)组。果蝇每组 50 只,分别置于盛有培养基的 1.5 厘米×11.0 厘米试管中,(25±1)℃培养,相对湿度 65%,箱内无光,每天更换一次培养基,每天统计各组果蝇死亡数目,各组最后死亡的果蝇寿命为该组最高寿命。观察结果:对照组平均体重 0.634 毫克,平均寿命(62.02±19.95)天,最高寿命 114 天;0.1% 黑木耳多糖组平均体重 0.642 毫克,平均寿命(78.40±21.50)天,最高寿命 114 天;0.5% 银耳多糖组平均体重 0.616 毫克,平均寿命(79.60±22.09)天,最高寿命 114 天;0.5% 银耳芽殖体多糖组平均体重 0.642 毫克,平均寿命(63.85±17.82)天,最高寿命 108 天。显示黑木耳多糖组和 0.5% 银耳多糖组果蝇平均寿命明显延长,有显著的统计学意义,但对最高寿命没有影响。

脂褐素含量是随着年龄的增长而增加的,脂褐素含量升高是机体衰老的重要指标之一。脂褐素含量降低,表明衰老进程延缓。黑木耳能降低果蝇的脂褐素含量。实验的果蝇、培养基、药物分组及剂量均同寿命试验。各组雄性果蝇成虫分别饲养 40 天,然后用乙醚麻醉,再将果蝇分成 8 个样本,每个样本果蝇数为 10只,果蝇均用氯仿-甲醇(2∶1)混合液分别制成 5 毫升匀浆,用 40℃ 水温育 5 分钟,离心 10 分钟(3 000 转);取上清液,于 930 型荧光光度计测定脂褐素含量。观察结果:对照组平均体重 0.905 毫克,脂褐素含量(0.057 29 ± 0.013 33)微克/克;0.1%黑木耳多糖组平均体重 0.853 毫克,脂褐素含量(0.050 32 ± 0.009 89)微克/克,下降 12.17%;0.5%银耳多糖组平均体重 0.9 毫克,脂褐素含量(0.043 57 ± 0.008 1)微克/克,下降 23.95%;0.5%银耳芽殖体多糖组平均体重 0.891 毫克,脂褐素含量(0.0540 ± 0.007 46)微克/克,下降 5.72%。数据表明,黑木耳多糖和银耳多糖有明显降低果蝇脂褐素含量的作用。

(三)降血糖

黑木耳多糖有防治糖尿病的功效,能降低正常状态下的空腹血糖,也能降低糖尿病状态下的血糖。黑木耳对正常鼠空腹血糖作用的实验:首先测定正常状态下的小鼠空腹血糖,然后给小鼠服黑木耳多糖,再分别在给药后不同时间内测定血糖。观察数值为:100 毫克/千克木耳多糖组血糖浓度($\bar{x}$ ± SD)毫克(%),给药前 92 ± 13 毫克(%),给药 1 小时 80 ± 16 毫克(%),给药 4 小时 57 ± 15 毫克(%),给药 7 小时 86 ± 17 毫克(%),给药 24 小时 126 ± 22 毫克(%);33 毫克/千克木耳多糖组血糖浓度($\bar{x}$ ± SD)毫克(%),给药前 109 ± 18 毫克(%),给药 1 小时 108 + 30 毫克(%),给药 4 小时 75 ± 27 毫克(%),给药 7 小时 71 ± 22 毫克(%),给药 24 小时 115 ± 14 毫克(%);10 毫克/千克木耳多糖组血糖浓度($\bar{x}$ ± SD)毫克(%),给药前 108 ± 19 毫克(%),给药 1 小时 100 ± 11 毫克(%),给药 4 小时 77 ± 18 毫克(%),给药 7 小时 46 ± 11 毫克(%),给药 24 小时 104 + 23 毫克(%)。结果表明,不同剂量黑木耳多糖(100 毫克/千克、33 毫克/千克、10 毫克/千克)在 7 小时内均有降低血糖作用。

黑木耳还能降低四氧嘧啶损坏胰岛细胞而造成的高血糖。宗灿华等研究了黑木耳多糖对糖尿病小鼠的降血糖作用。实验表明在注射四氧嘧啶后,小鼠血糖逐渐升高。在实验 15 天时,模型组小鼠血糖不断升高,降糖灵组及黑木耳多糖组则接近于正常值。因此高剂量黑木耳多糖与降糖灵的降血糖作用无显著差异。尹红力等用四氧嘧啶诱导建立糖尿病小鼠模型,通过数周的黑木耳酸性多糖治疗后,比较治疗前后小鼠的质量及空腹血糖值的变化、测定治疗后小鼠体内糖代谢关键酶(己糖激酶和琥珀酸脱氢酶)的活性,结果显示:治疗后的糖尿病小鼠的血糖含量明显降低,己糖激酶、琥珀酸脱氢酶活性显著提高,可以看出黑木耳具有降低血糖的作用。

(四) 抗血栓

血栓的形成主要有三大原因:一是血液成分的改变(血小板和血红细胞凝血因子增多),导致高凝;二是血液动力学改变(如静脉曲张),导致血液淤滞;三是血管壁改变(如动脉硬化及斑块破裂等),导致血栓继发形成。其中,多数血栓的成因均有血小板凝聚因素,在中医属血淤范畴。明朝《薛氏医案》曾记载以炒木耳为要药治疗瘀血,现代多项研究表明黑木耳及其提取物可抑制血小板凝聚,有抗血栓作用。

Hammer Schmidt, D.E.等指出,黑木耳中含有一种腺苷类物质,通过延长凝血酶原时间、抑制血小板聚集的浓度等,可以抑制血小板聚集。黑木耳腺苷能使家兔、豚鼠和大鼠的血小板聚集性能明显降低。两组家兔分别用 200 毫克/千克的黑木耳多糖和 700 微克/千克的黑木耳腺苷注射,2 小时后取血测定。黑木耳腺苷组血栓湿重为 3.76 毫克,多糖组血栓湿重为 5.52 毫克,显示黑木耳腺苷对血栓的抑制率达 59.7%。

Seon-Joo Yoon 等分别对黑木耳多糖的提取、鉴定以及黑木耳多糖抗血栓活性进行了较为深入的研究。通过对比,碱水提取的黑木耳多糖表现出极其显著的抗凝血活性,与抗血小板抑制剂阿司匹林类似。Seon-Joo Yoon 推测黑木耳多糖可能的抗凝血机制是促进抗凝血酶对凝血酶活性的抑制。

樊一桥等以家兔纤维蛋白血栓形成时间(TFT)、特异性血栓形成时间(CTFT)、动脉血栓的干湿重、血栓长度、血小板黏附率及血液黏度为指标考察黑木耳的抗血栓作用。结果显示,黑木耳多糖与阿司匹林均可延长家兔纤维蛋白血栓的形成时间和特异性血栓形成时间,且黑木耳多糖在缩短血栓长度、减轻血栓质量以及在延长纤维蛋白血栓形成时间和特异性血栓形成时间中的作用略强于阿司匹林。同时,在测定家兔血小板黏附率的实验中,黑木耳多糖可降低血液黏度,但不会影响血小板黏附率。李德海等对不同 pH 条件下提取获得的木耳多糖进行活性研究,发现黑木耳多糖能显著延长家兔血浆的凝血活酶时间(APTT),其作用呈量效依赖关系。

(五)增强免疫力

中医认为,人体疾病的发生大都由外邪侵袭、正气不足,体内阴阳失去平衡所造成。黑木耳具有扶正固本的功效,借以恢复机体的平衡,起到免疫调节作用。现代研究显示,黑木耳多糖是其免疫调节的主要活性成分。

1. 黑木耳有抗炎止痛的作用。大鼠分为两组,一组在足部皮下注射 1% 琼脂,促其致炎;另一组注射琼脂后再注射黑木耳多糖。致炎后 1 小时、2 小时、4 小时、6 小时测其足跖肿胀程度。观察结果,黑木耳多糖 + 琼脂组致炎后肿胀程度 $\bar{x} \pm SD$(毫米),1 小时(6.95 ± 1.15),2 小时(8.36 ± 3.47),4 小时(10.68 ± 2.15),6 小时(9.9 ± 2.37);琼脂组致炎后肿胀程度 $\bar{x} \pm SD$(毫米),1 小时(8.22 ± 2.15),2 小时(13.76 ± 1.74),4 小时(16.9 ± 2.04),6 小时(15.53 ± 2.40)。结果显示,注射黑木耳多糖的大鼠,足跖肿胀程度比对照组明显减轻。

黑木耳多糖还能提高去肾上腺动物的抗炎能力。大鼠在麻醉状况下,摘去双侧肾上腺并用琼脂致炎,两天后一组注射黑木耳多糖,另一组注生理盐水。观察结果,黑木耳多糖 + 琼脂组致炎足跖肿胀程度(毫米),1 小时(7.75 ± 1.16),2 小时(9.02 ± 1.93),4 小时(10.48 ± 1.63),5 小时(10.15 ± 1.84);琼脂组致炎足跖肿胀程度(毫米),1 小时(8.86 ± 1.9),2 小时(11.25 ± 1.95),4 小时(13.86 ± 1.77),5 小时(13.61 ± 1.45)。结果:黑木耳粗多糖组表现出明显的抗炎作用。

2. 黑木耳能提高 T 细胞百分率。T 细胞是机体免疫系统中主要的免疫细胞之一。T 细胞数量增加,机体抗感染等能力就会增强。试验用 18～21 克的 DBA 种小鼠腹腔注射黑木耳提取液,注射量为 125～250 毫克/千克;对照组注射生理盐水,连续 7 天。第 7 天注射 30 分钟后剪尾取血,镜检 T 细胞数。结果:黑木耳组 T 淋巴数为 74.96%±7.46%,而对照组为 63.89%±9.37%。

3. 提高溶血素水平。溶血素是一种免疫物质,能破坏病原菌细胞膜进而杀死病原菌。黑木耳提取物能提高机体溶血素含量,特别能恢复因受化疗药害而造成的溶血素降低。试验用三组小鼠分别腹腔注射生理盐水(对照组)、环磷酰胺、环磷酰胺加黑木耳提取液,连续 6 天,然后测定。结果:对照组的半数溶血值为 (272±4.9),环磷酰胺组的半数溶血值为(206±7.8),环磷酰胺加黑木耳提取物组的半数溶血值为(285±37)。试验结果表明,黑木耳提取物完全消除了环磷酰胺对溶血素的抑制作用。

4. 提高脾脏质量。脾脏是 B 细胞孵育的场所,B 细胞能产生浆细胞,分泌抗体。黑木耳能提高机体免疫功能,提高脾脏质量。试验用黑木耳提取液给重20～21 克的 DBA 种小鼠腹腔注射,剂量 250 毫克/千克,连续 7 天,第 7 天注射 30 分钟后测定脾脏质量。结果:注射黑木耳提取液组的小鼠脾重为(74.96±7.46)毫克,而对照组为(63.89±9.37)毫克。试验用黑木耳多糖给小鼠皮下注射,巨噬细胞吞噬鸡红细胞的吞噬指数和吞噬百分率比对照组分别提高了 2.71 倍和 1.38倍,半数溶血值比对照组提高了 38.2%。

张会新等将不同浓度的黑木耳提取物(50 毫克/千克、100 毫克/千克、150 毫克/千克)给喂实验小鼠,连续给药 10 天,发现黑木耳提取物可显著提高小鼠脾脏重量和胸腺指数,且脾脏重量和胸腺指数的提高与黑木耳提取物的剂量呈线性关系。受试小鼠巨噬细胞的吞噬功能显著增强,其吞噬率与吞噬指数均强于对照组小鼠。

(六)抗肿瘤

现已通过实验证明黑木耳对脑胶质瘤、黑色素瘤、肝癌等众多肿瘤都具有拮抗作用,已证实黑木耳抗肿瘤的 3 种机制。

1. 黑木耳多糖可以改善免疫器官和免疫细胞的活力,使免疫器官和细胞对肿瘤细胞的抑制能力增强。黑木耳中的多糖可通过 NF-κB 通路,刺激免疫细胞释放生物信息传递分子,如新型生物信息传递分子 NO,进而刺激免疫细胞的分泌和增长,提高免疫细胞的活性,如提高吞噬细胞对肿瘤细胞的吞噬能力,从而起到抗肿瘤的作用。宗灿华等发现黑木耳多糖可通过提高血清 NO 含量、胸腺指数和脾指数发挥对 H22 肝癌小鼠的抑瘤作用,其抑瘤率可达 45.21%。

2. 黑木耳多糖可通过干扰 DNA 复制而导致癌细胞凋亡。 黑木耳多糖可在酪氨酸-DNA 磷酸二酯酶 1(Top1)跟 DNA 结合的瞬间发挥作用,阻断复合体的形成,抑制 DNA 的复制,导致癌细胞的凋亡,从而达到抗肿瘤的目的。

3. 激活肿瘤细胞线粒体凋亡。 黑木耳多糖作用于肿瘤细胞后,可降低 $Bcl-2$ 基因的表达,上调 Bax 基因的表达,同时活性氧水平升高,Ca^{2+} 浓度增大,细胞色素 C 和 Caspase3,9 的表达量同时上升,且肿瘤细胞凋亡量升高,证明黑木耳多糖对肿瘤细胞的抑制可以通过线粒体凋亡通路实现。

(七) 抗辐射及抗突变

黑木耳具有抗辐射作用,可通过改善小鼠免疫系统、提高抗氧化应激酶活性和小鼠肾脏代谢能力、抑制脾细胞凋亡等作用来减轻辐射诱导的机体氧化损伤。

胡俊飞等对硫酸化黑木耳多糖的抗辐射作用进行研究,结果表明硫酸化黑木耳多糖可提高 ^{60}Co-γ 射线辐射损伤小鼠的血清超氧化物歧化酶活性、单核细胞吞噬能力,增加小鼠免疫器官指数和骨髓 DNA 含量,减少血清丙二醛(MDA)含量和骨髓微核率,减轻辐射诱导的机体氧化损伤。樊黎生等发现黑木耳多糖溶液可明显降低经 3.5 戈瑞(Gy)^{60}Co-γ 射线照射后小鼠的骨髓微核率和精子畸变率。

田志杰等在研究高功率微波(平均表面功率＞10 毫瓦/平方厘米)辐射对超氧化物歧化酶和肝脏自氧化作用以及黑木耳多糖的抗辐射作用时,发现黑木耳多糖可提高小鼠血清中超氧化物歧化酶活性并有效降低肝内丙二醛含量,且黑木耳多糖对由高功率微波引发的机体损伤有防护作用,其预防作用明显大于治疗作用。

王亚平等以黑木耳粗粉与红霉素软膏配成一定浓度的混合物,通过临床实验,研究黑木耳粗粉与红霉素软膏对于放射性治疗所造成的皮肤损伤的修复作用。该实验分为对照组、预防组和治疗组。对照组在进行放射性治疗前后均不使用黑木耳粗粉与红霉素软膏混合物,只使用美宝进行涂抹照射区域皮肤;预防组在放射性治疗初始就使用上述混合物涂抹照射区域皮肤;实验治疗组在放射性治疗已造成皮肤损伤后再涂抹上述混合物。实验结果显示,预防组在放射性治疗后皮肤无瘙痒、疼痛、有烧灼感且色素沉着不明显,治疗组的照射区域皮肤瘙痒、疼痛感减轻,色素沉着无明显变化,溃疡面愈合速度较快。实验证明,用黑木耳粗粉与红霉素软膏混合物涂抹患者照射区域皮肤,可减轻患者疼痛,修复辐射为皮肤造成的损伤,对于增强皮肤的抗辐射能力有明显效果。

(八) 增强机体耐缺氧能力

耐缺氧能力是机体生命力强弱的表现,生命力强的机体有较高的耐缺氧能力。有文献称,试验用两组小鼠分别以正常饲料(对照)和正常饲料加黑木耳饲养,然后分别置于无氧罐中观察两组小鼠的生存时间。结果:正常饲料加黑木耳的小组生存时间为(45.85 ± 6)分钟,而对照组小鼠的生存时间为(39.3 ± 2.85)分钟,黑木耳组小鼠比对照组小鼠生存时间延长了22.3%。说明黑木耳能增强机体耐缺氧能力。

(九) 改善缺铁性贫血

铁是组成血红素的主要成分,铁供给不足或利用障碍,会导致血红素合成降低,致血红蛋白合成障碍而发生缺铁性贫血。黑木耳中含丰富的铁元素,对于治疗缺铁性贫血见效迅速。《神农本草经》记载黑木耳具有和血养营、养胃健脾之功效。王超等以缺铁饲料诱发 SD 大鼠营养性贫血模型,考察黑木耳提取液改善营养性贫血的效果。发现黑木耳提取液可明显改善大鼠体重、摄食量、血红蛋白含量与红细胞压积(HTC),调节游离原卟啉(FEP)含量,表明黑木耳可明显改善营养性贫血大鼠的症状。

(十) 其他作用

黑木耳多糖还有抗放化疗、抗溃疡、抗菌、护肝等作用。蔡铭等采用牛津杯法分析黑木耳粗多糖抑菌活性,发现黑木耳多糖对金黄色葡萄球菌和大肠埃希菌有抑制作用,但对黑曲霉藤、酵母和枯草芽孢杆菌、黄微球菌等无明显抑菌效果。

据刘城移、戚梦等研究报道：黑木耳黑色素在体内能有效改善四氯化碳诱导的小鼠肝损伤，为黑木耳的功能产品开发提供了新思路。

据孔祥辉、马银鹏研究报道：采用水提法获得黑木耳提取物和余渣，都有显著的止咳化痰作用，余渣化痰效果还优于黑木耳提取物。

二、 黑木耳经验方

（一）黑木耳蚕蛹补肾强身方

［组方］ 黑木耳 3 克，香菇 12 克，姬松茸 6 克，蚕蛹 6 克，菟丝子 5 克。

［制作］ 将蚕蛹超细粉碎；黑木耳、香菇、姬松茸、菟丝子一起加水文火煎煮 2 次各 1 小时，滤取合并两次煎液即可。

［用法］ 每日 1 剂，早晚各 1 次，服用时将蚕蛹粉加入煎液。

［功效］ 适宜性功能衰退、风湿症者服用。

（二）黑木耳山楂方

［组方］ 黑木耳 10 克，花生叶 30 克，山楂 10 克。

［制作］ 原料入砂锅，加水文火煎 2 次各 1 小时，滤取合并两次煎液。

［用法］ 每日 1 剂，分早晚 2 次服用。

［功效］ 适宜高血压症者服用。

（三）黑木耳柿叶方

［组方］ 黑木耳 15 克，柿叶 10 克，大枣 15 枚。

［制作］ 将原料放入砂锅，加水文火煎 2 次各半小时，滤取合并两次煎液。

［用法］ 每日 1 剂，早晚各 1 次服用。

［功效］ 适宜白细胞减少症者服用。

（四）黑木耳扁豆花降血糖方

[组方]　黑木耳、白扁豆花（干）各 30 克。

[制作]　将黑木耳、白扁豆花烘干，研磨成细粉。

[用法]　每日 2～3 次，每次 4 克服用。

[功效]　适宜糖尿病症者服用。

（五）黑木耳黄花菜方

[处方]　黑木耳 30 克，黄花菜 120 克。

[制作]　将木耳、黄花菜洗净放入砂锅内，加水煎煮 10 分钟。

[用法]　每日 1 剂，早晚各 1 次服用，喝汤吃耳菜。

[功效]　适宜于尿路结石症者服用。

（六）黑木耳云芝多糖方

[组方]　黑木耳多糖、云芝多糖各 200 克。

[制作]　由有资质的企业加工成复合多糖产品。

[服法]　每日 3 次，每次 10 克，饭后服用。

[功效]　能增强患者机体免疫力，适宜肿瘤症者服用。

猴头菇

Hericium erinaceus

猴头菇，又名：猴头、猴头菌、刺猬菌、花菜菌、山伏菌、对儿蘑、鸳鸯蘑、虎守蘑等。

猴头菇属于担子菌门、伞菌纲、多孔菌目、猴头菇科真菌，为腐生菌，常生长在死亡阔叶树的木材之上。猴头菇的正常生活史须经历担孢子、菌丝体、子实体、担孢子等几个连续的生长发育阶段。猴头菇在自然条件下生长需要相当长的时间，人工培养条件下的子实体有性生殖需 4～12 个月完成，无性繁殖菌丝体直接到子实体一般只需 30 天左右。猴头菇在国内主要分布于四川、江西、黑龙江等地区，国外主要在俄罗斯、美国、日本等地。

猴头菇是一种珍贵的药食兼用真菌，在我国被誉为"蘑菇之王"，号称八大山珍之首，自古有"山珍猴头、海味燕窝"之说。因其肉嫩味香、鲜美可口、营养丰富、色香味上乘，亦与熊掌、海参、鱼翅并称四大名菜。清朝宫廷女官裕德龄所著《御香飘渺录》记载，猴头菇是当时地方官吏向朝廷的进贡之物。该品因其形状与猴头相似，因而又称猴菇、猴头、猴头菌。1972 年，陈国良先生在起草国家猴头标准时，在征询国内多位专家达成共识后定名为"猴头菇"，以避免与动物猴子的头相混淆。

猴头菇的子实体和菌丝体含有多种活性成分，主要包括蛋白质、多糖类、脂肪酸、萜类化合物、甾体化合物、生物碱类化合物、酚类化合物等，具有十分确切的药理活性和疗效。自 20 世纪 70 年代以来，经对猴头菇的培养、制剂、药理、临床试验和疗效的长期研究，证实猴头菇能抑制肿瘤细胞 DNA、RNA 的合成，抑制肿瘤生长甚至杀死肿瘤细胞；具有愈合溃疡的功效，能促进胃肠溃疡愈合、加速胃肠血液循环、促进肠运动、提高肠排空能力；具有改善免疫、降血糖、抗疲劳、延缓衰老、抗辐射、增智力、增加红细胞和血红蛋白数量的能力；还具有抗病毒、保肝防治肝炎及改善胎儿营养、促进胚胎脑生长等作用，是一种功效非常全面、作用比较显著的食药两用真菌。1977 年猴菇菌片在上海研制成功并获批用于临床治疗，其后多款猴头菇医药制剂被开发出来服务于民众。

一、 猴头菇的药理作用

（一）抑制肿瘤

据严惠芳等研究：在标准菌株 ATCC16 404 肿瘤细胞培养液中加入艾氏腹水癌细胞和猴头菇子实体或菌丝体的提取液(对照培养不加猴头菇子实体或菌丝体的提取液)，再加等容积的由 ^{3}H 标记的 DNA、RNA 的前体物胸腺嘧啶脱氧核苷(^{3}H-TdR)和尿嘧啶核苷(^{3}H-UR)，37℃ 保温培养 4 小时，再测定。结果：加猴头菇子实体或菌丝体提取物的，艾氏腹水癌细胞 DNA、RNA 的合成几乎达到了完全被抑制的程度，这间接表明猴头菇有着显著抑制肿瘤细胞繁殖的功效(表 4)。

表 4　猴头菇对腹水癌细胞核酸代谢的影响

猴头菇制剂	浓度	核糖核酸（RNA）		脱氧核糖核酸（DNA）	
	毫克/毫升	放射计量单位/百万细胞	用药/对照	放射计量单位/百万细胞	用药/对照
菌丝体提取液	36	123 800	0.022	275 500	0.108
菌丝体提取液	18	2 570 000	0.451	766 000	0.301
菌丝体提取液	9	3 695 000	0.648	1 240 000	0.477
对照		5 700 000	1.00	2 546 000	1.00
子实体提取液	48	10 400	0.020		
子实体提取液	24	56 200	0.190		
子实体提取液	12	275 000	0.532		
对照	6	517 000	1.00		

据汪雯翰、贾薇等研究：猴头菌子实体提取物对人肺癌细胞 SPCA-1 细胞有抑制作用，可诱导 SPCA-1 细胞早期凋亡和降低 G0/G1 期细胞数量。

据严惠芳等研究报道，猴头菇对肿瘤细胞生长有直接抑制作用。肿瘤细胞培养时，在其培养液中添加猴头菇提取物后，肿瘤细胞会被直接杀死。肿瘤细胞中加入猴头菇提取物,对照组肿瘤细胞中不加猴头菇提取物,再分别接入小鼠体内。结果:加猴头菇组小鼠瘤重比对照组明显减轻。

周辉等研究了猴头菇多糖(HPS)抑制 Lewis 肺癌实验及其实验机制,发现 HPS 能够有效抑制肿瘤细胞生长,并且与猴头菇多糖的浓度存在量效关系。通过 ELISA 测定肿瘤坏死因子-α(TNF-α)和白细胞介素-2(IL-2),发现 HPS 能够引起小鼠体内肿瘤坏死因子-α 显著降低,白细胞介素-2 显著增加,因此 HPS 能够通过调节细胞内肿瘤坏死因子-α 和白细胞介素-2 的平衡从而抑制肿瘤细胞的生长。

(二)保护消化系统功能

1. 保护胃黏膜功效。据欧慧瑜等研究报道,采用两种猴头菇复合物对无水乙醇诱导的急性胃黏膜损伤大鼠灌胃治疗,观察其胃黏膜修复情况。配方 1(猴头菇提取物 + 壳聚糖 + 沙棘籽油)低、高剂量组,配方 2(猴头菇提取物 + 壳聚糖)低、高剂量组,10 只/组,连续灌胃 30 天。末次给药后,无水乙醇造模,游标卡尺测量出血点或出血带的长度和宽度,计算积分,并进行病理组织学观察评分。结果:与空白对照组相比,模型对照组肉眼观察评分及组织病理学评分显著升高,有统计学差异($P<0.01$);与模型对照组相比,阳性对照组、配方 1 和配方 2 高剂量组的组织病理学评分及肉眼观察评分降低($P<0.05$)。结果发现,2 种猴头菇复合物对无水乙醇诱导的急性胃黏膜损伤模型具有辅助保护作用。

据广东省药物所研究:试验用大鼠用无水乙醇(4 毫升/千克体重)灌胃,造成胃黏膜损伤。4 小时后,分别用 6 毫克/千克体重和 8 毫克/千克体重猴头菇灌胃;对照组用蒸馏水灌胃,1 天灌 2 次。第二次灌猴头菇提取液后 1 小时,将小鼠麻醉、解剖观察,计算胃黏膜损伤总面积。结果:灌无水乙醇后再灌蒸馏水的小鼠,胃黏膜平均损伤总面积为 17.0 平方毫米;灌无水乙醇后再灌猴头菇提取液的小鼠,胃黏膜平均损伤总面积分别为 5.6 平方毫米和 3.7 平方毫米。

猴头菇可以减少胃上皮细胞损伤。胃上皮细胞受伤害而释放的乳酸脱氢酶的含量和胃上皮脂质过氧化程度是测定胃上皮受伤害程度的一种检验方法。据范学工等研究:用志愿者的胃上皮细胞和幽门螺杆菌、猴头菇提取液一起培养,以胃上皮细胞加幽门螺杆菌和不加猴头菇提取物培养为对照。结果：有猴头菇提取物的上清液中，胃上皮细胞受幽门螺杆菌伤害而释放的乳酸脱氢酶（LDH）比对照组下降了35.6%，幽门螺杆菌的细胞毒比对照组下降了12%，过氧化脂质（LPO）比对照组下降62.6%。结果表明，加猴头菇提取液后，幽门螺杆菌对胃上皮细胞的伤害明显减轻。

2. 促进肠运动。猴头菇有提高小鼠炭粒廓清速度、增强肠收缩力等效果。据广州中医学院药理室研究：小鼠分别口服猴头菇提取液和蒸馏水，连续2天，然后用阿拉伯胶炭末悬液0.01毫升/克体重灌服。15分钟后处死小鼠，测定肠管全长和炭末推进长度，计算推进率。结果：服蒸馏水的对照组鼠推进率为42.82%，而服猴头菇组推进率为54.58%。

3. 对幽门螺杆菌的抑制作用。据李亮、尚晓东研究：猴头菌子实体小分子提取物对幽门螺杆菌具有潜在的抑菌作用。据耿玉琴等研究报道，试验用猴头菇和蒸馏水分别给小鼠灌胃，2小时后再分别用吲哚美辛（消炎痛）诱发大鼠胃溃疡；用结扎幽门诱发胃溃疡；用醋酸诱发慢性胃溃疡。结果：事先服猴头菇的小鼠，胃溃疡程度均比服蒸馏水鼠明显减轻。据Wang等研究报道，将幽门螺杆菌接种到动物体内，以猴头菇提取物对小鼠进行治疗。与空白对照组比较，幽门螺杆菌个数明显降低，说明猴头菇提取物对胃的幽门螺杆菌感染有明显的抑制效果。

（三）改善血液循环

猴头菇能显著加速血液循环，增加冠状动脉血流量，改善机体微循环。据有关文献，试验用豚鼠5只，观察服用猴头菇菌丝体提取液后冠脉血流的状况。结果：服猴头菇菌丝体提取液后的血流量比服猴头菇前增加了20%。试验用10千克重的杂种犬5只，先用戊巴比妥钠静脉麻醉，观察肠黏膜血液微循环。然后以每千克体重注射1毫升的剂量，直接静脉注射猴头菇菌丝体提取液，再观察犬肠黏膜血液微循环。观察结果：注射后即刻血液流速稍减慢，注射后5分钟血流恢复至给药前，10分钟明显加快，15分钟、20分钟、30分钟、45分钟、60分钟均持续加快。表明犬注射猴头菇菌丝体提取液后，肠黏膜微循环显著加速。

（四）保护神经系统功能

猴头菇能改善胚胎营养状况和提高脑质量。据林邦等研究报道：用小鼠做试验，将有生育能力的雌雄小鼠关在同一笼中，第二天检查，取交配过的小鼠，一半给服猴头菇多糖，连续 20 天；一半为对照，连服蒸馏水 20 天，饲养条件与常规相同。结果：服猴头菇小鼠与对照鼠相比，体重增加了 11%，血红蛋白增加了 18.6%，血清白蛋白增加了 24.3%，血清总蛋白增加 22.8%，胎鼠体重、身长、脑重比对照组分别增加 4.3%、4.9%和 8%。

猴头菇可以促进神经生长因子(NGF)的合成，促进神经突出生长，调解神经元发育。据 Inanaga 等研究，从猴头菇中提取了一种新物质：Amycenone，将它用于治疗痴呆大鼠效果非常好，痴呆大鼠的记忆力能够恢复到跟普通大鼠没有显著差异。其机制可能是猴头菇提取物增强胆碱能神经元的营养、保护和功能支持，减轻胆碱能神经元、突触的损伤或减少破坏数量。

据 Kawagistii 研究：猴头菇发酵物能促进神经生长因子的合成。神经生长因子是外周神经系统和中枢神经系统生长、维持功能不可缺少的一种蛋白质，能治疗智力衰退、神经衰弱、自主神经衰弱和阿尔茨海默症(早老性痴呆)。

Lai 等研究发现，猴头菇水提物能够有效促进 NGl08-15 细胞中的神经生长因子的合成，从而使 NGl08-15 细胞中的神经突出快速生长。

Bredesen 等研究发现，猴头菇醇提物能够通过激活 1321N1 星形细胞中的氨基端激酶通道从而促进神经生长因子 mRNA 的表达，调节周围和中枢神经元的生长发育。

据 Kim 等研究发现，猴头菇菌丝体提取物(HE)能够有效抑制 PC12 细胞中 p21基因的表达，以及保护CAI 神经元，减少细胞凋亡，从而使缺血性脑损伤减少并加速其恢复。

（五）调节免疫功能

猴头菇有显著提高和调节免疫水平的能力。据孟俊龙等研究发现，实验中提取得到珊瑚状猴菇多糖，并研究了它的功能性，发现珊瑚状猴头菇多糖能够明显提高小鼠体内胸腺指数、脾脏指数、淋巴细胞百分比、单核细胞百分比、T细胞百分比和IgG，且与多糖的浓度具有量效关系。

猴头菇有促进淋巴细胞增殖、增加白细胞数、提高抗体含量等作用。据郭焱等研究报道，猴头菇多糖对转化因子 β_1（transfoming growth factor betal，TGF-β_1）抑制的T细胞增殖的影响。试验表明，在细胞水平，从外周血中分离得到T细胞，猴头菇多糖提升了TGF-β_1抑制的T细胞的增殖率，说明猴头菇多糖能增强人体免疫力。

据李彩金等研究，利用超声波将猴头菇多糖进行降解，再观察其对巨噬细胞体外释放NO量的影响，发现超声降解30分钟后的猴头菇多糖能够显著增加RAW2647巨噬细胞释放的NO量，充分说明了降解以后的猴头菇多糖提高免疫力的功能更加明显。

据夏尔宁等研究：给小鼠注射猴头菇多糖，注射量为2.88毫克/只，对照小鼠注射生理盐水，连续7天。然后均注射有毒化学药物环磷酰胺2毫克/只，以后每天分别注射猴头菇提取物和生理盐水，连续3天，然后检查。结果：注射猴头菇多糖的小鼠白细胞数为6 210/毫升，而对照组小鼠为3 985/毫升。猴头菇多糖能显著增加小鼠的白细胞数。

（六）抗辐射

猴头菇多糖有显著增强机体的抗辐射能力，可降低受辐射小鼠的死亡率，提高辐射小鼠骨髓DNA含量。据刘曙晨等研究报道：两组小鼠，每组10只，猴头菇组鼠腹腔注射猴头菇多糖（0.6毫克/克体重），对照组鼠注射生理盐水；再用8.5戈瑞剂量的 ^{60}Cor 线照射，然后统计30天内小鼠存活情况。结果：对照组小鼠30天内全部死亡，而注射猴头菇多糖的小鼠30天内只死亡1只。以同样方法试验：小鼠在照射7天后测其骨髓DNA含量。结果：注射猴头菇多糖小鼠骨髓DNA的含量比对照组小鼠提高118%。

（七）抗疲劳

猴头菇有良好的抗疲劳作用，能延长运动时间，提高血乳酸脱氢酶活性，显著降低血乳酸(又叫疲劳素)含量,提高肌糖原、肝糖原储量等。人们劳动时之所以会感到疲劳,是由于劳动时氧缺乏、无氧酵解产生大量的乳酸等中间代谢物,乳酸脱氢酶来不及将乳酸分解、消除;同时,肌肉中储存的糖原大量消耗,来不及补充,于是就产生了疲劳感。待休息后,存于肌肉中的过量乳酸被乳酸脱氢酶分解消除,肌酐、尿酸等代谢物被分解排泄,肌肉中补充了肌糖原,疲劳感消除,从而又可继续活动。所以肌肉中乳酸脱氢酶活性强,氧和肌糖原储量多,运动后不易感到疲劳。

据卢跃环等研究,两组小鼠分别服猴头菇提取液和蒸馏水,然后将其置于水中游泳。结果:服猴头菇小鼠与对照鼠相比,游泳时间延长 36%(174∶128 分钟),游泳 50 分钟时测定血乳酸含量,猴头菇组比对照组下降 39.7%(9.64/15.98),乳酸脱氢酶活性比对照组提高 18.7%,尿素氮水平比运动前还低,肌糖原和肝糖原含量比对照组增加了 61% 和 62.3%。

据杨雪等研究,通过对猴头菇的粗多糖、酸性多糖以及中性多糖的抗疲劳实验,分析小鼠负重游泳的时间、肝糖原的储藏量、血乳酸和血清尿素氮的含量,结果显示猴头菇多糖不仅增加了小鼠的运动耐力,加长了运动的时间;而且减少了乳酸的积累,缓解了疲劳感,并发现酸性多糖的抗疲劳作用最显著。

张立威用猴头菇运动饮料灌小鼠胃 30 天后,发现小鼠负重游泳时间显著延长且呈一定的量效关系,中、高剂量组能明显降低血清尿素氮的浓度,猴头菇的用量对小鼠体重的增加无明显影响,说明猴头菇对小鼠具有一定的抗疲劳功能。

(八) 延缓衰老和改善生命活力

猴头菇的延缓衰老功能主要通过抗氧化、提高超氧化物歧化酶(SOD)活力、降低脂褐素等实现。周慧芳等用果蝇做试验,发现猴头菇能显著降低脂褐素含量。用小鼠做实验,发现猴头菇能提高肝超氧化物歧化酶的活力。据崔芳源等研究,猴头菇胞内、胞外不同结构的多糖在抗氧化活性方面表现不同。研究发现,猴头菇多糖主要可以分为胞外多糖(EPS)和胞内多糖(IPS)两种,而抗氧化方面EPS 强于 IPS。

猴头菇多糖表现出良好的体内抗氧化作用。吴美媛等研究猴头菇多糖的体内抗氧化活性,通过颈背部皮下注射 D-半乳糖,制备衰老小鼠模型,测定猴头菇多糖对 D-半乳糖小鼠血清及肝脏组织内总超氧化物歧化酶(T-SOD)、丙二醛(MDA)、还原型谷胱甘肽(GSH)及蛋白质羰基含量的影响。结果表明,D-半乳糖衰老模型小鼠血清及肝脏内总超氧化物歧化酶、还原型谷胱甘肽含量显著降低($P<0.01$),丙二醛与蛋白质羰基含量明显升高($P<0.01$),猴头菇多糖可以显著提高 D-半乳糖小鼠血清和肝脏内总超氧化物歧化酶、还原型谷胱甘肽含量,降低丙二醛与蛋白质羰基含量。

猴头菇有增强机体生存能力的作用,显著提高小鼠在无氧条件下的生存时间。据有关文献,试验用体重 18～22 克的两组小鼠,分别腹腔注射猴头菇菌丝体提取液和生理盐水,1 小时后,将其置于装有碱石灰的无氧罐中。结果:注射猴头菇的小鼠存活时间比对照组显著延长。据严惠芳等研究:动物注射异丙肾上腺素后,耗氧量提高,耐缺氧能力下降,而猴头菇能提高注射异丙肾上腺素小鼠的耐缺氧能力。试验鼠先注射猴头菇提取液,对照组注射生理盐水。30 分钟时均注射异丙肾上腺素,然后放在无氧缸中,观察小鼠在无氧条件下的生存时间。猴头菇对小鼠耐缺氧能力的影响结果:服猴头菇菌丝体提取液 5 克/千克组平均存活时间(2 864.5±372.3)秒,10 克组(3 149.1±678.4)秒,20 克组(5 121.3±719.4)秒,生理盐水(对照)组(1 215.16±150.9)秒。猴头菇对注射异丙肾上腺素的小鼠耐缺氧能力的影响结果:服猴头菇菌丝体提取液 15 克/千克体重组平均存活时间(2 280.1±143.9)秒,25 克组(1 760±154.4)秒,50 克组(1 963.3±125.6)秒,对照组(995.5±86.7)秒。表明注射猴头菇菌丝体提取液小鼠的生存时间比对照显著延长。

二、 猴头菇的疗效作用

猴头菇是著名的药食两用菌菇,能治疗多种疾病,包括防治肿瘤、降低肿瘤患者放疗和化疗的不良反应,治疗各种消化道溃疡和炎症,护肝和治疗肝炎等。

(一)防治肿瘤

猴头菇有抑制肿瘤生长,降低放疗、化疗的不良反应,恢复肿瘤患者的免疫功能,改善体征,促进肿瘤患者术后康复等作用。据刘宏伟等研究报道:从猴头菇中发现了 20 多个具有抗肿瘤活性的鸟巢烷二萜新天然化合物。二萜化合物在临床上可用于治疗癌症、心血管系统疾病,具抗炎止痛功效。

上海市肿瘤医院等用猴菇菌片(猴头菇菌丝体提取物制成)辅助治疗晚期胃癌、食管癌 166 例,疗程 2 个月。结果:显效(肿块缩小 1/2 以上,症状明显改善、疼痛减轻、食欲增加)15.7%;有效(肿块缩小不到 1/2,症状改善)53.6%;总有效率为 69.3%。猴头菇配合放疗、化疗治疗肿瘤有效率可达85.2%。不良反应比单用放疗、化疗明显减轻,呕吐、发热、腹泻、厌食、头晕、睡眠等不良现象明显改善,能使多数患者将放疗、化疗坚持到疗程结束。

(二)防治胃肠溃疡和各种慢性胃炎

猴头菇能治疗幽门螺杆菌和非幽门螺杆菌所造成的各种胃肠溃疡、各种慢性胃炎。上海市斜桥医院、仁济医院等用猴头菇制剂治疗各种胃肠溃疡和慢性胃炎,疗程 2 个月,服用猴头菇治疗期间停用其他任何胃、肠道治疗药物。结果:总有效率为 86.7%,其中显效和痊愈为 27%。患者服用猴头菇后,大多数患者食欲增加,精神改善,疼痛减轻,胃胀满感减轻或消失。

据孙晶等研究,用猴头菇固体饮料治疗慢性浅表性胃炎,疗程 4 周,较治疗前 2 组主症和兼症均有明显好转,且治疗组疗效优于对照组,治疗组的脾胃虚寒、脾胃气虚、肝胃不和诸症的总有效率比对照组高。临床总有效率治疗组明显高于对照组,2 组治疗过程中患者均未出现不良反应。结论:猴头菇固体饮料能较好改善慢性浅表性胃炎,疗效确切,且对受试者无不良影响。

(三)防治肝炎

猴头菇有增强免疫功能,促进肝细胞再生、抑制病毒生长、治疗肝炎等作用。据唐鹏、李学英等研究报道:珊瑚状猴头菌多糖具有显著的抗氧化作用,对大鼠肝脏的代谢具有调节作用。据尤达坤研究报道:猴头菇治疗 106 例乙型肝炎患者,疗程 3 个月,结果:表面抗原转阴率为 9.43%;病毒滴度下降者为 22.64%,总有效率为 32.08%。肝功能异常 21 例,治疗后恢复正常的为 14 例。猴头菇提取物对乙肝患者的乙肝病毒基本上无直接抑制和消除作用,但能改善患者的各种症状,血清丙氨酸氨基转移酶(ALT)、麝香草酚浊度试验(TTT)指数降低或恢复正常;而用常规方法治疗的对照组患者,无一表面抗原转阴。此外,猴头菇组治疗的乙型肝炎患者,大多出现体征改善、食欲增加、精神良好等现象。

(四)防治其他疾病

猴头菇还能治疗神经衰弱、糖尿病等疾病。据冯娜、韩乐等研究报道:猴头菇子实体醇提物的氯仿部分具有较强的降血糖潜力。

三、 猴头菇经验方

(一)猴头菇银耳方

[组方] 猴头菇 10 克,白木耳 2 克,姬松茸 5 克,山楂 5 克,山药 10 克。

[制作] 将食材放入砂锅内,加水连煎 2 次各 1 小时,滤取合并煎液即可。

[用法] 每日 1 剂,早晚各 1 次服用,喝汤吃菇。

[功效] 促进消化,抑制幽门螺杆菌生长,适宜胃肠溃疡、肠胃炎、消化道肿瘤等患者服用。

(二)猴鸡姬多糖方

[组方] 猴头菇多糖、鸡腿菇多糖、姬松茸多糖各 100 克。

[制作] 由有资质的企业加工复配而成。

[用法] 每日 3~4 次,每次 10 克,饭前半小时服用。宜长期服用。

[功效] 增强机体免疫力,适宜食管癌、胃癌、淋巴癌等患者服用。

(三)猴头菇枣仁方

[组方] 猴头菇 30 克,柏子仁、酸枣仁、夜交藤各 15 克。

[制作] 将全部原料放入砂锅,加水连煎2次各1小时,滤取合并煎液即可。

[用法] 每日1剂,早晚各1次服用。连服20～30天。

[功效] 适宜失眠、睡眠不深、心神不安等症者服用。

（四）单味猴头菇方

[组方] 猴头菇(干)30克

[制作] 猴头菇浸泡洗净入锅,加水煎2次各1小时,滤取合并两次煎液。

[用法] 每日1剂,早晚各1次,空腹服用。连服2～3个月。

[功效] 增进食欲,帮助消化。适宜胃肠溃疡、各种慢性胃炎、胃窦炎及胃癌、食管癌、肠癌等患者服用。

（五）猴头菇山药方

[组方] 猴头菇30克,山药、白术各20克,莲子肉、陈皮、扁豆各15克,薏苡仁25克。

[制作] 将全部原料放入砂锅,加水连煎2次各1小时,滤取合并两次煎液。

[用法] 每日1剂,早晚各1次,空腹服用。连服30～60天。

[功效] 适宜胃、肠溃疡等症者服用。

（六）猴头菇哈士蟆方

[组方] 猴头菇15克,哈士蟆油10克。

[制作] 将猴头菇、哈士蟆油入砂锅,加水文火煎煮至哈士蟆油溶化为止。

[用法] 每日1剂,上午空腹时服用,连服30～60天。

[功效] 补虚强身,适宜神经衰弱、产后体虚等症者服用。

（七）猴头玉米方

[组方] 鲜猴头菇120克,鲜玉米200克。

[制作] 将猴头菇洗净切片;玉米洗净放入锅内,加水沸10分钟,放入猴头

菇,用文水煮至玉米熟透即可。

[用法]　每日 1 剂,早晚各 1 次服用。喝汤吃猴头菇与玉米。

[功效]　健脾和胃,生津止渴,适宜糖尿病患者服用。

(八) 猴头百合方

[组方]　鲜猴头菇 50 克,百合 250 克,冰糖 15 克。

[制作]　将猴头洗净切片,百合洗净,同放入砂锅,加水文火煎煮 2 次各 30 分钟,滤取合并两次煎液,加入冰糖调味即可。

[用法]　每日 1 剂,早晚各 1 次服用。喝汤食猴头与百合,连服 1 个月。

[功效]　安神定喘,润肺咳。适宜哮喘、咳嗽者服用。

槐　耳

Trametes robiniophila

槐耳，又名：槐栓菌、槐檽、槐菌、槐鸡、槐蛾、赤鸡等。

槐耳属于担子菌门、伞菌纲、多孔菌目、多孔菌科真菌，是生长在槐及洋槐、青檀等树干上的高等真菌子实体。因其菌盖半圆形，呈耳状，多生长于老龄中国槐上，故称"槐耳"；又因其子实体似昆虫蛾，且为木生菌，故又名"槐菌""槐蛾"。野生槐耳可偶有采得，人工培养生长周期很长，生物效应较低，近年以固体发酵法得槐耳菌质代替子实体供药用。

槐耳之名一直为历代木草所沿用，其功效古书多有记载。东晋葛洪《肘后方》载："治肠痔下血，槐树上木耳为末，饮服方寸匕，日服。"《唐本草》载："槐耳，主治五痔，脱肛，下血。"《本草纲目》载："槐耳，味苦、辛，性平，无毒，功能治风、破血、益力。"现代医学研究发现，槐耳营养丰富，含多糖、蛋白质、生物碱、18 种氨基酸与10 多种矿物质等成分。药理学研究证明，槐耳有增强免疫、抑制肿瘤等功效。槐耳颗粒等药品在临床上已被应用，对原发性肝癌及慢性乙肝具较好疗效，亦作为不宜手术和化疗者的辅助治疗用药。

一、　槐耳的药理作用

（一）抗肿瘤

槐耳多糖蛋白可明显提高机体产生抗体的水平。陈慎宝等通过动物实验表明，在特异性抗体的作用下，槐耳多糖蛋白可增加吞噬细胞的吞噬作用，发挥抗体依赖细胞介导的细胞毒性作用，进而杀伤、吞噬或溶解肿瘤细胞。

槐耳能抑制肿瘤细胞的增殖黏附和迁移。陈大兴等研究报道：槐耳浸膏≥2毫克/毫升时可显著降低肿瘤组织的血管内皮细胞的增殖能力，减少血管形成，抑制血管内皮细胞的迁移、黏附，从而降低肿瘤组织中的微血管密度。吴迪等研究证明：槐耳能有效抑制肺癌细胞的增殖，促进细胞凋亡，并通过 Snail 通路抑制上皮细胞向间质细胞转变的发生，从而阻碍肿瘤细胞的迁移。

顾承美等报道：应用槐耳颗粒剂配合中药、放疗治疗肝癌 72 例，治疗组用槐耳颗粒剂加中药(12例)或槐耳颗剂加中药加肝区放疗(24例)共36例;对照组为单纯中药(5例)或中药加肝区放疗(31例)共36例。根据临床观察,他们认为槐耳颗粒剂具有以下几种作用:(1)可缩小肝癌肿块大小;(2)可明显降低患者的血清甲胎蛋白水平;(3)显著改善肝癌患者的症状,尤其对肝区疼痛、腹胀、腹腔积液效果更佳;(4)可以防止放疗引起的白细胞下降。槐耳颗粒剂与放疗配合能有效抑制肿瘤,总有效率达92%。修忠标等研究报道:槐耳颗粒有较好的抗肿瘤、增强机体免疫力、降低骨髓抑制反应和提高白细胞数量的作用。

钟少文等将62例Ⅳ期乳腺癌患者分为两组:治疗组29例,连服槐耳颗粒3个月;对照组33例,以环磷酰胺+吡柔吡星+5-氟尿嘧啶化疗,每3周为1个疗程,共4个疗程。结果表明治疗组不仅在中医征候、生存质量的改善方面优于对照组,在中位生存时间上也优于后者。另外槐耳浸膏联合化疗治疗乳腺癌不仅可以提高化疗疗效,减轻毒副反应(白细胞、血红蛋白下降等),还可提高乳腺癌患者的 IgG、IgA、IgM 水平,促进机体的免疫功能。

王家顿等在细胞生物学水平上对槐耳颗粒抗慢性粒细胞白血病的机制进行了研究。发现槐耳颗粒的主要原料槐耳清膏可诱导白血病细胞株 Molt-4 凋亡,而且具有细胞周期特异性,即特异性诱导 G1 期细胞凋亡,并使肿瘤细胞阻滞在 S 期。修忠标等研究报道:槐耳颗粒有较好的抗肿瘤、增强机体免疫力以及降低骨髓抑制反应和提高白细胞的作用。

(二) 增强免疫力

槐耳对巨噬细胞功能有非常明显的促进作用,能增强溶菌酶活性,对脐血活性花环(EaRFC)及移植物抗宿主反应(GVHR)有增进影响。诱生 α、β 干扰素,α 干扰素对 NH 活性有协同作用,可提高特异性抗体的产生,促进小鼠脾细胞 DNA 的合成,说明槐耳可明显促进抗体免疫功能。

(三) 防治肝炎

槐耳冲剂临床试用于 HBeAg 阳性乙肝患者 60 例。HBeAg 转阴率达 33%。而对照组用一般护肝药维生素 C 等治疗 40 例,转阴率为 5%。说明槐耳对乙肝有较好疗效,提示它有可能阻断乙肝患者的癌变,值得扩大探索它的其他临床适应证。

(四) 保护肾脏

据傅桐等研究,用槐耳清膏对人肾小管上皮细胞内质网应激损伤的保护作用,结果表明:与对照组相比,毒胡萝卜素组细胞内质网源性转录因子(CHOP)与内质网分子伴侣葡萄糖调节蛋白78(GRP78)的表达显著增加($P<0.05$),中药组 CHOP 和 GRP78 表达无明显变化。与毒胡萝卜素组相比,中药槐耳清膏组(5 毫克/毫升、10 毫克/毫升)CHOP 与 GRP78 表达显著减少。槐耳可诱导人肾小管上皮细胞(HK-2)发生内质网应激反应。适宜浓度的槐耳清膏可能通过下调 CHOP 与 GRP78 表达,抑制人肾小管上皮细胞内质网应激反应,从而发挥保护肾小管上皮细胞的作用。

刘青菊等研究发现,槐耳浸膏能够降低病理状态下的体外足细胞对牛血清白蛋白的滤过率,其机制可能与槐耳浸膏降低了足细胞活动力,进而改善体外足细胞骨架的重排有关。足细胞 FITC-BSA 的滤过率:模型组比对照组明显升高($P<0.01$),实验组比模型组明显降低($P<0.01$)。足细胞划痕修复率和穿膜细胞数:模型组比对照组均明显升高($P<0.05$),实验组比模型组均明显降低($P<0.05$)。足细胞 F-actin 表达水平:模型组比对照组明显降低($P<0.01$),足细胞骨架结构紊乱;实验组比模型组重排率明显升高,重排率明显降低,骨架重排情况明显缓解。

二、 槐耳经验方

(一) 槐耳棕榈方

[组方] 槐耳 300 克,棕榈叶柄 300 克。

[制作] 将槐耳、棕榈叶柄煅烧,研末。瓶储。

［用法］　每日 1 剂,每次取 10 克,用温黄酒送服。

［功效］　增强机体免疫力,适宜功能性子宫出血症者服用。

（二）槐耳瘦肉方

［组方］　槐耳 6 克,淮山 15 克,女贞子 15 克,山萸肉 9 克,龟板 30 克,瘦猪肉 50 克。

［制作］　猪肉洗净切片;槐耳、山药、女贞子、龟板、山萸肉放入砂锅浸泡 30 分钟,放入瘦猪肉片,用文火煎煮 1 小时,滤取头煎汁,加水再煎取二煎液,合并两次煎汁即可。

［用法］　每日 1 剂,早晚各 1 次服用,喝汤吃肉。

［功效］　抗癌防癌,适宜宫颈癌等患者服用。

蛹虫草

Cordyceps militaris

蛹虫草,又名:北虫草、北冬虫夏草、蛹草、蛹草菌等。

蛹虫草为子囊菌门、肉座目、麦角菌科、虫草属的模式种真菌,寄生于鳞翅目昆虫的蛹体上,一般把活体虫蛹培养的北虫草称为蛹虫草,两者实际上是同种真菌。蛹虫草的形态特征分虫体和子座两部分,子座单生或数个一起从寄生蛹体的头部或环节部长出,颜色为橘黄或橘红色,极少紫红色,全长 2~8 厘米,蛹体颜色为紫色,头部棒形、椭圆、柱形,长2.5~3 厘米。子座壳呈圆锥形,上端外露,基部埋于头部的外层,虫体埋于林地中。子座断面淡黄色,蛹体断面灰白色,气腥味淡。

蛹虫草是一种子囊菌,通过异宗配合进行有性生殖。其无性型为蛹草拟青霉。其子实体成熟后可形成子囊孢子(繁殖单位),孢子散发后随风传播,孢子落在适宜的虫体上,便开始萌发菌丝体。菌丝体一面不断地发育,一面开始向虫体内蔓延,于是蛹虫就会被真菌感染,分解蛹体内的组织,以蛹体内的营养作为其生长发育的物质和能量来源,最后将蛹体内部完全分解。当蛹虫草的菌丝把蛹体内的各种组织和器官分解完毕后,菌丝体发育也进入了一个新的阶段,形成橘黄色或橘红色的顶部略膨大的呈棒状的子座,即为子实体。

蛹虫草世界性分布,天然资源数量丰富。1950 年,德国科学家 Cunningham 观察到被蛹虫草寄生的昆虫组织不易腐烂,进而从中分离出一种抗菌性物质,3′-脱氧腺苷,定名为虫草素。由子座(即草部分,又称子实体)与菌核(即昆虫的尸体部分)两部分组成的复合体。蛹虫草多感染鳞翅目昆虫的蛹。现代研究发现,蛹虫草的主要有效成分为虫草素(脱氧腺苷)、虫草酸(甘露醇)、麦角甾醇、腺嘌呤、虫草环肽 A 等。

蛹虫草和冬虫夏草都是虫草属真菌,外形也很近似。某种程度上,蛹虫草较之冬虫夏草还具有一些无可比拟的优点:一是蛹虫草为虫草属的模式种,分布广泛,为世界各国学者所认识和接受;二是蛹虫草已在人工条件下育成了完整子座;三是蛹虫草含有虫草菌素和虫草多糖,其独特药理作用已日益引起药学界的高度重视。虫草素、虫草酸和虫草多糖是冬虫夏草菌特有的生物活性物质,是通过冬虫夏草菌的生物体吸收、合成的生物化学作用而形成的。蛹虫草的蛋白质、氨基酸、维生素等生物活性物质,在人工环境优裕条件下生长的含量可以比天然条件下生长得更高更可控。

中医认为,蛹虫草入肺肾二经,既能补肺阴,又能补肾阳,主治肾虚、阳痿遗精、腰膝酸痛、病后虚弱、久咳虚弱、劳咳痰血、自汗盗汗等,是一种能同时平衡、调节阴阳的中药。

一、 蛹虫草的有效成分与药理作用

经研究证明,蛹虫草与天然冬虫夏草具有相同的药理效果,同样能够调节全身功能、提高免疫能力、增强巨噬细胞的吞噬功能、促进抗体的形成,主要有保肺益肾养肝、止咳平喘祛痰、润肤防皱、延缓衰老、抗菌抗炎、镇静、扩张血管、降低血压、降低血糖、抗疲劳、耐缺氧等作用。虫草多糖和超氧化物歧化酶等多种生物活性物质的药用价值最为显著。

1. 虫草酸(甘露醇)。虫草酸(D-甘露醇)可以显著地降低颅内压,预防治疗脑血栓、脑溢血,并使脑卒中病症得到缓解。促进机体新陈代谢,预防治疗肾功能衰竭,利尿消肿。

2. 虫草素。虫草素(3'-脱氧腺苷)是一种具有抗菌活性的核苷类物质,对核多聚腺苷酸聚合酶有很强的抑制作用,具抗病毒、抗菌作用。在 DNA 转录 mRNA过程中使 mRNA 成熟障碍,干扰人体 RNA 及 DNA 合成,明显抑制癌细胞的生长,并有降血糖的作用。

3. 虫草多糖。是一种高度分枝的半乳甘露聚糖,它能促进淋巴细胞转化,提高血清 IgG 的抗体含量和机体的免疫功能,增强机体自身抗癌抑癌的能力。虫草多糖是国际医学公认的人体免疫增强剂,可以提高免疫力,延缓衰老,扶正固本,保护心脏、肝脏、抗痉。

4. 超氧化物歧化酶。可以消除机体内超氧自由基,具有延缓衰老、减毒、抗癌抑癌的作用,抑制或消除催人衰老的超氧自由基。

5. 腺苷。抗病毒、抗菌,预防和治疗脑血栓、脑溢血,抑制血小板积聚,防止血栓形成,消除面斑,抗衰防皱。

6. 麦角甾醇。抗癌、防衰、减毒。

7. 硒。硒是谷胱甘肽过氧化物酶的活性中心,以硒半胱氨酸的形式连接在酶蛋白的肽链上,保护细胞膜的稳定性和正常通透性,并刺激免疫球蛋白和抗体产生,增强机体免疫和抗氧化能力。大量科学实践证明,硒元素是人体必需的微量元素,为国际医学界公认的抗癌元素,可以明显地抑制癌细胞的生长。蛹虫草含有丰富的硒,这种微量元素也是重要的抗氧化剂,能增强人体免疫力。

二、 蛹虫草的疗效作用

蛹虫草(北冬虫夏草)的特殊医疗保健功能已经引起国内外的高度重视,已有不少以虫草素为主的保健品、化妆品、药品投放市场。国内已将由虫草素合成的治疗白血病的新药进入临床试用。蛹虫草在临床上可主治:虚痨咳血、腰膝酸痛、阳痿遗精、神经衰弱、心悸失眠、盗汗、心率失常、食欲不振、鼻咽癌、肺气肿、肺结核、气管炎、哮喘症、肝炎、肾炎、肾虚、糖尿病、尿频及放化疗后白细胞减少等症。

（一）扶正益气,增强机体免疫活力

中医认为,气为构成人体的基本物质,也是维持人体生命活动的基本要素。中医所称之气乃机体的生物能,是机体生命活动的动力,生命活动没有能量就会停止。补气类中药如人参、黄芪在体外试验中都有增加细胞能荷的作用。蛹虫草对人体有明显的补气作用,具扶正固本之功,使身体具有更高更强的能量,蛹虫草提取液有提高细胞能荷的作用,能提高免疫和造血功能。

蛹虫草能提高吞噬细胞的吞噬率、吞噬指数、自然杀伤细胞活性,提高小鼠抗体生成细胞数目和血清溶血素水平,提高溶菌酶活性,提高迟发型超敏反应和溶血空斑数。此外,还可促进小鼠骨髓树突状细胞的成熟。

蛹虫草能提高荷瘤动物的免疫功能,提高自然杀伤细胞活性,促进白细胞介素-2分泌,促进自然杀伤细胞的分化、成熟;提高自然杀伤细胞杀伤肿瘤细胞的活力;提高荷瘤小鼠网状内皮系统和单核巨噬细胞的吞噬能力;促进T细胞分泌肿瘤坏死因子和白细胞介素-2;提高B细胞分泌抗体能力;提高脾淋巴细胞转化

率;提高淋巴细胞和单核细胞数量。

有关文献报道,试验用大鼠肝细胞体外培养,加入蛹虫草提取液和二磷酸腺苷(ADP),对照组加入二磷酸腺苷,但不加蛹虫草提取液。结果:所培养肝细胞中,蛹虫草组含能量最高的物质三磷酸腺苷(ATP)的含量比对照组高43.4%,蛹虫草组的腺苷一磷酸(AMP)含量比对照组低35%。

(二) 补肺益肾,具激素样作用

机体生命活动必须有各种激素存在,没有激素的机体就会缺乏活力。肾上腺皮质激素低下,机体就会神疲乏力、怕冷、纳差、无神。雌二醇等雌激素水平低下,女性性功能就会下降。机体内激素含量甚微,激素水平过高,都会产生不良反应。机体激素是在不断代谢的,即不断地产生、不断地消耗,所以始终处在一个平衡状态中。机体自身激素水平低下而用注射方法补充时,体内激素水平并不能保持平衡,会产生不良反应。如通过提高自身激素分泌能力来补充激素,就不会出现这种不良反应。

蛹虫草不含雌激素,也不含雄激素,但蛹虫草有激素样作用,能促使性腺产生较多的雄激素,提高皮质醇、睾酮的含量和精囊、睾丸质量。试验用雄性大鼠连服蛹虫草培养物14天,然后测定。结果:皮质醇含量提高55.8%,睾酮含量提高92.3%,精囊腺质量提高45.3%,体重提高20%。

蛹虫草提取物对老年性慢性支气管炎、肺原性心脏病有显著疗效,能提高肝脏解毒能力,起护肝作用,提高身体抗病毒和抗辐射能力。

(三) 安神助眠,改善调节心脑功能

虫草酸,即 D-甘露醇是治疗心脑血管疾病的基本药物,具有清除自由基、扩张血管、降低血压的作用。蛹虫草健脾安神,有良好的镇静、促睡眠效果,对于失眠多梦、神经衰弱有很好的治疗作用。

据文献报道,试验用小鼠分 3 组,每组各 10 只,对照组腹腔注射生理盐水,试验组分别腹腔注射蛹虫草提取液 2.5 克/千克和 5 克/千克,15 分钟后均注射戊巴比妥钠。入睡率:对照组 20%,试验组分别为 100% 和 90%;睡眠时间:对照组

2.55 分钟,试验组分别为 19.87 分钟和 24.93 分钟,$P<0.01$。结果：蛹虫草组鼠的睡眠时间比对照鼠明显延长。另有试验证实,蛹虫草可明显减少小鼠自发性活动次数,对抗戊氮诱发小鼠的惊厥。

（四）抗菌消炎

蛹虫草发酵液的乙酸乙酯提取物对金黄色葡萄球菌、杆状芽孢杆菌、棒状杆菌、绿色木霉和黄曲霉都有明显的抑制作用。虫草发酵液乙醇提取物对枯草芽孢杆菌、变形杆菌、绿色木霉和黄曲霉也有抑制作用。

蛹虫草有抗致炎物质引起的炎症作用。机体组织发生炎症时会充血、充水、组织胀大、增重,蛹虫草能抑制或减轻上述症状。

有文献报道,试验肝小鼠分别注射蛹虫草提取液和生理盐水,30 分钟后,耳部用二甲苯诱发致炎,15 分钟后处死小鼠,用 8 毫米打孔器分别打下相同部位的耳片,称重。结果：对照组耳片重 3.17 毫克,2.5 克/千克蛹虫草组耳片重 1.39 毫克,5 克/千克蛹虫草组耳片重 1.7 毫克,$P<0.01$。表明注射蛹虫草组耳片质量比对照鼠明显轻,蛹虫草有明显抗炎作用。

（五）提高机体耐缺氧能力

蛹虫草多糖能够显著提高肝肌糖原水平。江海涛、任源浩等研究,高剂量蛹虫草多糖能够显著延长小鼠力竭游泳时间,中高剂量多糖能显著提高小鼠肝肌糖原水平,有效地遏制运动后小鼠乳酸生成量,而低剂量多糖显著增加运动后小鼠乳酸脱氢酶活力,3 个剂量的多糖均能提高运动后小鼠血清中超氧化物歧化酶的活力。

蛹虫草有增强机体抗缺氧能力。据文献报道,试验用小鼠分别腹腔注射蛹虫草提取液和生理盐水,15 分钟后将两组小鼠均置于密封无氧缸中,观察小鼠在缸中的存活时间。结果：对照组存活时间 33.68 分钟,蛹虫草组存活时间 49.69 分钟,$P<0.01$。表明蛹虫草组小鼠比对照鼠的生存时间明显延长,蛹虫草能增强小鼠的耐缺氧能力。

另一组试验,30 只小鼠均分成 3 组,先注射异丙肾上腺素,促使其增加心肌耗氧量,然后一组小鼠注射生理盐水(作对照),另一组小鼠注射蛹虫草提取液,再将小鼠置于无氧缸中,观察其存活时间。结果:对照组存活时间 35.35 分钟,2.5克/千克蛹虫草组存活时间 37.14 分钟,5 克/千克蛹虫草组存活时间 45.41 分钟,$P<0.05$。表明注射蛹虫草组小鼠在无氧缸中的存活时间比对照鼠明显延长,蛹虫草提高机体耐缺氧能力及其降低机体耗氧量与降低无效氧的消耗有关。

(六)调节血脂,抗氧化延缓衰老

蛹虫草能降低机体内过氧化脂质的含量,有降低血压、降低血液黏度、抑制脂质在血管壁上的沉积和抵制脂褐质色素形成的作用。蛹虫草所含的核苷酸具有抑制血小板聚集、防止心脑血栓形成,消除黄褐斑、老年斑、青春痘,抗衰防皱,养颜美容,降低阿尔茨海默症的发生率。

动物实验表明,蛹虫草能分别使肝、肾、心、脑匀浆的丙二醛含量降低88.41%、70.3%、98.87%、67.5%。丙二醛是生物过氧化的产物。丙二醛含量的降低表明机体过氧化水平降低,也表明蛹虫草有保护肝、肾、心、脑健康的作用。

据张命龙、焦春伟等研究,蛹虫草菌丝体多糖对 3 种自由基均表现出较强的清除效果,其中对 DPPH 的清除力相对最强。

饲养家蚕时,在桑叶中浸入虫草发酵液,平均寿命增长非常显著。王琦等报道,蛹虫草能明显降低老龄大鼠体内的过氧化脂质含量和自由基水平,保护细胞膜免受氧化损伤,从而减缓机体器官的衰老。

(七)抗肿瘤

蛹虫草所含虫草素对核多聚腺苷酸聚合酶有很强的抑制作用,通过干扰人体 RNA 及 DNA 合成,明显抑制癌细胞的生长,抑制内皮细胞血管的形成可能是蛹虫草抑制肿瘤作用的机制之一。虫草多糖能促进淋巴细胞转化,通过提高机体免疫功能,增强自身抗癌抑癌的能力。

据王成树团队研究,首次发现蛹虫草能够合成具有抗癌活性的药物喷司他丁,并由同一基因簇共同合成虫草素及喷司他丁。喷司他丁现已是一种抗毛细胞白血病的商业药物。据朱丽娜、薛俊杰等研究:蛹虫草核苷类化合物对 k562 肿瘤细胞具有抑制作用,半数抑制有效浓度为 0.1 微摩/毫升。据杜秀菊等研究:蛹虫草乙酸乙酯提取物对肿瘤细胞 L1210 和 SW620 的抑制效果最佳;体外免疫活性测定,草酸铵提取物刺激小鼠脾淋巴细胞后的增殖活性最高。

据汤新强、杨彤等研究,小鼠先接种肝癌 H-22 实体瘤和腹水瘤,再将小鼠分成 3 组:①联合用药组:先腹腔注射 25 毫克、50 毫克、100 毫克蛹虫草多糖,再腹腔注射肿瘤化疗药物卡铂(CBP)。②单卡铂药物:剂量同一。③正常对照组。然后观察各组小鼠存活的时间和血常规。结果:卡铂加蛹虫草组表现出明显的抑瘤效果,抑瘤效率随蛹虫草剂量的提高而提高,存活时间比单卡铂组明显延长,差异非常显著,$P < 0.01$。单卡铂药物组鼠白细胞和血小板、谷胱甘肽过氧化物酶下降,丙二醛值上升,试验表明蛹虫草能抑制肿瘤化疗药物卡铂对白细胞、血小板、谷胱甘肽过氧化物酶的下降和丙二醛上升,表明蛹虫草能消除化疗药物的毒性和不良反应。蛹虫草在临床试验上也表现出较好的抑瘤效果,并能改善症状,显效率达 50% 以上。蛹虫草配合 γ 射线联合应用治疗肿瘤,抑瘤率明显提高,γ 射线的不良反应也会明显降低。

蛹虫草有抑制肿瘤生长、减少肿瘤转移的效果。给小鼠分别皮下接种 S180 皮肤肉瘤和 Lewis 肺癌细胞,再分别服用蛹虫草提取液和生理盐水,连续 10 天。结果:注射蛹虫草提取液的小鼠瘤重减轻,存活率提高,瘤转移指数下降,抑制率为 61% 和 65%,存活率比对照组提高了 1.3 倍和 1.6 倍,转移率下降了 75.58% 和 74.56%。

蛹虫草联合应用时有抑制肿瘤生长的作用:配合环磷酰胺应用时,其抑瘤作用可达到 88.5%;蛹虫草和抗肿瘤化疗药物碳铂联合应用,对 H22 肝癌细胞有明显的抑制作用和延长荷瘤鼠运动寿命,对抗碳铂引起的血小板减少,提高过氧化物酶活性,降低自由基对机体的氧化损伤。

蛹虫草可用于肿瘤辅助治疗,减轻放化疗不良反应,如:食欲衰减、睡眠不良、呕吐、精神状态不佳、无神乏力、血红蛋白、白细胞下降等。据杨企霞研究报道:各种癌症患者 49 例,每天服用蛹虫草 5 克,连续服用两个月至半年。结果:显效 23 例,有效、无效各 13 例,症状体征明显改善。

蛹虫草联合双嘧达莫(潘生丁)治疗紫癜性肾炎 22 例,治愈率达 54.5%。咳嗽、喘息和哮喘等患者服用蛹虫草后,临床控制率达 50.8%,显效率达 29.2%,好转率为 32.3%。

三、 蛹虫草经验方

(一) 蛹虫草酒方

[组方]　蛹虫草 10 克,白酒 1 000 毫升。

[制作]　将蛹虫草放入瓶内,倒入白酒,扣盖密封半个月启封。

[用法]　每日 2 次,早晚各饮 20 毫升。长期饮服。

[功效]　强身延年,抗抑疲劳,增强免疫力,延缓衰老。

(二) 蛹虫草粥方

[组方]　蛹虫草 100 克,粳米 150 克,白糖适量。

[制作]　将蛹虫草烘干研为粉;粳米洗净熬成稠粥。

[用法]　每日早晚各 1 次,取 1 克蛹虫草粉,放入粳米粥内,加入白糖食用。

[功效]　润肺化痰,止咳平喘。适宜年老体弱、抵抗力差易患疾病者服用。

(三) 蛹虫草石斛茶饮方

[组方]　蛹虫草 10 克,石斛 15 克,生地黄 15 克,麦冬 15 克。

[制作]　将蛹虫草等放入茶杯内,用 90℃开水冲泡,作茶频饮。

[用法]　每日 1 剂,分 2 次服用,15 天 1 疗程。

[功效]　增强免疫力,预防疾病,延缓衰老。适宜肺癌、2 型糖尿病等患者饮用。

(四) 蛹虫草通草方

[组方]　蛹虫草 8 克,通草 10 克,当归 10 克,茯苓 15 克。

[处方]　水煎服。

[用法]　每日 1 剂,早晚各 1 次服用。15 天 1 疗程。

[功效]　适宜肝经闭不通、乳房扁平小、躯体臃肿肥胖、小腹膨大者服用。

蝉　花

Isaria cicadae

蝉花,又名:虫花、金蝉花、大蝉草菌、蝉蛹草、蝉茸、冠蝉、胡蝉、蝮蜻虫草等。

蝉花为子囊菌门、粪壳菌纲、肉座菌亚纲、肉座菌目、虫草菌科真菌,是一种长在蝉蛹体上形成的菌虫体,外形似蝉,蛹体上长出了白色的花,故名"蝉花"。每年初夏,我国南方各省的山区竹林中常有蝉花生长。蝉花包含了大蝉草(*C. cicadae* Shing)和蝉拟青霉(*Paecilomyces cicadae*)和小蝉草(*Cordyceps sobolifera*)等品种。

1. 大蝉草(*Cordyceps cicadae*):浙江、四川产的蝉花是蝉棒束孢菌,其子囊壳阶段就是大蝉草。大蝉草又名金蝉花,其子座单生、2 个或多个,不分枝,棒状褐色;可孕部顶生棒状,柄柱状;子囊壳埋生,似卵形;子囊孢子断裂,次生子囊孢子柱状,寄生的蝉若虫较大。

2. 蝉拟青霉(*Paecilomyces cicadae*):又名雌蝉花,属半知菌类或有丝分裂孢子真菌。其孢梗束自虫体头部丛聚成束长出,浅黄色,长 1.5～6.0 厘米,前端膨大,呈纺锤形。

3. 小蝉草(*Cordyceps sobolifera*):分生孢子阶段是待命名的棒束孢菌。常见为广东的小蝉花和福建的土蝉花,子座从寄主前端长出,单生或 2～3 个成丛,高2.5～6 厘米。柄肉桂色,晾干后深肉桂色,粗 1.5～4 毫米。

4. 蝉生虫草(*C. cicadicola* Teng):其子座聚生至近丛生,从成虫寄主的整个腹部长出,子囊壳斜埋在子座内。

蝉花之名始见于南北朝刘宋时期雷敩的《雷公炮炙论》,距今已有一千多年的历史。现代医学研究表明,蝉花的化学成分主要有多球壳菌素、核苷、固醇、环肽、多糖、虫草酸等多种活性物质;蝉花的药理作用主要有保护肾脏、抗肿瘤、抗疲劳、调节免疫功能等。

一、 蝉花的药理作用

(一)保护肾脏

蝉花可通过抑制肾小管 NADPH 氧化酶的氧化应激治疗糖尿病肾病。据贾奇等研究,对链脲佐菌素诱导的糖尿病大鼠采用蝉花治疗,糖尿病组大鼠尿蛋白、血肌酐、血尿素氮在24周后均明显高于对照组;干预24周后,蝉花治疗组大鼠的尿蛋白、血肌酐水平低于糖尿病组。蝉花治疗组的肾组织丙二醛、活性氧和8-羟基脱氧鸟苷水平均明显低于糖尿病组。在细胞实验中,晚期糖基化终末产物组的NADPH氧化酶活性和活性氧水平明显高于对照组,蝉花治疗组的NADPH氧化酶活性和活性氧水平低于晚期糖基化终末产物组。

蝉花具有减轻肾损伤及抗氧化的作用。邵佳蔚等研究发现,在庆大霉素所致小鼠急性肾衰竭中运用蝉花子实体治疗可以取得显著保护作用。各给药组小鼠血清中尿素氮、肌酐和肾组织中丙二醛含量以及肾指数均显著降低,人工蝉花子实体高、中剂量组小鼠肾组织中超氧化物歧化酶含量以及各给药组小鼠血清中总蛋白含量和肾组织中 Na^+, K^+-ATP酶活性均显著升高;各给药组小鼠肾组织的病理损伤也不同程度好转,其中尤以人工蝉花子实体高、中剂量组改善最为明显。人工蝉花子实体对庆大霉素所致小鼠急性肾衰竭具有显著的保护作用,其作用机制可能与减轻肾损伤及抗氧化作用有关。

刘玉宁等研究表明,蝉花菌丝体通过下调 TGF-β_1 刺激下的肾小管上皮细胞 α-SMA、LN、FN、ColⅢ 蛋白,调节单侧输卵管梗阻大鼠的肾小管间质 uPA/PAI-1 蛋白及信使 RNA 的异常表达,来发挥抗肾间质纤维化的作用,对肾脏起到一定的保护作用。

彭秀秀等研究了蝉花虫草提取物 N^6-(2-羟乙基)腺苷对小鼠肾脏缺血再灌注损伤的影响,经7.5毫克/千克 N^6-(2-羟乙基)腺苷预处理后对小鼠肾脏缺血再灌注有保护作用。据金周慧等研究表明,蝉花菌丝体可以减轻肾小球损害,改善肾功能及肾衰并发症,延缓肾小球硬化的进程。

（二）抗肿瘤

陈安徽等建立了中国仓鼠卵巢肿瘤细胞株模型,通过添加人工蝉花、野生孢梗束及基质的提取溶液,采用刀天青染色法检测其抗肿瘤活性,发现人工培育蝉花和天然野生蝉花都具有抗肿瘤活性,且从人工培养的蝉花中分离出2种抗肿瘤活性成分,其中一种鉴定为虫草素。此外也有较多的临床实例报道显示,蝉花孢子粉对肺癌、胰腺癌等均有良好的缓解与抑制作用。

芦柏震等研究表明,蝉花粗提物能选择性地杀伤肺癌细胞株 PAAG$_2$/M 期细胞,显著抑制 PAA 细胞生长,且存在剂量关系,抑瘤作用与细胞周期有相关性。

据谢飞等研究,蝉花多糖在体外及体内实验中均表现出良好的抗肿瘤活性。体外试验显示,蝉花多糖对体外培养的 Hela 细胞具有抑制作用,并呈量效关系。体内实验表明,蝉花多糖对 S180 荷瘤小鼠有一定的抑制作用,可以使荷瘤小鼠免疫器官指数显著增大,并激活淋巴细胞的增殖分化。

(三) 抗疲劳

孙长胜等研究蝉花子实体抗疲劳作用发现,与对照组相比,蝉花子实体低、中剂量对小鼠力竭游泳时间有显著延长作用。低剂量组小鼠全血乳酸水平显著下降,超氧化物歧化酶、肌糖原水平和肝糖原水平显著升高;高剂量组小鼠乳酸脱氢酶含量显著升高,血清尿素氮含量显著降低。证明蝉花子实体对运动后的小鼠有抗疲劳作用。

刘芸等研究蝉拟青霉多糖抗疲劳的活性,发现蝉拟青霉多糖能延长小鼠游泳时间,降低小鼠运动后血清尿素氮的水平,缓解血乳酸的增量,增加肝糖原的储备量;活性基本跟剂量的大小相关。证明蝉拟青霉多糖具一定的抗疲劳功效。王砚等研究,发现蝉花水煎剂能明显延长实验小鼠的游泳时间,显著延长其在常压缺氧状态下及在高温下的存活时间,也证明蝉花具有抗疲劳作用。

(四) 增强免疫功能

杨介钻等研究探讨不同剂量蝉拟青霉多糖对大鼠免疫功能的调节作用。结果发现,蝉拟青霉多糖组的大鼠脾脏、胸腺湿重指数及白细胞计数显著高于对照组;同时大鼠的肝、肾、脾、胸腺内酸性磷酸酶、乳酸脱氢酶活力显著升高,大鼠肺泡巨噬细胞吞噬功能显著增强,大鼠肺泡巨噬细胞内酸性磷酸酶、乳酸脱氢酶、精氨酸酶活力显著提高。证明不同浓度蝉拟青霉多糖能提高大鼠外周血白细胞数,激活肺泡巨噬细胞,并具有剂量依赖性。

迟秋阳等研究发现,从人工发酵的蝉花菌丝体中提取出多糖,并对小鼠进行

淋巴转换试验、巨噬细胞吞噬试验。结果表明,蝉花多糖对提高小鼠机体免疫功能有显著的作用。

陈秀芳等研究发现,蝉拟青霉菌丝体水提取物能够提高大鼠腹腔巨噬细胞和肺巨噬细胞内酸性磷酸酶、乳酸脱氢酶的活力。电镜观察也发现,蝉拟青霉具有调节环磷酰胺所致的免疫抑制大鼠脾脏巨噬细胞的形态结构的作用,并能拮抗环磷酰胺的相关抑制作用。

杜金莎等研究表明,蝉花子实体通过促进脾细胞增殖,增强自然杀伤细胞杀伤活性及巨噬细胞吞噬能力,从而增强机体免疫功能。

据金丽琴等研究,对大鼠臀部皮下注射一定剂量的蝉拟青霉总多糖,发现大鼠的白细胞数量明显增高,大鼠肺巨噬细胞内有关酶活性显著升高。试验结果表明蝉拟青霉能激活肺巨噬细胞,有助于增强机体免疫力,推测其作用机制为:蝉拟青霉总多糖通过影响脾脏、胸腺这2个主要免疫器官自由基的代谢来增强机体的免疫功能。

(五)调节血糖血脂

宋捷民等研究表明,蝉花对糖尿病小鼠及正常小鼠均有显著的降血糖作用,有明显抗失血性贫血及抗盐酸苯肼贫血作用。

杨介钻等对老龄大鼠皮下注射100毫克/千克的蝉拟青霉多糖,观察发现蝉拟青霉多糖组中老龄大鼠外周血中的胆固醇、三酰甘油含量明显低于平行生理盐水组。证明蝉拟青霉多糖能够有效降低老龄大鼠外周血中的胆固醇、三酰甘油水平,有利于机体内的脂类物质的运输与代谢。

(六)镇痛

蝉花有很好的镇痛作用。据文献报道,试验用小鼠先服用蝉花,再腹腔注射能引起疼痛的醋酸。结果表明,服用蝉花小鼠因疼痛而产生的扭体次数比未服蝉花鼠减少97.3%,镇痛效果程度几乎与强镇痛药吗啡相近。艾仁丽等研究发现,两种蝉拟青霉菌株能不同程度地抑制冰醋酸引起的小鼠疼痛反应,其中一种菌株高剂量组可以极显著地减少小鼠的扭体反应,镇痛效果与罗通定相近。

据朱伟坚、柴一秋等研究：蝉花虫草的提取物中对痛风的镇痛活性物质为 N6-(2-羟乙基)腺苷(HEA)，而 HEA 能通过激活腺苷受体 A1R，下调 A2AR 及调控一系列疼痛相关基因发挥其镇痛作用。

（七）其他作用

蝉花有一定的降温作用。据有关文献报道：将小鼠分成正常组和人工致热组，人工致热组鼠用致热源使其体温升高。正常组和致热源组再各分成两个小组，分别用蝉花提取液和生理盐水(对照)注射，注射后每小时测定肛门温度 1 次，连续 4 小时。结果：正常组小鼠注射蝉花提取液后 1、2、3、4 小时内，平均体温比对照鼠分别下降 2.5℃、1.9℃、1.3℃ 和0.7℃；人工致热小鼠组注射蝉花提取液后，1、2、3、4小时内，体温比对照组下降了 1.6℃、1.7℃、0.8℃、0.4℃，蝉花表现出明显降体温效果。蝉花降体温这一作用可以用来防治中暑和各种发热症。

据朱碧纯等研究：从蝉花中分离的单体化合物 N6-（2-羟乙基)腺苷具有抗惊厥作用，其可能通过激活腺苷 A_1 受体而起作用。

据柴一秋等研究：通过化学分离分析和生物检测相结合，从蝉拟青霉子实体中分离出对小菜蛾具有杀虫活性的化合物，该化合物具有较好的杀小菜蛾活性，对酸稳定，对胃蛋白酶不敏感，并具有茚三酮不显色等其他理化性质。

二、 蝉花经验方

（一）蝉花明目方

［组方］ 蝉花、防风、当归、苍术各 6 克，石决明 1 克，羌活 3 克，茯苓、川芎各 9 克，赤药、夏枯草各 10 克，刺蒺藜 12 克。

［制作］ 将全部原料放入砂锅内，加水用文火煎煮，滤取煎液服用。

［用法］ 每日 1 剂。

［功效］ 适宜眼目胀痛、羞明、黑眼、眼前有星点等症者服用。

(二) 蝉花地骨皮方

[组方] 蝉花(微炒)、地骨皮(炒黑)各 30 克。

[制作] 将蝉花、地骨皮共碾成细末。

[用法] 每次服 1 茶匙,用水酒调下。

[功效] 适宜痘疹、遍身作痒等症者,1～2 剂即有效。

(三) 蝉花创伤方

[组方] 蝉花、青黛各 15 克,蛇蜕(烧存性)30 克,细辛 8 克。

[制作] 将全部原料一起碾成细末。

[用法] 每次服 10 克,用酒调下。

[功效] 适宜各种创伤、诸疮溃疡等症者服用。

(四) 蝉花清热方

[组方] 蝉花 1.5 克,前胡 3 克,金银花 6 克,冰糖 15 克。

[制作] 将蝉花等同入砂锅内,加水煎取煎液,加入冰糖拌匀即可。

[用法] 代茶频饮。

[功效] 适宜小儿麻疹期间出现的高热、烦躁、口渴、咳嗽气喘、泄泻等症者饮服。

蜜环菌

Armillaria mellea

蜜环菌,又名:榛蘑、糖蕈、蜜色环菌、蜜蘑、栎菌、蜜环蕈、青冈菌等。

蜜环菌为担子菌门、伞菌纲、伞菌亚纲、伞菌目、膨瑚菌科真菌,是一种发生于夏秋季,能兼性寄生于多种木本、草本植物的高等真菌。蜜环菌包括菌丝体和子实体两大部分,菌丝体一般以菌丝和菌索两种形态存在。菌丝是一种肉眼看不见的丝状体,在纯培养中最初为白色,很快变为粉红透明的细丝。菌索由很多菌丝集结而成,外边被红褐色的鞘所包盖,幼嫩菌索呈棕红色,尖端有白色生长点,可伸长达数尺,扯拉时具有弹性。子实体菌盖呈蜜黄色或土黄色,又称为榛蘑。蜜环菌是一种发光真菌。早在 1948 年,法国的 Tulasne 就曾记载过蜜环菌根状菌索能够发光的事实。在暗处常可见到蜜环菌菌丝或其根状菌索的幼嫩部分发出荧光,荧光的强弱与外界条件及其自身的生长条件有关。

蜜环菌广泛分布于亚洲、欧洲、北美洲等地区。受不同气候影响,我国生长有15 种不同的蜜环菌生物种,常见的有芥黄蜜环菌、高卢蜜环菌、黄盖蜜环菌、奥氏蜜环菌、科赫宁蜜环菌、假蜜环菌、蜜环菌、北方蜜环菌 8 种。东北地区的名菜小鸡炖蘑菇用到的就是东北四宝之一的榛蘑,也就是蜜环菌子实体。

蜜环菌是名贵中药天麻(*Gastrodia elata*)和猪苓(*Polyporus umbellatus*)栽培中不可缺少的共生菌。蜜环菌与天麻之间存在着营养物质互换的特殊共生关系。天麻是一种名贵的草本植物药材,它是异养型植物,既不能从土壤中吸收营养物质又不能进行光合作用,只能靠消化蜜环菌来获得营养物质。而蜜环菌又是通过不断侵染天麻各部分来生长繁殖。

猪苓与蜜环菌也有着十分特殊的菌内共生关系。自然条件下的猪苓菌核在没有蜜环菌伴生的情况下呈休眠状态,只有当蜜环菌侵入时才能生长发育。当蜜环菌的菌索在猪苓附近的植物体上寄生并接近猪苓菌核时,蜜环菌菌丝将会侵染猪苓菌核,在核内形成有很多分枝的蜜环菌菌索。由于蜜环菌的侵入激活猪苓菌抵御异体侵染的本能,猪苓菌核会形成一个颜色非常深的立体隔离腔,其颜色、结构与猪苓菌核的外皮相似。蜜环菌以隔离腔中的猪苓菌丝作为营养物质继续向猪苓菌核深层侵入,并在菌核内穿插侵染,形成侵染带。猪苓菌核很快生出菌丝反侵染入蜜环菌的菌索,深入皮层下的 1～3 层细胞,从中获取营养。后期猪苓的菌核菌丝主要是靠附着和部分插入蜜环菌菌索皮层及侵染带细胞间隙吸收蜜环菌的代谢产物获取营养。由于得到营养,蜜环菌侵染区周围的猪苓菌丝开始繁殖。

蜜环菌是一种具有重要经济价值的药食兼用菌,主要含有多元醇、多糖、黄酮、有机酸、蛋白质、氨基酸、微量元素、维生素、类固醇、卵磷脂等成分。其子实体中必需氨基酸赖氨酸与亮氨酸的含量都高于肉类、蛋类和乳类,还含有丰富的微量元素,如硒、铁、锰、钾、锌、铜、钙、磷、镁,以及丰富的维生素 B_1、维生素 B_2、维生素 B_{12}、维生素 C 和维生素 D。

《中华本草》中记载蜜环菌具有熄风平肝、祛风通络、强筋壮骨的作用,主要用于治疗头晕、头痛、失眠、四肢麻木、腰腿疼痛、冠心病、高血压、血管性头痛、眩晕综合征、癫痫等。现代研究表明,蜜环菌具有较强的神经调节功能,有明显的镇静、抗惊厥、改善眩晕、保护心脑血管等作用,并可提高机体免疫功能。包括脑心舒口服液、蜜环菌浸膏、蜜环菌片、蜜环菌糖浆、晕痛定胶囊、天麻蜜环菌片等在内的大量蜜环菌产品被开发出来,用于治疗头痛、眩晕、惊风癫痫、肢体麻木、腰膝酸痛等。

一、 蜜环菌的药理作用

(一)镇静催眠

有报道说:向小鼠腹腔注射蜜环菌制剂,结果发现蜜环菌水提物、乙醇提取物和发酵液浓缩物均能使小鼠自发活动明显减少,且能显著延长戊巴比妥钠或环己烯巴比妥钠引起的小鼠睡眠时间。

陈士瑜等研究发现,蜜环菌发酵物有中枢镇静作用,与中枢抑制剂戊巴比妥钠有协同作用,能延长小鼠的睡眠时间,对中枢兴奋药五烯四氮唑有拮抗作用,能降低尼古丁引起的小鼠死亡率,增加犬的脑血流量和冠状动脉血流量。

据袁媛研究,取昆明种小鼠随机分组,每组 10 只,每天给药一次,连续 5 天,末次给药后 1 小时,向小鼠腹腔注射戊巴比妥钠 55 毫克/千克,观察小鼠睡眠潜伏期及睡眠时间,以脑心舒生产菌培养出的原料为阳性对照组,从已分离得到的

8 株蜜环菌菌株中筛选出蜜环菌 A12,具有良好的睡眠调节活性。

（二）保护脑组织

据谭周进等研究：用皮下注射蜜环菌水提物后,将小鼠放入盛有 10 克氯化钙的 500 毫升磨口瓶内,用凡士林封口。结果表明,小鼠存活时间明显长于对照组,蜜环菌制剂有提高小鼠耐缺氧的功效。

陈楠研究发现蜜环菌发酵液对阻断双侧颈动脉引起脑缺血大鼠脑组织病理改变有较好的改善作用,并能显著延长常压乏氧情况下小鼠的存活时间。

据刘振华等研究：建立了 Wistar 大鼠大脑动脉阻塞再灌注模型,发现 Caspase-3 蛋白和凋亡诱导因子水平显著提高,提示神经细胞的凋亡。给予蜜环菌制剂后,观察到 caspase-3 蛋白和凋亡诱导因子水平降低。最终结果表明,蜜环菌制剂可减轻迟发性神经元死亡,对缺血性脑组织有保护作用。

（三）降血糖

操玉平等根据纯化时洗脱液的不同,得到了水相（AMP-1）和盐相（AMP-2）2 种组分蜜环菌多糖（AMP）。AMP-1 能明显降低四氧嘧啶糖尿病小鼠的血糖,且可使正常小鼠的糖耐量增加。同时,一定浓度的 AMP-1 对四氧嘧啶损伤的大鼠胰岛素瘤细胞的分泌胰岛素和 C 肽具有一定的促进作用。

吴环研究证明,蜜环菌多糖能使腹腔注射葡萄糖的受试小鼠血糖值在 2 小时内降至正常值,对四氧嘧啶所致的糖尿病小鼠有显著的降血糖作用。

为进一步研究蜜环菌降糖机制,徐宝奎等以四氧嘧啶损伤胰岛素细胞,在培养液中加入 AMP-1。结果表明,AMP-1 能剂量依赖性地提高细胞存活率,当质量浓度为 400 毫克/升时,能恢复至正常水平。运用荧光显微镜、流式细胞仪进行检测表明,四氧嘧啶会导致胰岛素细胞凋亡,而 AMP-1 具有一定的拮抗作用。通过 Western blot 进行凋亡通路分析发现,四氧嘧啶会使胰岛素细胞 Bcl-2 蛋白表达量减少,Bax 蛋白表达升高,而 AMP-1 的加入会拮抗这种改变。可见,AMP-1 可通过线粒体通路拮抗四氧嘧啶引起的胰岛素细胞凋亡。

（四）调节免疫功能

于敏等研究了蜜环菌菌素多糖的免疫增强作用。结果表明,蜜环菌多糖能显著加快正常小鼠生长,在正常范围内增加正常小鼠外周血白细胞数,对免疫抑制剂环磷酰胺所致的生长缓慢甚至体重减轻、环磷酰胺作用前期白细胞数下降和环磷酰胺作用后期白细胞数过分升高均有抵抗作用,蜜环菌多糖可增强机体的免疫作用,可作为免疫增强剂。

王惠国等研究表明,蜜环菌多糖是一种能够增强机体免疫力的免疫调节剂。小鼠经腹腔注射给予不同剂量的蜜环菌多糖,对照组给予等量的 0.9%氯化钠注射液,每天给药 1 次,给药 14 天。给药结束后,用腹腔巨噬细胞吞噬鸡红细胞试验、炭粒廓清试验观察小鼠吞噬细胞的吞噬能力,采用 MTT 法测定小鼠脾脏 T 细胞增殖能力,用血清溶血素形成试验观察蜜环菌多糖对小鼠特异性体液免疫功能的影响。结果表明,腹腔注射蜜环菌多糖后,小鼠吞噬细胞的吞噬功能、脾脏 T 细胞的增殖能力均明显强于阴性对照组($P<0.05$),小鼠血清中特异性抗体含量明显高于阴性对照组($P<0.05$)。

王惠国等进一步研究了蜜环菌多糖增强免疫力的机制,表明蜜环菌多糖具有提高小鼠淋巴细胞转化率,增加血清中白细胞介素-2 水平,并同时下调血清中 TGF-βl 水平的作用。此研究提示,蜜环菌多糖可通过调节小鼠免疫细胞及免疫分子的作用,增强小鼠的免疫功能。

（五）抗氧化清除自由基

研究表明,蜜环菌多糖有较强的清除自由基、抗氧化能力。邱家权等研究报道,蜜环菌多糖含药血清对 $A\beta_{25-35}$ 损伤的 PC12 细胞有保护作用。为进一步阐明蜜环菌多糖的抗氧化作用。武录平等对蜜环菌子实体多糖进行了分离纯化并进行体外抗氧化试验。结果表明,2 种多糖都具有一定的抗氧化活性,$T30_1$ 的效果优于 $T60_1$,蜜环菌多糖的生物活性与多糖的相对分子量大小有一定关系。

朱显峰等采用分光光度法系统地研究了蜜环菌多糖对清除羟基自由基、超氧阴离子和 DPPH 自由基能力,并且与抗坏血酸、特丁基对苯二酚(TBHQ)行了对比。蜜环菌多糖对羟基自由基的清除能力与抗坏血酸、TBHQ 相当,对超氧阴离子清除能力优于 TBHQ,但弱于抗坏血酸,对 DPPH 自由基清除能力强于抗坏血酸和特丁基对苯二酚。

殷银霞等研究报道:蜜环菌多糖可通过发挥其较强的抗氧化作用来清除活性氧和自由基,进而保护神经细胞,对阿尔茨海默病治疗有较好的应用前景。

(六)抗肿瘤

华晓燕采用 MTT 法、Bradford 法和 Bcl-2 细胞化学染色法测定蜜环菌多糖的抗肿瘤性质。分析了加药前后 SMMC-7721 肝癌细胞的存活量、细胞蛋白含量和细胞内 Bcl-2 的蛋白表达。结果表明,蜜环菌多糖能够降低体外培养 SMMC-7721 肝癌细胞存活量,抑制肝癌细胞内蛋白合成和 Bcl-2 蛋白的表达。证明蜜环菌多糖能够阻碍肝癌细胞的生长,影响肝癌细胞生命活动,诱导肝癌细胞的凋亡。

另有学者通过研究纯化得到的蜜环菌子实体中的水溶性多糖,发现蜜环菌菌索多糖对 A549 细胞表现出一种强有力抑制肿瘤生长的作用,并诱导 G0/G1 期细胞周期受阻,细胞凋亡增加。此外,蜜环菌菌索多糖诱导线粒体膜电位的破坏,从而导致线粒体细胞色素 C 的释放,并激活胱天蛋白酶 3 和胱天蛋白酶 9。表明蜜环菌菌索多糖具有强烈的抗肿瘤活性。

(七)抗惊厥和益智

有文献报道:试验用中枢神经系统兴奋药戊四唑给小鼠尾静脉注射引起小鼠惊厥,向小鼠腹腔注射蜜环菌制剂,结果发现蜜环菌制剂有一定的抗戊四唑的作用。

吴珂通过小鼠 Morris 水迷宫实验研究蜜环菌提取物对小鼠学习记忆的影响,同模型组相比,空白组和药物组的逃避潜伏期均有显著延长。小鼠在进行平台训练的第 5 天后,与模型组相比,空白组和药物组的运动轨迹较短,小鼠能以较快捷的途径找到平台。结果表明,蜜环菌发酵提取物可以增强小鼠的学习记忆能力。

二、蜜环菌的疗效作用

（一）定惊熄风疗痹

　　蜜环菌片以蜜环菌粉为主要原料，用于眩晕头痛、惊风癫痫、肢体麻木、腰膝酸痛。据周临深报道，北京友谊医院中医科与中国医学科学院药物研究所协作，应用蜜环菌片对神经衰弱、高血压病、冠心病等所致的头晕、头痛、失眠、肢麻、心绞痛等症进行临床治疗观察，选用临床诊断神经衰弱 34 例、眩晕综合征 3 例、高血压病 47 例、冠心病 16 例（其中有 15 例合并有高血压）。100 例的主要症状为头晕 89 例次，头痛 61 例次，失眠 90 例次，肢麻 41 例次，心绞痛 16 例次，胸憋闷 19 例次，心慌气短 35 例次，项强头胀 16 例，心烦急躁、耳鸣各 10 例次。每次口服蜜环菌片 4～5 片，每天 3 次，连服 2 周为 1 个疗程。（见表 5）

表 5　蜜环菌片疗效观察表

疗效 \ 症状	头晕	头痛	失眠	肢麻	心绞痛	胸憋闷	心慌气短	项强头胀	心烦急躁	耳鸣
消失	38	27	30	18	3	7	11	9	3	3
显著好转	35	13	38	11	7	10	12	4	2	2
进步	13	14	16	9	3	1	9	1	3	4
无效	3	7	6	3	3	1	3	2	2	1
合计	89	61	90	41	16	19	35	16	10	10
有效（%）	96.6	88.5	93.3	92.7	81.3	94.7	91.4	87.5	80.0	90.0

（二）治疗头痛偏头痛

　　据杨虹等研究：以蜜环菌粉为主，配伍以黄芪、当归提取物，制成复方天麻蜜环糖肽片（复方天麻蜜环菌片），用于高血压病、脑血栓、脑动脉硬化等疾病引起的头晕、头胀、头痛、目眩、肢体麻木,以及心脑血管疾病引起的偏瘫等病症。杨虹等将100例紧张性头痛患者随机分为两组,各50例。治疗组给予复方天麻蜜环菌片250毫克,口服,每天3次;对照组给予吲哚美辛肠溶片25毫克,口服,每天3次。治疗28天后,治疗组与对照组相比,头痛发作次数逐渐减少,头痛持续时间缩短,效果显著,且复方天麻蜜环菌片组疗效指标的有效率、生活质量改善指标有效率也明显优于标准对照组。复方天麻蜜环菌片组出现不良反应也较对照组少。

代怀静等将120例紧张性头痛患者随机分为治疗组和对照组,各60例。治疗组给予复方天麻蜜环糖肽片,对照组给予谷维素,结果治疗10天、20天后,治疗组和对照组头痛发作次数、持续时间均明显缩短。治疗组显效率和总有效率分别为33.3%和88.3%;而对照组分别为5.0%和36.7%。

头痛是老年患者常见症状之一。谭永强治疗老年患者头晕头痛100例,治疗组口服复方天麻蜜环糖肽片,对照组口服天麻片,结果治疗组总有效率96.0%,对照组总有效率82.0%($P<0.05$),治疗组明显优于对照组。郭建雄研究复方天麻蜜环糖肽片治疗头晕头痛效果:随机选100例头晕头痛患者服用糖肽片,一次4片,7天1个疗程,治疗1~4个疗程,平均1.8个疗程。最终,显效46例,有效48例,无效6例,总有效率94.0%。

刘万尧等应用复方天麻蜜环糖肽片联合氟桂利嗪治疗偏头痛,治疗组采用复方天麻蜜环糖肽片联合氟桂利嗪口服,对照组单纯口服氟桂利嗪,结果治疗组总有效率为87.0%,对照组总有效率为67.0%。

周晓丽观察复方天麻蜜环糖肽片联合氟桂利嗪治疗月经期偏头痛,治疗组给予复方天麻蜜环糖肽片和氟桂利嗪,对照组服用氟桂利嗪。治疗3个月后根据患者治疗前后头痛发作次数、程度及持续时间的变化进行评定,结果治疗组有效率为91.67%,对照组有效率为75.0%,两组间差异有统计学意义($P<0.05$)。

张志强应用复方天麻蜜环糖肽片联合尼莫地平治疗偏头痛,治疗组给予尼莫地平和复方天麻蜜环糖肽片,对照组给予尼莫地平和复方丹参片,结果治疗组有效率92.5%,对照组70.0%。

复方天麻蜜环糖肽片对头痛有较好的疗效,可减少头痛的发作次数,缩短持续时间,是治疗头痛的有效药物。复方天麻蜜环糖肽片与氟桂利嗪、尼莫地平联用能起到一定的互补作用,可明显增强疗效,且不良反应少,值得推广。

（三）防治心脑疾患

1. 防治脑血栓及其后遗症。葛英采用复方天麻蜜环糖肽片治疗脑血栓后遗症，治疗组服用复方天麻蜜环糖肽片，对照组服用维脑路通片，治疗组总有效率为84.0%，对照组有效率为56.0%，治疗组明显优于对照组（$P<0.05$）。张淑娣应用复方天麻蜜环糖肽片观察对脑震荡后遗症的疗效，治疗组有效率为92.0%，优于胞磷胆碱钠注射液对照组（$P<0.01$）。伍雪英等应用复方天麻蜜环糖肽片治疗脑血栓形成，加用复方天麻蜜环糖肽片的治疗组总有效率为92.5%，明显优于对照组（$P<0.05$）。成戎川等采用复方天麻蜜环糖肽片联合阿司匹林、尼莫地平治疗动脉硬化症，在头痛、眩晕、耳鸣等症状改善方面均优于对照组（$P<0.05$）。

2. 降血压。林泽鹏等在常规治疗基础上，让高血压患者口服复方天麻蜜环糖肽片，比较治疗前后代谢指标脂联素及高敏 C 反应蛋白（hs-CRP）。观察组服用替米沙坦＋复方天麻蜜环糖肽片。治疗 12 个月后，平均血压显著下降（$P<0.05$），脂联素浓度及空腹血浆胰岛素与血糖乘积的倒数（ISI）明显升高（均为 $P<0.01$），高敏 C 反应蛋白（hs-CRP）明显下降，与对照组比较差异有统计学意义，且不良反应更少。复方天麻蜜环糖肽片与替米沙坦联用，产生协同作用，能进一步减少老年高血压患者心脑疾病发生率。

3. 改善椎基底动脉供血不足。椎基底动脉供血不足（VBI）是临床常见病，多见于中老年人，伴随症状多。复方天麻蜜环糖肽片能降低全血黏度和血小板聚集，改善脑供血，有效控制椎基底动脉供血不足，预防脑梗死，疗效显著，无毒副反应。且口服制剂便于长期应用，是治疗椎基底动脉供血不足的安全有效药物。

王新强等观察复方天麻蜜环糖肽片治疗椎基底动脉供血不足的临床疗效，将椎基底动脉供血不足的住院和门诊患者共 130 例，随机分为治疗组和对照组，两组均使用复方丹参注射液为基础治疗，疗程 21 天，治疗组在对照组加用复方天麻蜜环糖肽片。结果：治疗组总有效率为 93.8%，对照组总有效率为 81.5%，差异有统计学意义（$P<0.05$）。治疗组治疗前后比较，血流动力学和椎基底动脉平均血流速度等指标的变化差异均有统计学意义。

王晓英应用复方天麻蜜环糖肽片治疗椎基底动脉供血不足，治疗组服用复方

天麻蜜环糖肽片,对照组服用复方丹参片,结果治疗组有效率93.8%,对照组有效率87.01%。邓北强等观察复方天麻蜜环糖肽片治疗椎基底动脉供血不足的疗效,无明显不良反应发生。

梁军应用复方天麻蜜环糖肽片治疗椎基底动脉供血不足引起的头晕、恶心、呕吐等,对照组口服复方丹参片,治疗组总有效率96.0%,对照组总有效率82.0%,治疗组明显优于对照组。

4. 帮助脑卒中康复。何胜彬探讨复方天麻蜜环糖肽片治疗缺血性脑卒中的临床疗效及其对血液流通学、内皮素(ET)、降钙素基因相关肽(CGRP)的影响。在常规治疗基础上,试验组口服复方天麻蜜环糖肽片,对照组口服曲克芦丁。结果: 试验组总有效率90%,对照组总有效率78%,试验组明显优于对照组($P<$0.05)。

张镛等将485例脑卒中患者随机分为三组,Ⅰ组每日口服阿司匹林;Ⅱ组每日口服复方天麻蜜环糖肽片;Ⅲ组每日口服阿司匹林和复方天麻蜜环糖肽片。经统计学分析ESS值、BI值,Ⅱ组的ESS值在3个月时与Ⅰ组差异性无统计学意义,而6个月后明显优于Ⅰ组($P<0.01$),但疗效显著低于Ⅲ组。BI差值各组之间差异有统计学意义($P<0.01$);复方天麻蜜环糖肽片和阿司匹林对脑卒中的复发预防效果无统计学意义,而两者合用预防效果明显优于任何单一用药($P<0.01$)。

5. 改善短暂性脑缺血。彭礼平等用复方天麻蜜环糖肽片观察治疗短暂性脑缺血患者40例,治疗组给予口服复方天麻蜜环糖肽片,对照组给予口服肠溶阿司匹林。结果显示治疗组总有效率92.5%,对照组总有效率72.5%,有统计学意义($P<0.01$),治疗组明显优于对照组。

三、 蜜环菌经验方

(一) 蜜环菌健脑露

［组方］ 蜜环菌菌丝体100克,冰糖适量。

[制作]　蜜环菌丝体加水文火煎煮 2 次，各 40 分钟，合并煎液加冰糖拌匀。

[用法]　每日早晚各 1 次服用。

[功效]　增强体质，预防或改善失眠、头晕、头痛、神经衰弱等。

（二）蜜环菌安神滋补方

[组方]　蜜环菌菌丝体 1 000 克，蜂皇浆 25 克，蜂蜜 450 克。

[制作]　蜜环菌菌丝体加水煎煮 2 次，各 40 分钟，合并两次煎液，将煎液浓缩至 600 克，趁热加入蜂蜜搅拌，放凉后加入蜂皇浆拌匀。

[用法]　每日 3 次，每次 10 毫升，口服。

[功效]　滋补强壮，镇痛安神。适宜身体虚弱、心神不安、失眠多梦、神经衰弱、头痛眩晕症者服用。

（三）小鸡炖蘑菇

[组方]　干榛蘑（蜜环菌子实体）70 克，童子鸡 1 只，老抽、盐、料酒、生抽、白糖、葱、蒜、八角、干红辣椒适量。

[制作]　干榛蘑用温水泡 30 分钟，洗净挤干水分；将童子鸡洗净剁成小块；热油放入葱、蒜、干辣椒、八角炒香，放入鸡块翻炒至变色，加入调味料翻炒后加水大火烧开，撇去浮沫，放入榛蘑炖 50 分钟，汤汁收浓即可。

[用法]　每日早晚各 1 次服用。

[功效]　提高免疫力，补虚强身。

参考文献

［1］李时珍.本草纲目[M].北京：人民卫生出版社,1975.

［2］郑方明,等.金针菇口服液对果蝇和家蝇寿命的影响[J].中国食用菌杂志,1990(03)：7-8.

［3］朱世能.灵芝的研究(一)[M].上海：上海医科大学出版社,1994.

［4］林志彬.灵芝的现代研究[M].北京：中国协和医科大学联合出版社,1996.

［5］徐新,等.灵芝多糖对人脐血 LAK 细胞增殖活性的影响[J].中国肿瘤生物治疗杂志,1995
(04)：360.

［6］陈国良,等.猴头菇的药效研究[J].食用菌学报,1996(04)：45-51.

［7］陈书明,等.灵芝含氮多糖对小鼠溶血素含量的影响[J].中国食用菌杂志,1996(04)：27.

［8］陈国良,陈惠.灵芝治百病[M].上海：上海科学技术文献出版社,1998.

［9］钱睿哲,尤建军.长期口服灵芝加降压药对难治性高血压患者血压和微循环的影响[J].微循
环杂志,1997.7(2).

［10］陈土瑜,等.蕈菌医方集成[M].上海：上海科学技术文献出版社,2000.

［11］陈广梅,吴超.云芝糖肽对乙型肝炎病毒感染者细胞免疫的调节作用[J].中华实用中西医杂
志,2001(20).16.

［12］刘福文,等.云芝糖肽治疗乙型病毒性肝炎 33 例[J].浙江中西医结合杂志,2002(11)：36.

［13］胡旺平,李雪梅.中国中医学科技,2003(10).1.

［14］陈文星,等.不同提取工艺灵芝多糖抗肿瘤作用比较[J].南京中医药大学学报,2003(04)：
227-228.

［15］孙设宗,等.云芝多糖对小鼠实验性肝损伤保护作用的研究[J].中国现代医学杂志,2008
(09)：1217-1220.

［16］雷鹏程,洪纯.灵芝多糖药理作用的研究进展[J].微量元素与健康研究,2006,(32)2.

［17］饶刚,等.云芝胞内多糖治疗高血脂症作用的临床观察[J].重庆医学,2007(13)：1306-1307.

［18］吴日蓉,等.慢性肾病患者中云芝糖肽清除活性氧的作用[J].中国中西医结合肾病杂志,
2000(02)：93-94.

［19］娄佳宁,等.云芝糖肽对金地鼠颊囊白斑癌变过程中端酶活性化学预防作用研究[J].临床口
腔医学杂志,2008(06)：372-375.

［20］刘远嵘.云芝糖肽镇痛作用研究进展[J].卫生职业教育,2008(12)：129-130.

［21］王洪军,等.北虫草提取物对小鼠体能的影响[J].解放军预防医学杂志,2009,27(03)：
165-167.

［22］王洪军,等.北虫草提取物对机体血乳酸和睾酮等指标的影响[J].沈阳部队医药,2010,23
(02)：93-96.

［23］黄年来,林志彬,陈国良.中国食药用菌学[M].上海：上海科学技术文献出版社,2010.

［24］陈若芸,康洁.中国食用药用真菌化学[M].上海：上海科学技术文献出版社,2016.

图书在版编目(CIP)数据

食用菌与健康 / 陈惠,羌校君,吴伟杰主编.--上海：上海科学普及出版社,2021
ISBN 978-7-5427-8000-3

Ⅰ.①食… Ⅱ.①陈… ②羌… ③吴… Ⅲ.①食用菌 Ⅳ.①S646

中国版本图书馆 CIP 数据核字(2021)第 138867 号

责任编辑　柴日奕
装帧设计　姜　明

食用菌与健康

陈惠　羌校君　吴伟杰　编著

上海科学普及出版社出版发行
(上海中山北路 832 号　邮政编码 200070)
http://www.pspsh.com

各地新华书店经销　　上海商务联西印刷有限公司印刷
开本 787×1092　1/16　印张 18.125　插页 2　字数 226 000
2021 年 8 月第 1 版　　2021 年 8 月第 1 次印刷

ISBN 978-7-5427-8000-3
定价：39.80 元